全国一级造价工程师职业资格考试用书

高 频 考 典

建设工程造价案例分析

《全国一级造价工程师职业资格考试用书》编委会 编

应 急 管 理 出 版 社

·北 京·

图书在版编目（CIP）数据

建设工程造价案例分析/《全国一级造价工程师职业资格考试用书》编委会编 . -- 北京：应急管理出版社，2019

全国一级造价工程师职业资格考试用书 . 高频考典

ISBN 978 - 7 - 5020 - 7578 - 1

Ⅰ.①建… Ⅱ.①全… Ⅲ.①建筑造价管理—案例—资格考试—自学参考资料 Ⅳ.①TU723.3

中国版本图书馆 CIP 数据核字（2019）第 126161 号

建设工程造价案例分析

（全国一级造价工程师职业资格考试用书·高频考典）

编　　者	《全国一级造价工程师职业资格考试用书》编委会
责任编辑	成联君　赵金园　尹燕华
责任校对	陈　慧
封面设计	王　滨

出版发行　应急管理出版社（北京市朝阳区芍药居 35 号　100029）

电　　话　010 - 84657898（总编室）　010 - 84657880（读者服务部）

网　　址　www.cciph.com.cn

印　　刷　北京玥实印刷有限公司

经　　销　全国新华书店

开　　本　787mm×1092mm$^1/_{16}$　**印张**　14$^1/_4$　**字数**　332 千字

版　　次　2019 年 8 月第 1 版　2019 年 8 月第 1 次印刷

社内编号　20192371　　　　　**定价**　56.00 元

前　　言

为了帮助广大考生更加高效、科学地备考与通过考试，特邀多名业内专家及专门研究造价师资格考试的团队，严格按照"考试大纲"和"考试教材"的知识能力要求，精心组织编写了《全国一级造价工程师职业资格考试用书·高频考典》。本套丛书是对教材精华的浓缩，可帮助考生梳理和归纳核心知识点，全方位提升考生的应试能力、解题技巧。

具体来讲，本套丛书主要有以下几大特色：

归类分级——依据历年考试真题情况及最新大纲要求，用图表形式将考点结构化、系统化，帮助考生梳理考点，且对考点进行了分级（用★来表示），使考生更直接、更容易理解和记忆，从而节约更多的复习时间。

考情分析——帮助考生明晰考核频次，剖析考试动态，总结命题规律，提供复习指导建议，进而让考生更好地记忆考试重点和难点。

真题回顾——真题即知识点、考点，精选近年来的真题进行解析，对部分难题进行了"深度阐释"，并对易错点进行了分析说明，从而可帮助考生大幅度提高解题速度和质量。

冲刺训练——每节内容后附上了"必做题"。试题围绕"必考点""常考点""重点""难点"等内容，在命题方向、角度和深度等方面对标真题，提高考生实战能力。

本套丛书不仅适合零基础考生学习，更适合具备一定基础的考生冲刺，便于考生后期复习时记忆，抓点求全，力求做到"一本在手，通关无忧"。此外，为了配合考生的备考复习，开通了答疑QQ群（926995689），配备了专家答疑团队，以便及时解答考生所提的问题。

本套丛书在编写过程中，虽然几经斟酌和校阅，但由于时间仓促，书中难免会出现不当之处，恳请广大读者提出宝贵意见。

编委会

2019年4月

考 试 指 南

一、关于造价工程师

造价工程师，是指通过职业资格考试取得中华人民共和国造价工程师职业资格证书，并经注册后从事建设工程造价工作的专业技术人员。造价工程师分为一级造价工程师和二级造价工程师。

工程造价咨询企业应配备造价工程师，工程建设活动中有关工程造价管理岗位按需要配备造价工程师。

二、关于造价工程师职业资格制度

国家设置造价工程师准入类职业资格，纳入国家职业资格目录。

住房和城乡建设部、交通运输部、水利部、人力资源和社会保障部共同制定造价工程师职业资格制度，并按照职责分工负责造价工程师职业资格制度的实施与监管。

各省、自治区、直辖市住房和城乡建设、交通运输、水利、人力资源和社会保障行政主管部门，按照职责分工负责本行政区域内造价工程师职业资格制度的实施与监管。

三、关于考试

一级造价工程师职业资格考试设置基础科目和专业科目。考试成绩实行 4 年为一个周期的滚动管理办法，在连续的 4 个考试年度内通过全部考试科目，即可取得一级造价工程师职业资格证书。

住房和城乡建设部、交通运输部、水利部、人力资源和社会保障部共同委托人力资源和社会保障部人事考试中心承担一级造价工程师职业资格考试的具体考务工作。住房和城乡建设部、交通运输部、水利部可分别委托具备相应能力的单位承担一级造价工程师职业资格考试工作的命题、审题和主观试题阅卷等具体工作。

各省、自治区、直辖市住房和城乡建设、交通运输、水利、人力资源和社会保障行政主管部门共同负责本地区一级造价工程师职业资格考试组织工作，具体职责分工由各地协商确定。

四、关于考试科目

一级造价工程师职业资格考试设"建设工程造价管理""建设工程计价""建设工程技术与计量""建设工程造价案例分析" 4 个科目。其中，"建设工程造价管理"和"建设工程计价"为基础科目，"建设工程技术与计量"和"建设工程造价案例分析"为专业科目。

造价工程师职业资格考试专业科目分为土木建筑工程、交通运输工程、水利工程和安装工程4个专业类别，考生在报名时可根据实际工作需要选择其一。其中，土木建筑工程、安装工程专业由住房和城乡建设部负责；交通运输工程专业由交通运输部负责；水利工程专业由水利部负责。

五、关于考试时间

一级造价工程师职业资格考试每年一次，分4个半天进行。

"建设工程造价管理""建设工程技术与计量""建设工程计价"科目的考试时间均为2.5小时；"建设工程造价案例分析"科目的考试时间为4小时。

六、关于报考

1. 报考条件

根据《造价工程师职业资格制度规定》，凡遵守中华人民共和国宪法、法律、法规，具有良好的业务素质和道德品行，具备下列条件之一者，可以申请参加一级造价工程师职业资格考试：

（1）具有工程造价专业大学专科（或高等职业教育）学历，从事工程造价业务工作满5年；具有土木建筑、水利、装备制造、交通运输、电子信息、财经商贸大类大学专科（或高等职业教育）学历，从事工程造价业务工作满6年。

（2）具有通过工程教育专业评估（认证）的工程管理、工程造价专业大学本科学历或学位，从事工程造价业务工作满4年；具有工学、管理学、经济学门类大学本科学历或学位，从事工程造价业务工作满5年。

（3）具有工学、管理学、经济学门类硕士学位或者第二学士学位，从事工程造价业务工作满3年。

（4）具有工学、管理学、经济学门类博士学位，从事工程造价业务工作满1年。

（5）具有其他专业相应学历或者学位的人员，从事工程造价业务工作年限相应增加1年。

各省、自治区、直辖市人力资源和社会保障行政主管部门会同住房和城乡建设、交通运输、水利行政主管部门应加强学历、从业经历等造价工程师职业资格考试资格条件的审核。对以不正当手段取得造价工程师职业资格证书的，按照国家专业技术人员资格考试有关规定进行处理。

2. 免考条件

根据《造价工程师职业资格考试实施办法》，已取得造价工程师一种专业职业资格证书的人员，报名参加其他专业科目考试的，可免考基础科目。考试合格后，核发人力资源和社会保障部门统一印制的相应专业考试合格证明。该证明作为注册时增加执业专业类别的依据。

具有以下条件之一的，参加一级造价工程师考试可免考基础科目：

（1）已取得公路工程造价人员资格证书（甲级）；

（2）已取得水运工程造价工程师资格证书；

（3）已取得水利工程造价工程师资格证书。

3. 如何报考

符合造价工程师职业资格考试报名条件的报考人员，按规定携带相关证件和材料到指定地点进行报名资格审查。报名时，各地人力资源和社会保障部门会同相关行业主管部门对报名人员的资格条件进行审核。审核合格后，核发准考证。参加考试人员凭准考证和有效证件在指定的日期、时间和地点参加考试。

中央和国务院各部门及所属单位、中央管理企业的人员按属地原则报名参加考试。

七、关于资格证书

人力资源和社会保障部会同住房和城乡建设部、交通运输部、水利部确定一级造价工程师职业资格考试合格标准。一级造价工程师职业资格考试合格者，由各省、自治区、直辖市人力资源和社会保障行政主管部门颁发中华人民共和国一级造价工程师职业资格证书。该证书由人力资源和社会保障部统一印制，住房和城乡建设部、交通运输部、水利部按专业类别分别与人力资源和社会保障部用印，在全国范围内有效。

八、关于注册

国家对造价工程师职业资格实行执业注册管理制度。取得造价工程师职业资格证书且从事工程造价相关工作的人员，经注册方可以造价工程师名义执业。经批准注册的申请人，由住房和城乡建设部、交通运输部、水利部核发《中华人民共和国一级造价工程师注册证》(或电子证书)。

住房和城乡建设部、交通运输部、水利部分别负责一级造价工程师注册及相关工作。

目　　　录

第一章　建设项目投资估算与财务评价 ·· 1

　第一节　建设项目投资构成与估算方法 ··· 2

　第二节　建设项目财务评价分析 ·· 20

　第三节　建设项目不确定性分析 ·· 41

第二章　工程设计、施工方案技术经济分析 ······································· 50

　第一节　工程设计、施工方案的综合评价与比选 ····························· 50

　第二节　网络计划的应用 ·· 69

　第三节　决策树的应用 ·· 78

第三章　工程计量与计价 ·· 84

　第一节　工程量计算、工程计价定额 ·· 84

　第二节　工程量清单计价 ·· 99

第四章　建设工程招标投标 ·· 118

　第一节　工程招标程序与方式 ··· 118

　第二节　工程评标与定标 ··· 140

　第三节　工程投标策略与方法 ··· 154

第五章　工程合同价款管理 ·· 160

　第一节　建设工程项目合同管理 ··· 161

　第二节　工程索赔的计算、审核 ··· 177

第六章　工程结算与决算 ··· 193

　第一节　工程价款支付与结算 ··· 193

　第二节　偏差分析 ·· 211

第一章　建设项目投资估算与财务评价

知识架构与考频研究

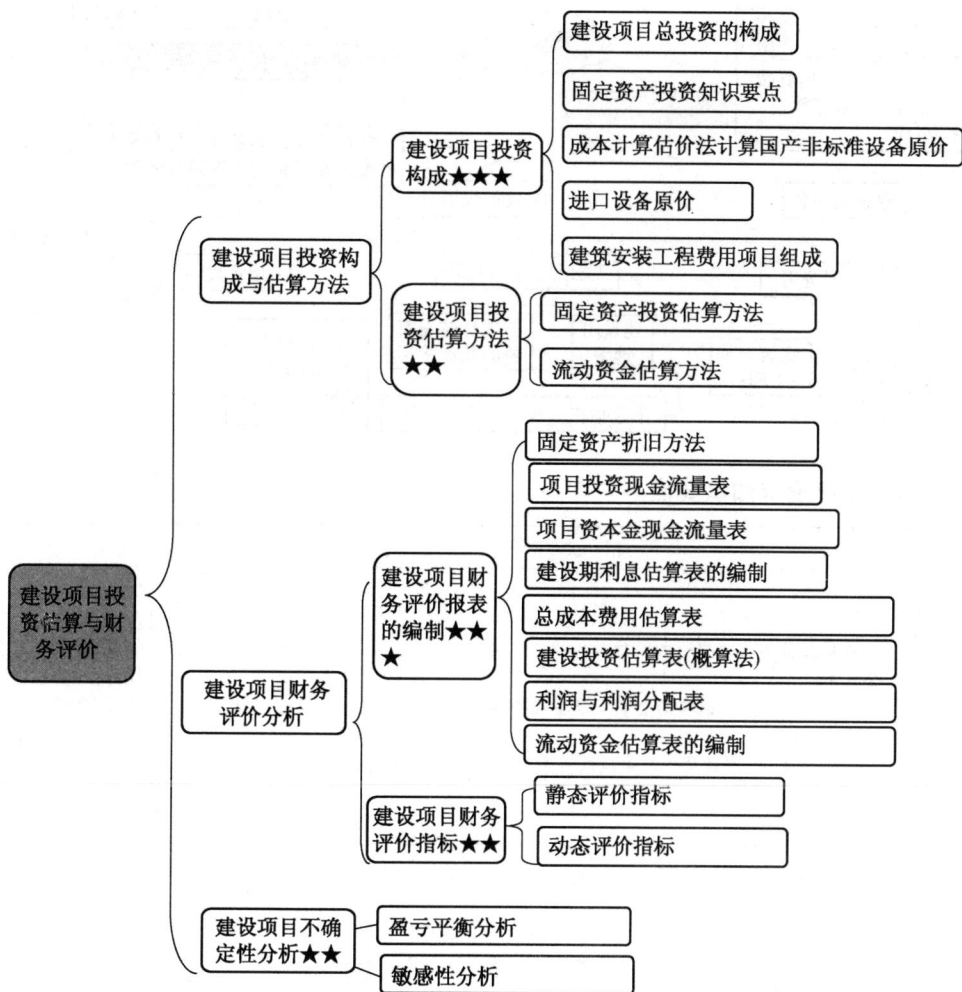

建设项目投资估算与财务评价
- 建设项目投资构成与估算方法
  - 建设项目投资构成★★★
    - 建设项目总投资的构成
    - 固定资产投资知识要点
    - 成本计算估价法计算国产非标准设备原价
    - 进口设备原价
    - 建筑安装工程费用项目组成
  - 建设项目投资估算方法★★
    - 固定资产投资估算方法
    - 流动资金估算方法
- 建设项目财务评价分析
  - 建设项目财务评价报表的编制★★★
    - 固定资产折旧方法
    - 项目投资现金流量表
    - 项目资本金现金流量表
    - 建设期利息估算表的编制
    - 总成本费用估算表
    - 建设投资估算表(概算法)
    - 利润与利润分配表
    - 流动资金估算表的编制
  - 建设项目财务评价指标★★
    - 静态评价指标
    - 动态评价指标
- 建设项目不确定性分析★★
  - 盈亏平衡分析
  - 敏感性分析

第一节　建设项目投资构成与估算方法

☞ 考点1　建设项目投资构成 ★★★

【考情分析】

对于建设项目投资构成的考查，主要是在造价案例分析试题中考查相关费用的计算，因此考生对于本考点的学习是对相关公式的记忆及相关费用组成的理解。

一、建设项目总投资的构成

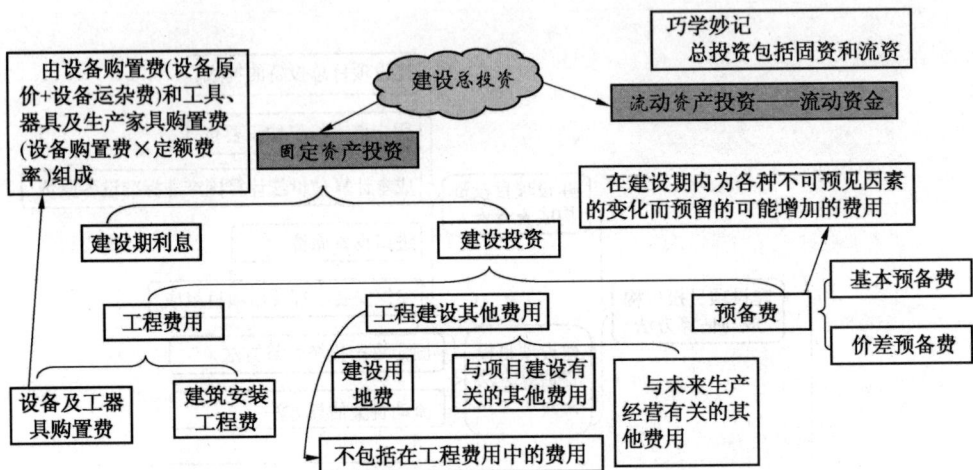

二、固定资产投资知识要点

估算内容	相 关 要 点	备　注
设备及工器具购置费用	估算基数是根据背景资料已知数据进行计算。 公式1： $$设备购置费 = 设备原价 + 设备运杂费$$ 公式2： $$工具、器具及生产家具购置费 = 设备购置费 × 定额费率$$	设备在国内采购时，设备原价是指设备出厂价（通常包含备品备件费在内）。设备在国外采购时，设备原价就是抵岸价（由进口设备到岸价 CIF 和进口从属费构成），通常包含备品备件费在内
建筑安装工程费	估算基数是根据背景资料已知数据进行计算。 公式1： $$建筑安装工程费 = 人工费 + 材料费 + 施工机具使用费 + 企业管理费 + 利润 + 规费 + 税金$$ 其中： $$人工费 = \sum(工日消耗量 × 日工资单价)$$ $$材料费 = \sum(材料消耗量 × 材料单价)$$ $$施工机械使用费 = \sum(施工机械台班消耗量 × 机械台班单价)$$	建筑安装工程费用中的税金应计入建筑安装工程造价内的增值税额，按税前造价乘以增值税税率确定

估算内容	相 关 要 点	备 注
建筑安装工程费	仪器仪表使用费 $= \sum($仪器仪表台班消耗量 $\times$ 仪器仪表台班单价$)$ 企业管理费费率$(\%) = \dfrac{\text{生产工人年平均管理费}}{\text{年有效施工天数} \times \text{人工单价}} \times$ 人工费占直接费的比例$(\%)$ 企业管理费费率$(\%) = \dfrac{\text{生产工人年平均管理费}}{\text{年有效施工天数} \times (\text{人工单价} + \text{每一台班施工机具使用费})} \times 100\%$ 企业管理费费率$(\%) = \dfrac{\text{生产工人年平均管理费}}{\text{年有效施工天数} \times \text{人工单价}} \times 100\%$ 社会保险费和住房公积金 $= \sum($工程定额人工费 $\times$ 社会保险费和住房公积金费率$)$ 增值税 $=$ 税前造价 $\times$ 增值税税率 公式2： 建筑安装工程费 $=$ 分部分项工程费 $+$ 措施项目费 $+$ 其他项目费 $+$ 规费 $+$ 税金 其中： 分部分项工程费 $= \sum($分部分项工程量 $\times$ 综合单价$)$ 应予计量的措施项目： 措施项目费 $= \sum($措施项目工程量 $\times$ 综合单价$)$ 不宜计量的措施项目： （1）安全文明施工费 $=$ 计算基数 $\times$ 安全文明施工费费率$(\%)$ 【计算基数为定额基价（部分项工程费 $+$ 定额中可以计量的措施项目费）、定额人工费或定额人工费与施工机具使用费之和】 （2）措施项目费 $=$ 计算基数 $\times$ 措施项目费费率$(\%)$ 【计算基数为定额人工费或定额人工费与定额施工机具使用费之和】	建筑安装工程费用中的税金应计入建筑安装工程造价内的增值税额，按税前造价乘以增值税税率确定
工程建设其他费用	包括建设用地费、与项目建设有关的费用、与未来生产经营有关的其他费用	
基本预备费	计算基数为设备及工器具购置费用 $+$ 建筑安装工程费 $+$ 工程建设其他费用。 基本预备费 $=$（工程费用 $+$ 工程建设其他费用）$\times$ 基本预备费费率	
价差预备费	计算基数为设备及工器具购置费用 $+$ 建筑安装工程费 $+$ 工程建设其他费用 $+$ 基本预备费。 $$PF = \sum_{t=1}^{n} I_t \left[(1+f)^m (1+f)^{0.5} (1+f)^{t-1} - 1 \right] \quad （逐年计算）$$ 式中 PF——价差预备费； 　　　n——建设期年份数； 　　　I_t——建设期中第 t 年的静态投资计划额； 　　　f——年涨价率； 　　　m——建设前期年限	建设期中第 t 年的静态投资计划额，包括工程费用、工程建设其他费用及基本预备费

估算内容	相 关 要 点	备 注
建设期利息（必考点）	计算基数为设备及工器具购置费用＋建筑安装工程费＋工程建设其他费用＋基本预备费＋价差预备费－自有资金。 名义利率转化为实际利率：年实际利率（有效利率）＝（1＋名义利率/年计息次数）^{计息次数}－1，即 $i = \left(1 + \dfrac{r}{m}\right)^m - 1$。 建设期各年应计利息： $$q_j = \left(P_{j-1} + \frac{1}{2}A_j\right) \cdot i$$ 式中　　q_j——建设期第 j 年应计利息； $\quad\quad P_{j-1}$——建设期第 $(j-1)$ 年末累计贷款本金与利息之和； $\quad\quad A_j$——建设期第 j 年贷款金额； $\quad\quad i$——年利率	前提：当总贷款是分年均衡发放时，建设期利息的计算可按当年借款在年中支用考虑
长期借款利息	等额还本付息： $$A = I_c \frac{i(1+i)^n}{(1+i)^n - 1}$$ 式中：A 表示每年还本付息额（等额年金）；I_c 表示还款起始年年初的借款余额（含未支付的建设期利息）；i 表示年利率；n 表示预定的还款期；$\dfrac{i(1+i)^n}{(1+i)^n - 1}$ 表示资金回收系数，可以自行计算或查复利系数表。 其中：每年支付利息＝年初借款余额×年利率；年初借款余额＝I_c－本年以前各年偿还的借款累计；每年偿还本金＝A－每年支付利息 等额还本、利息照付： 每年偿还本金＝还款起始年年初的借款余额（含未支付的建设期利息）/ 预定的还款期 每年支付利息＝年初借款余额×年利率，即第 t 年支付的利息＝$I_c \times \left(1 - \dfrac{t-1}{n}\right) \times i$ 每年还本付息额＝每年偿还本金＋每年支付利息，即第 t 年的还本付息额 $A_t = \dfrac{I_c}{n} + I_c \times \left(1 - \dfrac{t-1}{n}\right) \times i$	

注意：静态投资＝设备及工器具购置费用＋建筑安装工程费＋工程建设其他费用＋基本预备费。

三、成本计算估价法计算国产非标准设备原价

①	材料费＝材料净重×（1＋加工损耗系数）×每吨材料综合价
②	加工费＝设备总重量(吨)×设备每吨加工费
③	辅助材料费＝设备总重量×辅助材料费指标
④	专用工具费按①＋②＋③之和乘以一定百分比计算
⑤	废品损失费按①＋②＋③＋④之和乘以一定百分比计算
⑥	外购配套件费根据相应的价格加运杂费计算

⑦	包装费按①+②+③+④+⑤+⑥之和乘以一定百分比计算
⑧	利润按①+②+③+④+⑤+⑦之和乘以一定利润率计算
⑨	非标准设计费按国家规定计算
⑩	增值税=当期销项税额－进项税额；当期销项税额=不含税销售额×适用增值税率，其中销售额的计费基础是①+②+③+④+⑤+⑥+⑦+⑧+⑨
⑪	单台非标准设备原价={[（材料费+加工费+辅助材料费）×（1+专用工具费率）×（1+废品损失费率）+外购配套件费]×（1+包装费率）－外购配套件费}×（1+利润费）+外购配套件费+增值税+非标准设备设计费

四、进口设备原价（指进口设备的抵岸价是进口设备到岸价CIF+进口从属费之和）

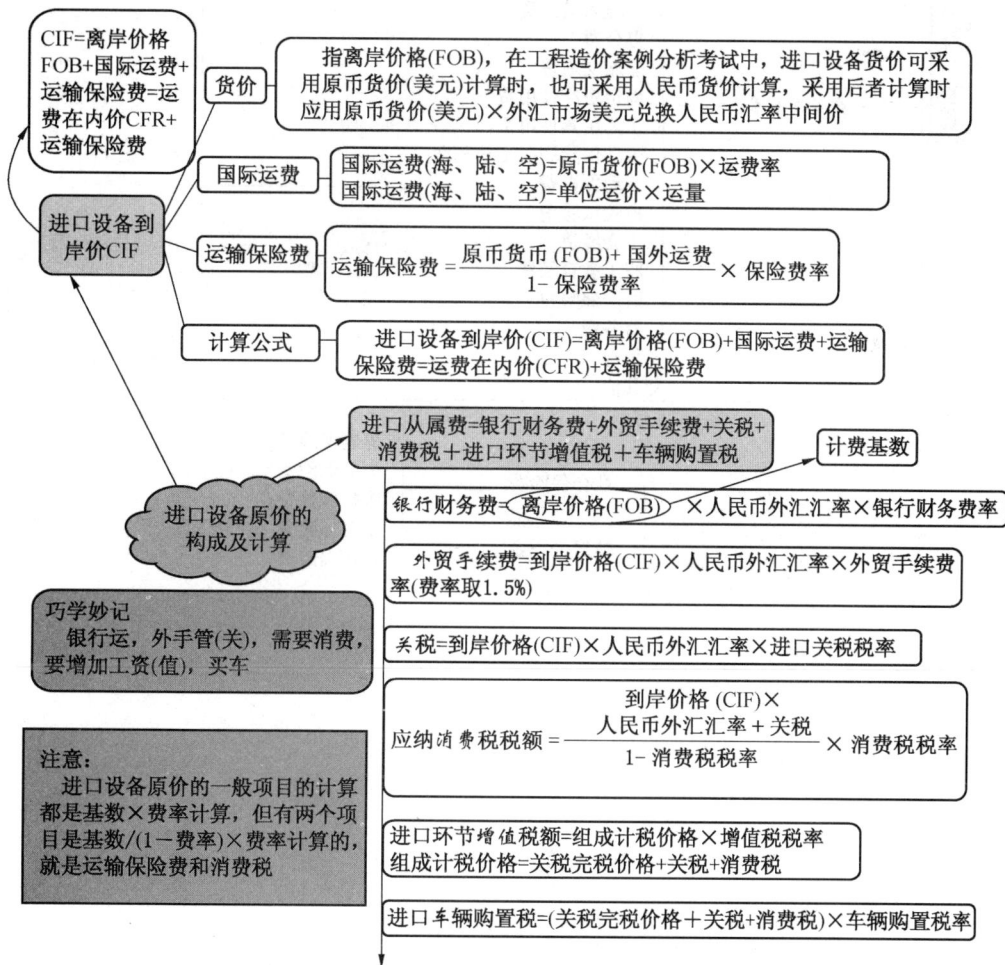

CIF=离岸价格 FOB+国际运费+运输保险费=运费在内价CFR+运输保险费

进口设备到岸价CIF

货价 —— 指离岸价格（FOB），在工程造价案例分析考试中，进口设备货价可采用原币货价(美元)计算时，也可采用人民币货价计算，采用后者计算时应用原币货价(美元)×外汇市场美元兑换人民币汇率中间价

国际运费 —— 国际运费(海、陆、空)=原币货价(FOB)×运费率
国际运费(海、陆、空)=单位运价×运量

运输保险费 —— $$运输保险费 = \frac{原币货币(FOB) + 国外运费}{1 - 保险费率} \times 保险费率$$

计算公式 —— 进口设备到岸价(CIF)=离岸价格(FOB)+国际运费+运输保险费=运费在内价(CFR)+运输保险费

进口设备原价的构成及计算

进口从属费=银行财务费+外贸手续费+关税+消费税+进口环节增值税+车辆购置税

计费基数

银行财务费=离岸价格(FOB)×人民币外汇汇率×银行财务费率

外贸手续费=到岸价格(CIF)×人民币外汇汇率×外贸手续费率(费率取1.5%)

关税=到岸价格(CIF)×人民币外汇汇率×进口关税税率

$$应纳消费税税额 = \frac{到岸价格(CIF) \times 人民币外汇汇率 + 关税}{1 - 消费税税率} \times 消费税税率$$

进口环节增值税额=组成计税价格×增值税税率
组成计税价格=关税完税价格+关税+消费税

进口车辆购置税=(关税完税价格+关税+消费税)×车辆购置税率

巧学妙记
银行运，外手管(关)，需要消费，要增加工资(值)，买车

注意：
进口设备原价的一般项目的计算都是基数×费率计算，但有两个项目是基数/(1－费率)×费率计算的，就是运输保险费和消费税

五、建筑安装工程费用项目组成（按费用构成要素划分）

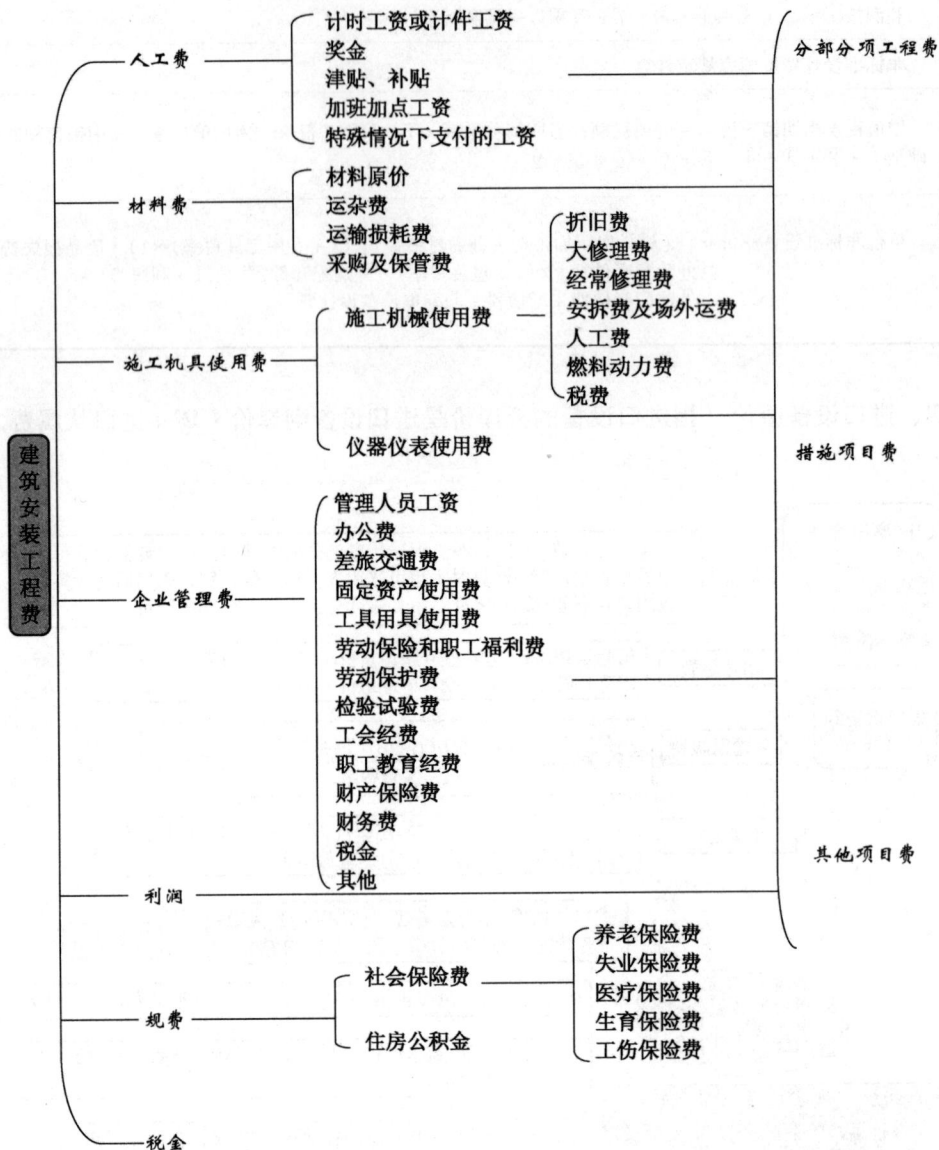

```
                              ┌─ 计时工资或计件工资
                              │  奖金                              ┌─ 分部分项工程费
                  ┌─ 人工费 ──┤  津贴、补贴
                  │           │  加班加点工资
                  │           └─ 特殊情况下支付的工资
                  │
                  │           ┌─ 材料原价
                  │           │  运杂费
                  ├─ 材料费 ──┤  运输损耗费
                  │           └─ 采购及保管费
                  │                                ┌─ 折旧费
                  │                                │  大修理费
                  │                                │  经常修理费
  建 ┌            │           ┌─ 施工机械使用费 ──┤  安拆费及场外运费
  筑 │            │           │                    │  人工费
  安 │  建筑      ├─ 施工机具使用费                 │  燃料动力费
  装 │  安装      │           │                    └─ 税费
  工 │  工程      │           └─ 仪器仪表使用费
  程 │  费        │
  费 └            │           ┌─ 管理人员工资              ┌─ 措施项目费
                  │           │  办公费
                  │           │  差旅交通费
                  │           │  固定资产使用费
                  │           │  工具用具使用费
                  │           │  劳动保险和职工福利费
                  ├─ 企业管理费┤  劳动保护费
                  │           │  检验试验费
                  │           │  工会经费
                  │           │  职工教育经费
                  │           │  财产保险费
                  │           │  财务费                    ┌─ 其他项目费
                  │           │  税金
                  │           └─ 其他
                  ├─ 利润
                  │                          ┌─ 养老保险费
                  │                          │  失业保险费
                  │           ┌─ 社会保险费 ─┤  医疗保险费
                  ├─ 规费 ────┤              │  生育保险费
                  │           └─ 住房公积金   └─ 工伤保险费
                  │
                  └─ 税金
```

六、建筑安装工程费用项目组成（按造价形成划分）

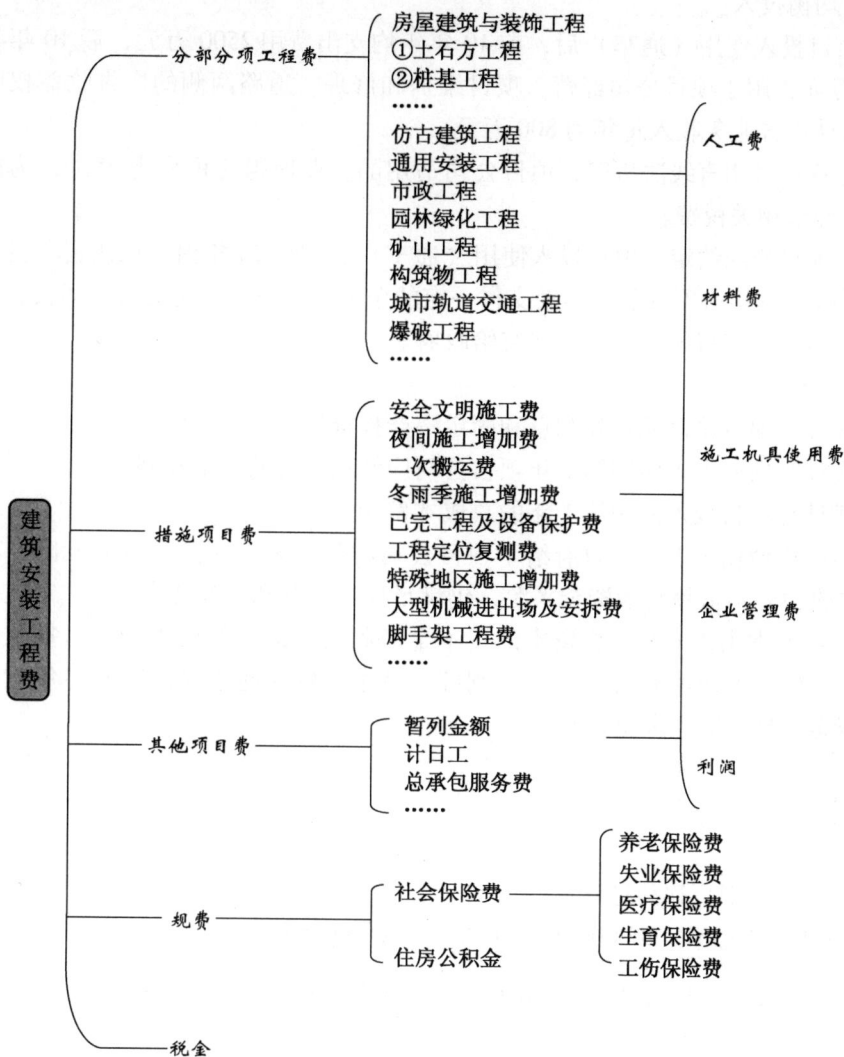

建筑安装工程费
- 分部分项工程费
  - 房屋建筑与装饰工程
    - ①土石方工程
    - ②桩基工程
    - ……
  - 仿古建筑工程
  - 通用安装工程
  - 市政工程
  - 园林绿化工程
  - 矿山工程
  - 构筑物工程
  - 城市轨道交通工程
  - 爆破工程
  - ……
- 措施项目费
  - 安全文明施工费
  - 夜间施工增加费
  - 二次搬运费
  - 冬雨季施工增加费
  - 已完工程及设备保护费
  - 工程定位复测费
  - 特殊地区施工增加费
  - 大型机械进出场及安拆费
  - 脚手架工程费
  - ……
- 其他项目费
  - 暂列金额
  - 计日工
  - 总承包服务费
  - ……
- 规费
  - 社会保险费
    - 养老保险费
    - 失业保险费
    - 医疗保险费
    - 生育保险费
    - 工伤保险费
  - 住房公积金
- 税金

（右侧）人工费　材料费　施工机具使用费　企业管理费　利润

【真题回顾】

（2017 年真题）背景资料：

某城市拟建设一条免费通行的道路工程，与项目相关的信息如下：

1. 根据项目的设计方案及投资估算，该项目建设投资为 100000 万元，建设期 2 年，建设投资全部形成固定资产。

2. 该项目拟采用 PPP 模式投资建设，政府与社会资本出资人合作成立了项目公司。项目资本金为项目建设投资的 30%，其中，社会资本出资人出资 90%，占项目公司股权 90%；政府出资 10%，占项目公司股权 10%。政府不承担项目公司亏损，不参与项目公司利润分配。

3. 除项目资本金外的项目建设投资由项目公司贷款，贷款年利率为 6%（按年计息），贷款合同约定的还款方式为项目投入使用后 10 年内等额还本付息。项目资本金和贷款均在建设期内均衡投入。

4. 该项目投入使用（通车）后，前 10 年年均支出费用 2500 万元，后 10 年年均支出费用 4000 万元，用于项目公司经营、项目维护和修理。道路两侧的广告收益权归项目公司所有，预计广告业务收入每年为 800 万元。

5. 固定资产采用直线法折旧；项目公司适用的企业所得税税率为 25%；为简化计算不考虑销售环节相关税费。

6. PPP 项目合同约定，项目投入使用（通车）后连续 20 年内，在达到项目运营绩效的前提下，政府每年给项目公司等额支付一定的金额作为项目公司的投资回报，项目通车 20 年后，项目公司需将该道路无偿移交给政府。

问题：

1. 列式计算项目建设期贷款利息和固定资产投资额。

2. 列式计算项目投入使用第 1 年项目公司应偿还银行的本金和利息。

3. 列式计算项目投入使用第 1 年的总成本费用。

4. 项目投入使用第 1 年，政府给予项目公司的款项至少达到多少万元时，项目公司才能除广告收益外不依赖其他资金来源，仍满足项目运营和还款要求？

5. 若社会资本出资人对社会资本的资本金净利润率的最低要求为：以贷款偿还完成后的正常年份的数据计算不低于 12%，则社会资本出资人能接受的政府各年应支付给项目公司的资金额最少应为多少万元？

（计算结果保留两位小数）

【答案】

问题 1：

（1）项目建设期贷款利息计算：

① 建设期贷款总额 = 100000 万元 × 70% = 70000 万元

② 第 1 年建设期贷款利息 = $\left(70000 \times 50\% \times \frac{1}{2} \times 6\%\right)$ 万元 = 1050 万元

③ 第 2 年建设期贷款利息 = $\left(1050 + 70000 \times 50\% + 70000 \times 50\% \times \frac{1}{2}\right)$ 万元 × 6% = 3213 万元

④ 建设期贷款利息 = (1050 + 3213) 万元 = 4263 万元

（2）固定资产投资额计算：

含政府投资：(100000 + 4263) 万元 = 104263 万元

不含政府投资：[100000 × (1 - 30% × 10%) + 4263] 万元 = 101263 万元

问题 2：

（1）项目投入使用第 1 年项目公司应偿还银行的本利和 = (70000 + 4263) 万元 × $\frac{6\% \times (1+6\%)^{10}}{(1+6\%)^{10} - 1}$ = 10089.96 万元

【或：(70000 + 4263) 万元 × (A/P, 6%, 10) 万元 = 10089.96 万元】

（2）项目投入使用第 1 年项目公司应偿还银行的利息 =（70000 + 4263）万元 × 6% = 4455.78 万元

（3）项目投入使用第 1 年项目公司应偿还银行的本金 =（10089.96 – 4455.78）万元 = 5634.18 万元

问题 3：

（1）政府方出资 = 100000 万元 × 30% × 10% = 3000 万元

（2）年固定资产折旧费：

不含政府投资的年固定资产折旧费 $= \dfrac{104263 - 3000 - 0}{20}$ 万元 = 5063.15 万元

含政府投资的年固定资产折旧费 $= \dfrac{104263}{20}$ 万元 = 5213.15 万元

（3）总成本费用 = 经营成本 + 折旧 + 摊销 + 维持运营投资 + 利息 =（2500 + 5063.15 + 0 + 0 + 4455.78）万元 = 12018.93 万元

问题 4：

项目投入使用第 1 年，假设政府补贴应至少为 x 万元，项目公司满足项目运营和还款要求。

税后净利润 =（800 + x – 0 – 12018.93）万元 ×（1 – 25%）

折旧费 + 摊销费 + 净利润 ≥ 该年应偿还的本金，则：

5063.15 万元 + 0 +（800 + x – 12018.93）万元 ×（1 – 25%）≥ 5634.18 万元

解得 x ≥ 11980.31 万元

项目投入使用第 1 年，假设政府补贴应至少达到 11980.31 万元时，项目公司才能除广告收益外不依赖其他资金来源，仍满足项目运营和还款要求。

问题 5：

假设政府各年应支付的金额为 y 万元，正常年份下社会资本的资本金净利润率不低于 12%（即在项目"投资各方"中只考虑社会资本方收益）。

正常年份的每年的总成本费用 = 年经营成本 + 折旧 + 摊销 + 维持运营投资 + 利息 =（4000 + 5063.15 + 0 + 0 + 0）万元 = 9063.15 万元

正常年份的税后净利润 = [（800 + y）– 9063.15] 万元 ×（1 – 25%）

社会资本的资本金 = 100000 万元 × 30% × 90% = 27000.00 万元

社会资本的资本金净利润率 $= \dfrac{正常年份常年份的税后净利润}{社会资本的资本金} \times 100\%$，则：

[（800 + y）– 9063.15] 万元 ×（1 – 25%）/ 27000 万元 × 100% ≥ 12%

解得 y ≥ 12583.15 万元

故社会资本出资人能接受的政府各年应支付给项目公司的资金额最少应为 12583.15 万元。

【解析】

1. 本案例问题 1 考查了项目建设期贷款利息、固定资产投资额的计算。建设期利息的计算在工程造价案例分析考试中属于高频考点，它可以单独考核，也可以结合其他知识点进行考查。下面对建设期利息在计算的一些注意事项进行一下说明：

（1）建设期贷款总额有可能在工程造价案例分析试题的背景资料中已经告知，或者是根据相关数据进行计算，具体怎么计算还是要根据背景资料给出的数据进行计算。

（2）关于名义利率转化为实际利率的问题，考生要仔细审题，切记不可粗心大意。

（3）逐年对建设期利息进行计算，最后再加总，这是对结果计算正确的不二法门。

2. 本案例问题 2 考查了长期借款利息的计算。本题中长期借款采用等额还本付息（等额本息）方式偿还，本息和可采用下列公式计算：

$$A = I_c \frac{i(1+i)^n}{(1+i)^n - 1}$$

式中　　　　A——每年还本付息额（等额年金）；

　　　　　　I_c——还款起始年年初的借款余额（含未支付的建设期利息）；

　　　　　　i——年利率；

　　　　　　n——预定的还款期；

$\dfrac{i(1+i)^n}{(1+i)^n - 1}$——资金回收系数（可以自行计算或查复利系数表）。

其中：每年支付利息 = 年初借款余额 × 年利率

　　　年初借款余额 = I_c − 本年以前各年偿还的借款累计

　　　每年偿还本金 = A − 每年支付利息

3. 本案例问题 3 考查了总成本费用的计算。根据公式总成本费用 = 经营成本 + 折旧 + 摊销 + 维持运营投资 + 利息进行计算。

4. 本案例问题 4 考查了判断运营期的还款能力。建设期贷款偿还能力的计算注意事项：

（1）偿还能力的计算中，不计入法定盈余公积金和股利时的情形：

① 税后净利润 > 0，可用于还本的金额：税后净利润 + 折旧费 + 摊销费。

可用于还本的金额 ≥ 建设投资贷款要求还本的金额，满足还款要求。

可用于还本的金额 < 建设投资贷款要求还本的金额，不满足还款要求。

② 税后净利润 ≤ 0，可用于还本的金额：折旧费 + 摊销费。

可用于还本的金额 ≥ 建设投资贷款要求还本的金额，满足还款要求。

可用于还本的金额 < 建设投资贷款要求还本的金额，不满足还款要求。

注意：上述计算式建设期贷款投资采用等额本金、等额本息还款方式使用，计算最大偿还能力偿还建设期投资贷款时不适用。偿还能力的计算中，不计入法定盈余公积金和股利时这个情形。

税后净利润 = 利润总额 − 所得税

所得税 = （利润总额 − 上年度亏损（如果有）） × 所得税率（25%）

利润总额 = 营业收入 + 补贴收入 − 总成本费用 − 增值税附加税

总成本费用（运营期）= 经营成本 + 折旧费用 + 摊销费 + 建设期投资贷款利息 + 流动资金贷款利息 + 临时贷款利息（如果有）+ 维持运营投资（如果有）

（2）偿还能力的计算中，计入法定盈余公积金和股利时的情形：

未分配利润=（税后净利润+前一年剩余利润-税后净利润×法定盈余公积金率）（1-股利率）

可用于还本的金额=未分配利润（未分配利润＜0，其值为0）+折旧费+摊销费

5. 本案例问题5考查了资本金净利润率。根据下列公式计算：

$$资本金净利润率(ROE)=\frac{正常年份(或运营期内年平均)净利润}{项目资本金}\times100\%=\frac{NP}{EC}\times100\%$$

财务分析：项目资本金净利润率（ROE）≥行业净利润率参考值，项目可行。

☞ 考点2　建设项目投资估算方法★★

【考情分析】

建设项目投资估算主要涉及固定资产估算、流动资金估算。其中，固定资产投资估算部分涉及的要点较多，并且综合性都比较强，能够组合多种估算方法（单位生产能力估算法、生产能力指数法、系数估算法、比例估算法、指标估算法）进行考查，因此，考生要注意相关知识点的连贯性及估算方法中相关公式的运用。流动资金估算包括扩大指标估算法和分项详细估算法，其中，后者涉及的计算公式较多，考生一定要牢记。

一、固定资产投资估算方法

单位生产能力估算法	公式：	$C_2=\left(\dfrac{C_1}{Q_1}\right)Q_2f$
	式中，C_1 表示已建类似项目的静态投资额；C_2 表示拟建项目静态投资额；Q_1 表示已建类似项目的生产能力；Q_2 表示拟建项目的生产能力；f 表示不同时期、不同地点的定额、单价、费用变更等的综合调整系数。**只适用于与已建项目在规模和时间上相近拟建项目，两者间生产能力比值为0.2~2**	
生产能力指数法	公式：	$C_2=C_1\left(\dfrac{Q_2}{Q_1}\right)^x\cdot f$
	式中，x 表示生产能力指数；其他符号含义同前	
设备系数法	公式：	$C=E(1+f_1P_1+f_2P_2+f_3P_3+\cdots)+I$
	式中，C 表示*拟建项目的静态投资*；E 表示拟建项目根据当时当地价格计算的设备购置费；P_1，P_2，P_3…表示已建类似项目中建筑安装工程费及其他工程费等与设备购置费的比例；f_1，f_2，f_3…表示由于不同时间地点因素引起的定额、价格、费用标准等变化的综合调整系数；I 表示拟建项目的其他费用	
主体专业系数法	公式：	$C=E(1+f_1P_1'+f_2P_2'+f_3P_3'+\cdots)+I$
	式中，P_1'、P_2'、P_3'…表示已建项目中各专业工程费用与工艺设备投资的比重，其他符号含义同前	
朗格系数法	公式：	$C=E\cdot\left(1+\sum K_i\right)\cdot K_c$
	式中，K_i 表示管线、仪表、建筑物等项费用的估算系数；K_c 表示管理费、合同费、应急费等间接费项目费用的总估算系数。其他符号含义同前 K_L（静态投资与设备购置费之比为朗格系数）$=\left(1+\sum K_i\right)\cdot K_c$	
比例估算法	公式：	$I=\dfrac{1}{K}\sum_{i=1}^{n}Q_iP_i$
	式中，I 表示拟建项目的静态投资；K 表示已建项目主要设备投资占已建项目静态投资的比例；n 表示设备种类数；Q_i 表示第 i 种设备的数量；P_i 表示第 i 种主要设备的单价（到厂价格）	

类似工程 预算法	公式：拟建工程单方建筑工程费＝类似工程单方造价×成本单价综合调整系数($a\%K_1 + b\%K_2 + c\%K_3 + d\%K_4$) 拟建工程建筑工程费＝拟建工程建筑面积×拟建工程单方工程费 式中，$a\%$，$b\%$，$c\%$，$d\%$分别为类似工程建筑工程费中的人工费、材料费、机械费、其他费用的比重，如$a\%$＝类似工程建筑工程费中的人工费/类似建筑工程费×100%，其他类同；K_1，K_2，K_3，K_4分别为拟建工程与类似工程在建筑工程费中的人工费、材料费、机械费、其他费用之间的差异系数，如K_1＝拟建工程建筑工程费中的人工费(或工日单价)/类似工程建筑工程费中的人工费(或工日单价)，其他类同

二、流动资金的估算方法

流动资金的估算方法

分项详细估算法

计算公式
流动资金=流动资产-流动负债
流动资产=应收账款+预付账款+存货+库存现金
流动负债=应付账款+预收账款
流动资金本年增加额=本年流动资金-上年流动资金

步骤
1. 计算各类流动资产和流动负债的年周转次数
周转次数=360/流动资金最低周转天数

2. 再分项估算占用资金额
① 应收账款=年经营成本/应收账款周转次数

② 预付账款=外购商品或服务年费用金额/预付账款周转次数

③ 存货=外购原材料、燃料+其他材料+在产品+产成品；外购原材料、燃料=年外购原材料、燃料费用/分项周转次数；其他材料=年其他材料费用/其他材料周转次数；在产品=(年外购原材料、燃料费用+年工资及福利费+年修理费+年其他制造费用)÷在产品周转次数；产成品=(年经营成本－年其他营业费用)/产成品周转次数

④ 现金=(年工资及福利费+年其他费用)/现金周转次数；年其他费用=制造费用+管理费用+营业费用-(以上三项费用中所含的工资及福利费、折旧费、摊销费、修理费)

⑤ 流动负债估算：在可行性研究中，流动负债的估算可以只考虑应付账款和预收账款。
应付账款=外购原材料、燃料动力费及其他材料年费用/应付账款周转次数
预收账款=预收的营业收入年金额/预收账款周转次数

扩大指标估算法
常用的基数有营业收入、经营成本、总成本费用和建设投资等

年流动资金额=年费用基数×各类流动资金率

简便易行，但准确度不高，适用于项目建议书阶段的估算

小贴士
流动资金属于长期性流动资产，其筹措方式可通过长期负债和资本金(一般要求占30%)的方式解决

【真题回顾】

（2016年真题）背景资料：

某企业拟于某城市新建一个工业项目，该项目可行性研究相关基础数据如下：

1. 拟建项目占地面积30亩，建筑面积11000 m^2。其项目设计标准、规模与该企业2年前在另一城市修建的同类项目相同。已建同类项目的单位建筑工程费用为1600元/m^2，建筑工程的综合用工量为4.5工日/m^2，综合工日单价为80元/工日，建筑工程费用中的材料费占比为50%，机械使用费占比为8%，考虑地区和交易时间差异，拟建项目的综合工日单价为100元/工日，材料费修正系数为1.1，机械使用费的修正系数为1.05，人材机以外的其他费用修正系数为1.08。

根据市场询价，该拟建项目设备投资估算为2000万元，设备安装工程费用为设备投资的15%。项目土地相关费用按20万元/亩计算，除土地外的工程建设其他费用为项目建安工程费用的15%，项目的基本预备费率为5%，不考虑价差预备费。

2. 项目建设期1年，运营期10年，建设投资全部形成固定资产。固定资产使用年限为10年，残值率为5%，直线法折旧。

3. 项目运营期第1年投入自有资金200万元作为运营期的流动资金。

4. 项目正常年份年销售收入为1560万元，营业税金及附加税率为6%，项目正常年份年经营成本为400万元。项目运营期第1年产量为设计产量的85%，运营期第2年及以后各年均达到设计产量，运营期第1年的销售收入、经营成本均为正常年份的85%。企业所得税率为25%。

问题：

1. 列式计算拟建项目的建设投资。

2. 若该项目的建设投资为5500万元，建设投资来源为自有资金和贷款，贷款为3000万元，贷款年利率为7.2%（按月计息），约定的还款方式为运营期前5年等额还本、利息照付方式。分别列式计算项目运营期第1年、第2年的总成本费用和净利润以及运营期第2年年末的项目累计盈余资金。（不考虑企业公积金、公益金提取及投资者股利分配）

（计算结果保留两位小数）

【答案】

问题1：

（1）建筑工程费的计算：

① 调整前：

人工费 = 4.5工日/m^2 × 80元/工日 = 360元/m^2

材料费 = 1600元/m^2 × 50% = 800元/m^2

施工机械使用费 = 1600元/m^2 × 8% = 128元/m^2

其他费用 = (1600 - 360 - 800 - 128)元/m^2 = 312元/m^2

② 调整后：

人工费 = 4.5工日/m^2 × 100元/工日 = 450元/m^2

材料费 = 800元/m^2 × 1.1 = 880元/m^2

施工机械使用费 = 128元/m^2 × 1.05 = 134.40元/m^2

其他费用 = 312 元/m² × 1.08 = 336.96 元/m²

③ 合计：单位建筑工程费 = (450 + 880 + 134.40 + 336.96)元/m² = 1801.36 元/m²

④ 建筑工程费 = 1801.36 元/m² × 11000 m²/10000 元 = 1981.50 万元

【或：人工费占比 = 4.5 × $\frac{80}{1600}$ = 22.5%

其他费占比 = 1 − 22.5% − 50% − 8% = 19.5%

建筑工程费 = 11000 × 1600 × (22.5% × $\frac{100}{80}$ + 50% × 1.1 + 8% × 1.05 + 19.5% × 1.08)万元 = 1981.50 万元】

（2）设备安装工程费 = 2000 万元 × 15% = 300 万元

（3）工程建设其他费 = 20 万元/亩 × 30 亩 + (1981.50 + 300)万元 × 15% = 942.23 万元

（4）基本预备费 = (2000 + 300 + 1981.50 + 942.23)万元 × 5% = 261.19 万元

（5）因背景资料中叙述不考虑价差预备费，因此拟建项目的建设投资 = (1981.50 + 942.23 + 261.19 + 2000 + 300)万元 = 5484.92 万元

问题 2：

（1）总成本费用计算：

① 年实际利率 = $\left(1 + \frac{7.2\%}{12}\right)^{12} - 1$ = 7.44%（这里容易被漏算，考生注意。）

② 建设期利息 = $\frac{3000 \text{万元}}{2}$ × 7.44% = 111.60 万元

③ 每年还本额 = $\frac{(3000 + 111.60)\text{万元}}{5}$ = 622.32 万元

④ 运营期第 1 年应还利息 = (3000 + 111.60)万元 × 7.44% = 231.50 万元

⑤ 运营期第 2 年应还利息 = (3000 + 111.60 − 622.32)万元 × 7.44% = 185.20 万元

⑥ 折旧费 = (5500 + 111.60)万元 × (1 − 5%) ÷ 10 × 100% = 533.10 万元

⑦ 运营期第 1 年总成本费用 = (400 × 85% + 533.10 + 231.50)万元 = 1104.60 万元

⑧ 运营期第 2 年总成本费用 = (400 + 533.10 + 185.20)万元 = 1118.30 万元

（2）净利润计算：

① 运营期第 1 年：

总利润 = 1560 万元 × 85% × (1 − 6%) − 1104.60 万元 = 141.84 万元

净利润 = 141.84 万元 × (1 − 25%) = 106.38 万元

【或：运营期第 1 年所得税 = [1560 × 85% × (1 − 6%) − 1104.60]万元 × 25% = 35.46 万元

第 1 年净利润 = [1560 × 85% × (1 − 6%) − 1104.6 − 35.46]万元 = 106.38 万元】

② 运营期第 2 年：

总利润 = 1560 万元 × (1 − 6%) − 1118.30 万元 = 348.10 万元

净利润 = 348.10 万元 × (1 − 25%) = 261.08 万元

【或：运营期第 2 年所得税 = [1560 × (1 − 6%) − 1118.30]万元 × 25% = 87.03 万元

运营期第 2 年净利润 = [1560 × (1 − 6%) − 1118.3 − 87.03]万元 = 261.07 万元】

（3）项目累计盈余资金计算：

① 运营期第1年剩余利润（盈余资金）= 年折旧费 + 净利润 − 当年应还本金 =（533.10 + 106.38 − 622.32）万元 = 17.16 万元

【或：运营期第1年末盈余资金 =［1560 × 85% −（400 × 85% + 1560 × 85% × 6% + 35.46 + 622.32 + 231.5）］万元 = 17.16 万元】

② 运营期第2年年末的项目累计盈余资金 =（533.10 + 261.08 + 17.16 − 622.32）万元 = 189.02 万元

【或：运营期第2年末盈余资金 =［1560 −（400 + 1560 × 6% + 87.03 + 622.32 + 185.2）］万元 = 171.85 万元

运营期第2年末累计盈余资金 =（17.16 + 171.85）万元 = 189.01 万元】

【解析】

1. 本案例问题1考核的是拟建项目的建设投资的计算。问题1中涉及的计算量中等，计算难度不大，分步计算这个题很容易得分。计算涉及的公式如下：

建设投资 = 建筑工程费 + 安装工程费 + 设备购置费 + 工程建设其他费用 + 基本预备费 + 价差预备费（注意：前三项构成静态投资）

基本预备费 =（工程费用 + 工程建设其他费用）× 基本预备费费率

2. 本案例问题2考查了总成本费用、净利润、项目累计盈余资金计算。问题2计算时需特别注意的事项：

（1）名义利率转化为实际利率。背景资料中说明的是贷款年利率是按月计息的，考生应联想到此处告诉的是名义利率，那么就应将名义利率转换为实际利率，计算公式为：

年实际利率（有效利率）=（1 + 名义利率/年计息次数）^{计息次数} − 1，即 $i = \left(1 + \dfrac{r}{m}\right)^{m} - 1$。

（2）在长期借款利息的计算中，等额还本付息（等额本息）方式在2012年、2015年、2017年进行了考查，等额还本、利息照付（等额本金）方式在2010年、2011年、2013年、2016年进行了考查，因此考生要将两种还本付息方式牢牢掌握。

（3）在总成本费用计算时，都会涉及折旧费用的计算，那么折旧的相关计算方式是考生需要掌握的内容。

（4）总成本费用根据下列公式进行计算：

总成本费用（运营期）= 经营成本 + 折旧费用 + 摊销费 + 利息支出（+ 维持运营投资）（如果有）

（5）净利润计算涉及的公式：

① 利润总额（含销项税）= 营业收入（含销项税）+ 补贴收入 − 总成本费用（含进项税）− 增值税及附加

或：利润总额（不含销项税）= 营业收入（不含销项税）+ 补贴收入 − 总成本费用（不含进项税）− 增值税附加税

其中，增值税附加税 =［营业收入（不含销项税）× 增值税税率 − 进项税］× 增值税附加税税率

② 所得税 = 利润总额 × 所得税税率

③ 净利润 = 利润总额 – 所得税

（6）盈余资金计算的公式：盈余资金 = 年折旧费 + 净利润 – 当年应还本金。

冲刺训练

试题一背景资料：

某企业拟兴建一项工业生产项目。同行业同规模的已建类似项目工程造价结算资料，见下表。

已建类似项目工程造价结算资料

序号	工程和费用名称	工程结算费用/万元				
		建筑工程	设备购置	安装工程	其他费用	合　计
一	主要生产项目	11664.00	26050.00	7166.00		44880.00
1	A 生产车间	5050.00	17500.00	4500.00		27050.00
2	B 生产车间	3520.00	4800.00	1880.00		10200.00
3	C 生产车间	3094.00	3750.00	786.00		7630.00
二	辅助生产项目	5600.00	5680.00	470.00		11750.00
三	附属工程	4470.00	600.00	280.00		5350.00
	工程费用合计	21734.00	32330.00	7916.00		61980.00

上表中，A 生产车间的进口设备购置费为 16430 万元人民币，其余为国内配套设备费。在进口设备购置费中，设备货价（离岸价）为 1200 万美元（1 美元 = 8.3 元人民币），其余为其他从属费用和国内运杂费。

问题：

1. 类似项目建筑工程费用所含的人工费、材料费、机械费和综合税费占建筑工程造价的比例分别为 13.5%、61.7%、9.3%、15.5%，因建设时间、地点、标准等不同，相应的价格调整系数分别为 1.36、1.28、1.23、1.18；拟建项目建筑工程中的附属工程工程量与类似项目附属工程工程量相比减少了 20%，其余工程内容不变。试计算建筑工程造价综合差异系数和拟建项目建筑工程总费用。

2. 试计算进口设备其他从属费用和国内运杂费占进口设备购置费的比例。

3. 拟建项目 A 生产车间的主要生产设备仍为进口设备，但设备货价（离岸价）为 1100 万美元（1 美元 = 6.2 元人民币）；进口设备其他从属费用和国内运杂费按已建类似项目相应比例不变；国内配套采购的设备购置费综合上调 25%。A 生产车间以外的其他主要生产项目、辅助生产项目和附属工程的设备购置费均上调 10%。试计算拟建项目 A 生产车间的设备购置费、主要生产项目设备购置费和拟建项目设备购置总费用。

4. 假设拟建项目的建筑工程总费用为 30000 万元，设备购置总费用为 40000 万元；安装工程总费用按上表中数据综合上调 15%；工程建设其他费用为工程费用的 20%，基本预备费费率为 5%，拟建项目的建设期涨价预备费为静态投资的 3%。

试确定拟建项目全部建设投资。

（问题 1 ~ 4 计算过程和结果均保留两位小数）

试题二背景资料：

某地区 2018 年初拟建一工业项目，有关资料如下：

1. 经估算国产设备购置费为 2000 万元（人民币）。进口设备 FOB 价为 2500 万元（人民币），到岸价（货价、海运费、运输保险费）为 3020 万元（人民币），进口设备国内运杂费为 100 万元。

2. 本地区已建类似工程项目中建筑工程费用为设备投资的 23%，2015 年已建类似工程建筑工程造价资料及 2018 年初价格信息见下表，建筑工程综合费率为 24.74%。设备安装费用为设备投资的 9%，其他费用为设备投资的 8%，由于时间因素引起变化的综合调整系数分别为 0.98 和 1.16。

3. 基本预备费率按 8% 考虑。

2015 年已建类似工程建筑工程造价资料及 2018 年初价格信息表

名　称	单　位	数　量	2015 年预算单价/元	2018 年初预算单价/元
人工	工日	24000	28	32
钢材	t	440	2410	4100
木材	m³	120	1251	1250
水泥	t	850	352	383

名　称	单　位	合　价	调 整 系 数
其他材料费	万元	198.50	1.10
机械台班费	万元	66.00	1.06

注：其他材料费是指除钢材、木材、水泥以外的各项材料费之和。

问题：

1. 按照下表给定的数据和要求，计算进口设备购置费用。

进口设备购置费用计算表

序　号	项　目	费　率	计算式	金额/万元
（1）	到岸价格			
（2）	银行财务费	0.5%		
（3）	外贸手续费	1.5%		
（4）	关税	10%		
（5）	增值税	17%		
（6）	设备国内运杂费			
	进口设备购置费			

2. 计算拟建项目设备投资费用。

3. 试计算：

（1）已建类似工程建筑工程直接工程费、建筑工程费用。

（2）已建类似工程建筑工程中的人工费、材料费、机械台班费分别占建筑工程费用的百分比。

（3）拟建项目的建筑工程综合调整系数。

4. 估算拟建项目静态投资。

（计算过程和结果保留小数点后两位）

【答案】

试题一

1. 建筑工程造价综合差异系数 = 13.5% × 1.36 + 61.7% × 1.28 + 9.3% × 1.23 + 15.5% × 1.18 = 1.27

拟建项目建筑工程总费用 = （21734.00 - 4470.00 × 20%）× 1.27 万元 = 26466.80 万元

2. 进口设备其他从属费用和国内运杂费占设备购置费的比例 = （16430 - 1200 × 8.3）/ 16430 × 100% = 39.38%

3. 计算拟建项目 A 生产车间的设备购置费：

拟建项目 A 生产车间进口设备购置费 = 1100 万元 × 6.2/（1 - 39.38%）= 11250.41 万元

拟建项目 A 生产车间国内配套采购的设备购置费 = （17500.00 - 16430.00）万元 × （1 + 25%）= 1337.50 万元

拟建项目 A 生产车间设备购置费 = （11250.41 + 1337.50）万元 = 12587.91 万元

4. 计算拟建项目全部建设投资：

（1）拟建项目安装工程费 7916.00 万元 × （1 + 15%）= 9103.40 万元

（2）拟建项目工程建设其他费用 = （30000 + 40000 + 9103.40）万元 × 20% = 15820.68 万元

（3）拟建项目基本预备费 = （30000 + 40000 + 9103.40 + 15820.68）万元 × 5% = 4746.20 万元

（4）拟建项目涨价预备费 = （30000 + 40000 + 9103.40 + 15820.68 + 4746.20）万元 × 3% = 2990.11 万元

（5）拟建项目全部建设投资 = （30000 + 40000 + 9103.40 + 15820.68 + 4746.20 + 2990.11）万元 = 102660.39 万元

试题二

1. 进口设备购置费用的计算，见下表。

进口设备购置费用计算表

序 号	项 目	费 率	计 算 式	金额/万元
（1）	到岸价格			3020.00
（2）	银行财务费	0.5%	2500 × 0.5%	12.50
（3）	外贸手续费	1.5%	3020 × 1.5%	45.30
（4）	关税	10%	3020 × 10%	302
（5）	增值税	17%	（3020 + 302）× 17%	564.74
（6）	设备国内运杂费			100.00
	进口设备购置费		（1）+（2）+（3）+（4）+（5）+（6）	4044.54

2. 计算拟建项目设备投资费用：

(4044. 54 + 2000. 00)万元 = 6044. 54 万元

3. 已建类似工程建筑工程直接工程费、建设工程费用：

(1) 人工费：24000 工日 × 28 元/工日/10000 元 = 67. 20 万元

材料费：(440 t × 2410 元/t + 120 m³ × 1251 元/m³ + 850 t × 352 元/t + 1985000 元)/10000 元 = 349. 47 万元

则类似已建工程建筑工程直接费：(67. 20 + 349. 47 + 66. 00)万元 = 482. 67 万元

类似已建工程建筑工程费用：482. 67 万元 × (1 + 24. 74%) = 602. 08 万元

(2) 人工费占建筑工程费用的比例：67. 20 万元 ÷ 602. 08 万元 × 100% = 11. 16%

材料费占建筑工程费用的比例：349. 47 万元 ÷ 602. 08 万元 × 100% = 58. 04%

机械费占建筑工程费用的比例：66. 00 万元 ÷ 602. 08 万元 × 100% = 10. 96%

(3) 2018 年拟建项目的建筑工程综合调整系数：

人工费差异系数：32 ÷ 28 = 1. 14

拟建工程建筑工程材料费：

440 t × 4100 元/t + 120 m³ × 1250 元/m³ + 850 t × 383 元/t + 1985000 元 × 1. 1 = 446. 31 万元

材料费差异系数：446. 31 万元 ÷ 349. 47 万元 = 1. 28

机械费差异系数：1. 06

建筑工程综合调整系数：

(0. 11 × 1. 14 + 0. 58 × 1. 28 + 0. 11 × 1. 06) × (1 + 24. 74%) = 1. 23

【或 2018 年拟建项目的建筑工程综合调整系数：

人工费：0. 0032 万元/工日 × 24000 工日 = 76. 8 万元

材料费：0. 41 万元/t × 440 t + 0. 125 万元/m³ × 120 m³ + 0. 0383 万元/t × 850 t + 198. 5 万元 × 1. 1 = 446. 31 万元

机械费：66. 00 万元 × 1. 06 = 69. 96 万元

直接工程费：(76. 8 + 446. 31 + 69. 96)万元 = 593. 07 万元

建筑工程综合调整系数：593. 07 万元 ÷ 482. 67 万元 = 1. 23】

4. 拟建项目工程建设静态投资估算：

建筑工程费：6044. 54 万元 × 23% × 1. 23 = 1710. 00 万元

安装工程费：6044. 54 万元 × 9% × 0. 98 = 533. 13 万元

工程建设其他费用：6044. 54 万元 × 8% × 1. 16 = 560. 93 万元

基本预备费：(6044. 54 + 1710. 00 + 533. 13 + 560. 93)万元 × 8% = 707. 89 万元

静态投资：(6044. 54 + 1710. 00 + 533. 13 + 560. 93 + 707. 89)万元 = 9556. 49 万元

或：6044. 54 万元 × (1 + 23% × 1. 23 + 9% × 0. 98 + 8% × 1. 16) × (1 + 8%) = 9556. 49 万元

第二节　建设项目财务评价分析

☞ 考点1　建设项目财务评价报表的编制 ★★★

【考情分析】

对于本考点，在2009—2011年工程造价案例分析考试中每年都有对建设项目财务评价报表的编制都有考核；但在2012—2018年的工程造价案例分析考试中，只有在2013年、2018年考核了项目投资现金流量表的编制。从考查趋势上看，对于建设项目财务评价报表的编制方面来看，考查难度有所降低，在2014年、2015年、2016年、2017年考查的是与建设项目财务评价报表相关的计算，因此可以看出建设项目财务评价中报表的编制依然是考试热点，考生需要对相关内容重点掌握。

一、固定资产折旧方法

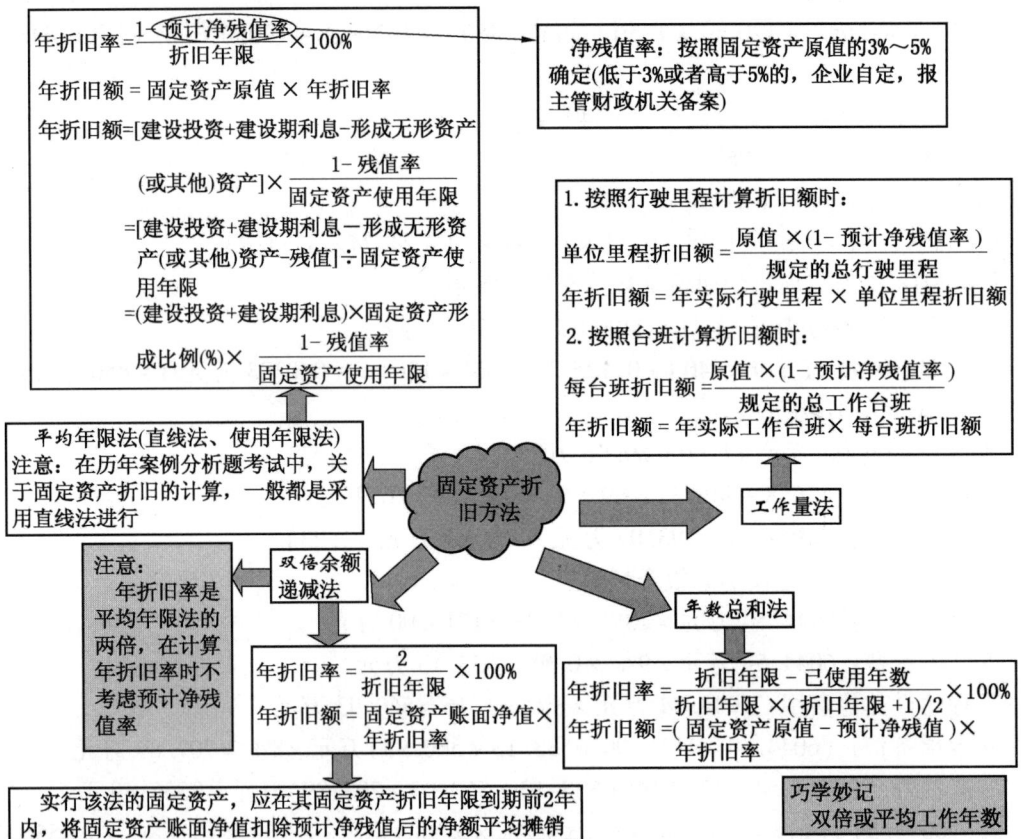

$$年折旧率 = \frac{1-预计净残值率}{折旧年限} \times 100\%$$

年折旧额 = 固定资产原值 × 年折旧率

年折旧额 = [建设投资 + 建设期利息 - 形成无形资产(或其他)资产] × $\dfrac{1-残值率}{固定资产使用年限}$

= [建设投资 + 建设期利息 - 形成无形资产(或其他)资产 - 残值] ÷ 固定资产使用年限

= (建设投资 + 建设期利息) × 固定资产形成比例(%) × $\dfrac{1-残值率}{固定资产使用年限}$

净残值率： 按照固定资产原值的3%～5%确定(低于3%或者高于5%的，企业自定，报主管财政机关备案)

1. 按照行驶里程计算折旧额时：

$$单位里程折旧额 = \frac{原值 \times (1-预计净残值率)}{规定的总行驶里程}$$

年折旧额 = 年实际行驶里程 × 单位里程折旧额

2. 按照台班计算折旧额时：

$$每台班折旧额 = \frac{原值 \times (1-预计净残值率)}{规定的总工作台班}$$

年折旧额 = 年实际工作台班 × 每台班折旧额

平均年限法(直线法、使用年限法)
注意：在历年案例分析题考试中，关于固定资产折旧的计算，一般都是采用直线法进行

固定资产折旧方法

工作量法

双倍余额递减法

年数总和法

注意： 年折旧率是平均年限法的两倍，在计算年折旧率时不考虑预计净残值率

$$年折旧率 = \frac{2}{折旧年限} \times 100\%$$

年折旧额 = 固定资产账面净值 × 年折旧率

$$年折旧率 = \frac{折旧年限 - 已使用年数}{折旧年限 \times (折旧年限 +1)/2} \times 100\%$$

年折旧额 = (固定资产原值 - 预计净残值) × 年折旧率

实行该法的固定资产，应在其固定资产折旧年限到期前2年内，将固定资产账面净值扣除预计净残值后的净额平均摊销

巧学妙记
双倍或平均工作年数

二、项目投资现金流量表的编制

序号	项 目	建设期	运 营 期					
			1	2	3	4	…	n
1	现金流入	1.1 + 1.2 + 1.3 + 1.4 + 1.5（序号）						
1.1	营业收入（不含销项税额）	（正常年份年营业收入 – 销项税额）×当年所达到的生产能力						
1.2	销项税额	当期销项税额 = 销售额×增值税税率 = 销售量×不含税单价×增值税税率，如果案例分析题的背景资料中给出正常年份的销项税额，那么，当期销项税额 = 正常年份的销项税额×当年所达到的生产能力						
1.3	补贴收入	与收益相关的政府补助，记作补贴收入，一般在背景资料中会给出						
1.4	回收固定资产余值	回收固定资产余值在运营期最后一年 运营期等于固定资产使用年限，则固定资产余值 = 固定资产残值（固定资产残值 = 固定资产原值×残值率） 运营期小于使用年限，则固定资产余值 =（使用年限 – 运营期）×年折旧费 + 残值						
1.5	回收流动资金	流动资金的回收均在计算期最后一年，流动资金回收额为项目正常生产年份流动资金的占用额						
2	现金流出	2.1 + 2.2 + 2.3 + 2.4 + 2.5 + 2.6 + 2.7 + 2.8（序号）						
2.1	建设投资	由建设投资估算表得到，或者在背景资料中找相关的数据						
2.2	流动资金投资	由流动资金估算表得到，或者在背景资料中找相关的数据						
2.3	经营成本（不含进项税额）	由总成本费用估算表得到						
2.4	进项税额	当期进项税额是纳税人当期购进货物或接受应税劳务支出或者负担的增值税额。一般情况下案例分析题的背景资料中会给出这个数值						
2.5	应纳增值税	*增值税应纳税额 = 当期销项税额 – 当期进项税额 = 当期销售额×增值税税率 – 当期进项税额* *当期销项税额小于当期进项税额不足抵扣时，其不足部分可结转下期继续抵扣*						
2.6	增值税附加	增值税附加 = 增值税应纳税额×增值税附加税率						
2.7	维持运营投资	指一些项目在运营期需要投入一定的固定资产投资才得以维持正常运营，一般情况下案例分析题的背景资料中会给出这个数值						
2.8	调整所得税	*调整所得税以息税前利润（EBIT）为基础，按下列公式进行计算：* *调整所得税 = 息税前利润（EBIT）×所得税率* *式中，息税前利润 = 利润总额 + 利息支出* *或　息税前利润 = 营业收入 – 总成本费用 + 利息支出 + 补贴收入* *总成本费用 = 经营成本 + 折旧费 + 摊销费 + 利息支出* *或　息税前利润 = 营业收入 – 经营成本 – 折旧费 – 摊销费 + 补贴收入*						
3	所得税后净现金流量	1 – 2（序号）						
4	累计税后净现金流量	逐年累计所得税后净现金流量						

序号	项 目	建设期	运 营 期					
			1	2	3	4	…	n
5	折现系数（i_c）	\multicolumn{8}{l}{也称基准折现率，是企业或行业或投资者以动态的观点所确定的、可接受的投资方案最低标准的收益水平}
6	折现后净现金流	\multicolumn{8}{l}{3×5（序号）}
7	累计折现净现金流量	\multicolumn{8}{l}{逐年累计折现净现金流量}

计算指标：
项目投资财务内部收益率（%）（所得税前、所得税后）
项目投资财务净现值（%）（所得税前、所得税后）
项目投资回收期（年）（所得税前、所得税后）

三、项目资本金流量表的编制

序号	项 目	建设期	运 营 期					
			1	2	3	4	…	n
1	现金流入	\multicolumn{8}{l}{1.1+1.2+1.3+1.4+1.5（序号）}
1.1	营业收入（不含销项税额）	\multicolumn{8}{l}{（正常年份年营业收入－销项税额）×当年所达到的生产能力}
1.2	销项税额	\multicolumn{8}{l}{当期销项税额＝销售额×增值税税率＝销售量×不含税单价×增值税税率，如果案例分析题的背景资料中给出正常年份的销项税额，那么，当期销项税额＝正常年份的销项税额×当年所达到的生产能力}
1.3	补贴收入	\multicolumn{8}{l}{与收益相关的政府补助，记作补贴收入，一般在背景资料中会给出}
1.4	回收固定资产余值	\multicolumn{8}{l}{回收固定资产余值在运营期最后一年 运营期等于固定资产使用年限，则固定资产余值＝固定资产残值（固定资产残值＝固定资产原值×残值率） 运营期小于使用年限，则固定资产余值＝（使用年限－运营期）×年折旧费＋残值}
1.5	回收流动资金	\multicolumn{8}{l}{流动资金的回收均在计算期最后一年，流动资金回收额为项目正常生产年份流动资金的占用额}
2	现金流出	\multicolumn{8}{l}{2.1+2.2+2.3+2.4+2.5+2.6+2.7+2.8+2.9+2.10（序号）}
2.1	项目资本金	\multicolumn{8}{l}{是指在项目总投资中由投资者认缴的出资额}
2.2	借款本金偿还	\multicolumn{8}{l}{借款本金偿还由两部分组成：一部分为借款还本付息计算表中本年还本额；一部分为流动资金借款本金偿还，一般发生在计算期最后一年}
2.3	借款利息支付	\multicolumn{8}{l}{借款利息支付数额来自总成本费用估算表中的利息支出项}
2.4	流动资金投资	\multicolumn{8}{l}{根据题意填列}
2.5	经营成本（不含进项税额）	\multicolumn{8}{l}{由总成本费用估算表得到}
2.6	进项税额	\multicolumn{8}{l}{当期进项税额是纳税人当期购进货物或接受应税劳务支出或者负担的增值税额，一般情况下案例分析题的背景资料中会给出这个数值}
2.7	应纳增值税	\multicolumn{8}{l}{增值税应纳税额＝当期销项税额－当期进项税额＝当期销售额×增值税税率－当期进项税额 当期销项税额小于当期进项税额不足抵扣时，其不足部分可结转下期继续抵扣}

序号	项 目	建设期	运 营 期					
			1	2	3	4	…	n
2.8	增值税附加	增值税附加＝增值税应纳税额×增值税附加税率						
2.9	维持运营投资	指一些项目在运营期需要投入一定的固定资产投资才能得以维持正常运营，一般情况下案例分析题的背景资料中会给出这个数值						
2.10	所得税	所得税的计算基数＝利润总额－弥补以前年度亏损＝营业收入＋补贴收入－总成本费用－销售税金及附加－弥补以前年度亏损						
3	所得税后净现金流量	1－2（序号）						
4	累计税后净现金流量	逐年累计所得税后净现金流量						
5	折现系数（i_c）	也称基准折现率，是企业或行业或投资者以动态的观点所确定的、可接受的投资方案最低标准的收益水平						
6	折现后净现金流	3×5（序号）						
7	累计折现净现金流量	逐年累计折现净现金流量						

计算指标：
资本金财务内部收益率（%）

四、建设期利息估算表的编制

序号	项 目	合计	建 设 期					
			1	2	3	4	…	n
1	借款							
1.1	建设期利息	是指筹措债务资金时在建设期内发生并按规定允许在投产后计入固定资产原值的利息						
1.1.1	期初借款余额	等于上年末借款余额						
1.1.2	当期借款	当年新增的借款						
1.1.3	当期应计利息	当年所占用的全部借款应计的利息						
1.1.4	期末借款余额	期初借款余额＋当期借款＋当期应计利息						
1.2	其他融资费用	是指借款融资中发生的手续费、承诺费、管理费、信贷保险费等融资费用						
1.3	小计	1.1＋1.2（序号）						
2	债券							
2.1	建设期利息	参照"借款"项填列						
2.1.×	…							
2.2	其他融资费用	是指债券融资中发生的手续费、承诺费、管理费、信贷保险费等融资费用						
2.3	小计	2.1＋2.2（序号）						
3	合计	1.3＋2.3（序号）						
3.1	建设期利息合计	1.1＋2.1（序号）						
3.2	其他融资费用合计	1.2＋2.2（序号）						

五、总成本费用估算表（生产要素法）的编制

序号	项目	合计	计算期					
			1	2	3	4	…	n
1	外购原材料费	应按入库价格计，即到厂价格并考虑途库损耗						
2	外购燃料及动力费	应按入库价格计，即到厂价格并考虑途库损耗						
3	工资及福利费	是指企业为获得职工提供的服务而给予各种形式的报酬						
4	修理费	是指保持固定资产的正常运转和使用，充分发挥使用效能，对其进行必要修理所发生的费用，包括大修理和中小修理						
5	其他费用	包括其他制造费、其他管理费用和其他营业费用这三项费用，系指由制造费用、管理费用和营业费用中分别扣除工资及福利费、折旧费、摊销费、修理费以后的其余部分						
6	经营成本	（1+2+3+4+5）或（10−7−8−9）（序号）						
7	折旧费	是指固定资产折旧费，根据题中所要求的方法来计算						
8	摊销费	包括无形资产摊销和其他资产摊销						
9	利息支出	包括长期借款利息、流动资金借款利息和短期借款利息						
10	总成本费用合计	6+7+8+9（序号）						
	其中：可变成本	主要包括外购原材料、燃料及动力费和计件工资						
	固定成本	一般包括折旧费、摊销费、修理费、工资及福利费（计件工资除外）和其他费用等，通常把运营期发生的全部利息也作为固定成本						
	其中：可抵扣进项税	根据题意进行填列						

六、总成本费用估算表（生产成本加期间费用法）的编制

序号	项目	合计	计算期					
			1	2	3	4	…	n
1	生产成本	1.1+1.2+1.3+1.4（序号）						
1.1	直接材料费	根据题意填列						
1.2	直接燃料及动力费	根据题意填列						
1.3	直接工资及福利费	指生产性人员工资和福利费						
1.4	制造费用	包括生产单位管理人员工资和福利费、修理费、办公费、水电费、机物料消耗、劳动保护费，季节性和修理期间的停工损失等。但不包括企业行政管理部门为组织和管理生产经营活动而发生的管理费用（1.4.1+1.4.2+1.4.3）（序号）						
1.4.1	折旧费	是指固定资产折旧费，根据题中所要求的方法来计算						
1.4.2	修理费	是指保持固定资产的正常运转和使用，充分发挥使用效能，对其进行必要修理所发生的费用，包括大修理和中小修理						
1.4.3	其他制造费用	是指由制造费用中扣除生产单位管理人员工资及福利费、折旧费、修理费后的其余部分。估算方法有：按固定资产原值（扣除所含的建设期利息）的百分数估算；按人员定额估算						
2	管理费用	是指企业为管理与组织生产经营活动所发生的各项费用						
2.1	无形资产摊销	一般采用平均年限法，不计残值，摊销年限要符合税法要求						

序号	项 目	合计	计 算 期					
			1	2	3	4	…	n
2.2	其他资产摊销	可以采用平均年限法，不计残值，摊销年限要符合税法要求						
2.3	其他管理费用	是指由管理费用扣除工作及福利费、折旧费、摊销费、修理费后的其余部分，含管理设施的折旧费、修理费以及管理人员的工资和福利费。估算方法是按人员定额或取工资及福利费总额的倍数估算						
3	财务费用	包括利息支出（减利息收入）、汇兑损失（减汇兑收益）以及相关的手续费等，在财务分析中一般只考虑利息支出						
3.1	利息支出	3.1.1 + 3.1.2 + 3.1.3（序号）						
3.1.1	长期借款利息	是指对建设期间借款余额（含未支付的建设期利息）应在生产期支付的利息，项目评价中可选择等额还本付息方式或者等额还本付息照付来计算方式						
3.1.2	流动资金借款利息	年流动资金借款利息 = 年初流动资金借款余额 × 流动资金借款年利率						
3.1.3	短期借款利息	年短期借款利息 = 年初短期借款余额 × 短期借款年利率						
4	营业费用	项目评价中将营业费用归为销售人员工资及福利费、折旧费、修理费和其他营业费用几部分						
5	总成本费用合计	1 + 2 + 3 + 4（序号）						
5.1	其中：可变成本	主要包括外购原材料、燃料及动力费和计件工资						
5.2	固定成本	一般包括折旧费、摊销费、修理费、工资及福利费（计件工资除外）和其他费用等，通常把运营期发生的全部利息也作为固定成本						
	其中可抵扣进项税	根据题意进行填列						
6	经营成本	5 − 1.4.1 − 2.1 − 2.2 − 3.1（序号）						

七、建设投资估算表（概算法）的编制

序号	工程或费用名称	建筑工程费	设备购置费	安装工程费	其他费用	合计	其中：外币	比例/%
1	工程费用	根据题意填列						
1.1	主体工程	根据题意填列						
1.2	辅助工程	根据题意填列						
1.3	公用工程	根据题意填列						
1.4	服务性工程	根据题意填列						
1.5	厂外工程	根据题意填列						
1.6	×××	根据题意填列						各主要科目的费用（横向）占建设投资的比例
2	工程建设其他费用	根据题意经计算后填列						
3	预备费	3.1 + 3.2（序号）						
3.1	基本预备费	根据题意经计算后填列						
3.2	涨价预备费	根据题意经计算后填列						
4	建设投资合计	1 + 2 + 3（序号）						
	比例（%）	各主要科目的费用（纵向）占建设投资的比例						100%

八、利润与利润分配表的编制

序号	项目	合计	计算期					
			1	2	3	4	…	n
1	营业收入	营业收入＝设计生产能力×产品单价×年生产负荷，可分为税和不含税两种情况						
2	总成本费用	总成本费用＝经营成本＋折旧费＋摊销费＋利息支出＋维持运营投资 摊销费＝无形资产（或其他资产）/摊销年限 利息支出＝长期借款利息＋流动资金借款利息＋临时借款利息 说明：其中的经营成本可分为含税和不含税两种情况						
3	增值税	当年增值税应纳税额＝当年销项税－当年进项税						
3.1	销项税	是指纳税人提供应税服务按照销售额和增值税税率计算的增值税额。 当年销项税＝当年销售额×增值税税率						
3.2	进项税	为纳税人当期购进货物或者接受应税劳务或负担的增值税额。当期销项税额小于当期进项税额不足抵扣时，其不足部分可以结转下期继续抵扣						
4	增值税附加	增值税附加＝增值税×增值税附加税率						
5	补贴收入	与收益相关的政府补助，记作补贴收入，一般在背景资料中会给出						
6	利润总额	**1－2－3－4＋5（序号）** **可分为含税与不含税两种情况：** **利润总额＝营业收入（含销项税）－总成本费用（含可抵扣的进项税）－** **增值税－增值税附加＋补贴收入** **利润总额＝营业收入（不含销项税）－总成本费用（不含可抵扣的进项税）－** **增值税附加＋补贴收入**						
7	弥补以前年度亏损	企业发生的年度亏损，可以用下一年度的税前利润等弥补，下一年度利润不足弥补的，可以在5年内延续弥补，5年内不足弥补的，用税后利润弥补						
8	应纳税所得额	6－7（序号）						
9	所得税	8（序号）×所得税税率25%						
10	净利润	6－9（序号）						
11	期初未分配利润	上年度末未分配利润（LR）						
12	可供分配的利润	10＋11（序号）						
13	提取法定盈余公积金	10（序号）×10% 按净利润计提。法定盈余公积金按照税后利润的10%提取，该项达到注册资金50%时可以不再提取						
14	可供投资者分配的利润	12－13（序号）						
15	应付投资者各方股利	14（序号）×约定的分配比例（亏损年份不计取）						
16	未分配利润	14－15（序号） 未分配利润主要指向投资者分配完利润后剩余的利润，可用于偿还固定资产投资借款及弥补以前年度亏损						

序号	项目	合计	计算期					
			1	2	3	4	…	n
16.1	用于还款 未分配利润	可能会出现以下两种情况： 　第一种：未分配利润＋折旧费＋摊销费≤该年应还本金，则该年的未分配利润全部用于还款，不足部分为该年的资金亏损，并需用临时借款来弥补偿还本金的不足部分； 　第二种：未分配利润＋折旧费＋摊销费＞该年应还本金。则该年为资金盈余年份，用于还款的未分配利润按以下公式计算： 　该年用于还款未分配利润＝当年应还本金－折旧费－摊销费。 　也可根据偿债备付率是否大于1判断否满足还款更求。计算公式如下： 　偿债备付率＝可用于还本付息的资金/当期应还本息的金额＝（息税前利润加折旧和摊销－企业所得税）/当期应还本付息的金额＝（折旧和摊销＋可用于还款的未分配利润＋总成本费用中列支的利息费用）/当期应还本付息的金额＝（营业收入－经营成本－增值税附加－所得税）/当期应还本付息的金额						
16.2	剩余利润（转下年期初末分配利润）	16－16.1（序号）						
17	息税前利润	6（序号）＋当年利息支出						
18	息税折旧摊销前利润	17（序号）＋当年折旧＋当年摊销						

计算指标：

① 主要指标：总投资收益率（ROI）、项目资本金净利润率（ROE）

② 相关计算公式：

$$总投资收益率（ROI）＝\frac{正常年份（或运营期内年平均）息税前利润}{总投资}×100\%＝\frac{EBIT}{TI}×100\%$$

$$资本金净利润率（ROE）＝\frac{正常年份（或运营期内年平均）净利润}{项目资本金}×100\%＝\frac{NP}{EC}×100\%$$

③ 财务评价：总投资收益率（ROI）≥行业收益率参考值，项目可行；

项目资本金净利润率（ROE）≥行业净利润率参考值，项目可行

九、流动资金估算表的编制

序号	项目	最低周转天数	周转次数	计算期					
				1	2	3	4	…	n
1	流动资产			1.1＋1.2＋1.3＋1.4（序号）					
1.1	应收账款			根据题意经计算后填列					
1.2	存货			根据题意经计算后填列					
1.3	现金			根据题意经计算后填列					
1.4	预付账款			根据题意经计算后填列					
2	流动负债			2.1＋2.2（序号）					
2.1	应付账款			根据题意经计算后填列					
2.2	预收账款			根据题意经计算后填列					
3	流动资金			1－2（序号）					
4	流动资金当期增加额			当年末流动资金－上年末流动资金					

【真题回顾】

（2018 年真题）背景资料：

某企业拟新建一工业产品生产线，采用同等生产规模的标准化设计资料。项目可行性研究相关基础数据如下：

1. 按现行价格计算的该项目生产线设备购置费为 720 万元，当地已建同类同等生产规模生产线项目的建筑工程费用、生产线设备安装工程费用、其他辅助设备购置及安装费用，占生产线设备购置费的比重分别为 70%、20%、15%。根据市场调查，现行生产线设备购置费较已建项目有 10% 的下降，建筑工程费用、生产线设备安装工程费用较已建项目有 20% 的上涨，其他辅助设备购置及安装费用无变化，拟建项目的其他相关费用为 500 万元（含预备费）。

2. 项目建设期 1 年，运营期 10 年，建设投资（不含可抵扣进项税）全部形成固定资产，固定资产使用年限为 10 年，残值率为 5%，直线法折旧。

3. 项目投产当年需要投入运营期流动资金 200 万元。

4. 项目运营期达产年份不含税销售收入为 1200 万元，适用的增值税税率为 16%，增值税附加按增值税 10% 计取，项目达产年份的经营成本为 760 万元（含进项税 60 万元）。

5. 运营期第 1 年达到产能的 80%，销售收入、经营成本（含进项税）均按达产年份的 80% 计。第 2 年及以后年份为达产年份。

6. 企业适用的所得税税率为 25%，行业平均投资收益率为 8%。

问题：

1. 列式计算拟建项目的建设投资。

2. 若该项目的建设投资为 2200 万元（包含可抵扣进项税 200 万元），建设投资在建设期均衡投入。

（1）列式计算运营期第 1 年、第 2 年的应纳增值税额。

（2）列式计算运营期第 1 年、第 2 年的调整所得税。

（3）进行项目投资现金流量表（第 1~4 年）的编制，并填入下表中。

项 目 投 资 现 金 流 量 表　　　　　单位：万元

序 号	项　　　目	建设期	运　营　期		
		1	2	3	4
1	现金流入				
1.1	营业收入（含税）				
1.2	补贴收入				
1.3	回收固定资产余值				
1.4	回收流动资金				
2	现金流出				
2.1	建设投资				

序　号	项　　　目	建设期	运　营　期		
		1	2	3	4
2.2	流动资金投资				
2.3	经营成本（含税）				
2.4	应纳增值税				
2.5	增值税附加				
2.6	调整所得税				
3	所得税后净现金流量				
4	累计税后净现金流量				

（4）假定计算期第 4 年（运营期第 3 年）为正常生产年份，计算项目的总投资收益率，并判断项目的可行性。

（计算结果保留两位小数）

【答案】

问题 1：

拟建项目的建设投资计算：

方法一：

（1）已建项目生产线设备购置费 = 720 万元/（1 - 10%）= 800 万元

（2）拟建项目建筑工程费用 = 800 万元 × 70% × （1 + 20%）= 672 万元

（3）拟建项目生产线设备安装工程费用 = 800 万元 × 20% × （1 + 20%）= 192 万元

（4）拟建项目其他辅助设备购置及安装费用 = 800 万元 × 15% = 120 万元

（5）拟建项目的建设投资 = （720 + 672 + 192 + 120 + 500）万元 = 2204 万元

方法二：

拟建项目的建设投资 = 720 万元 + 720 万元/（1 - 10%）× ［（70% + 20%）× （1 + 20%）+ 15%］+ 500 万元 = 2204 万元

方法三：

（1）拟建项目设备购置费 = 720 万元

（2）已建类似项目购置费 = 720 万元/（1 - 10%）= 800 万元

（3）已建类似项目建设工程费用 = 800 万元 × 70% = 560 万元

（4）已建类似项目设备安装工程费用 = 800 万元 × 20% = 160 万元

（5）已建类似项目其他辅助设备购置及安装费用 = 800 万元 × 15% = 120 万元

（6）拟建项目的建设工程费及设备安装工程费 = （560 + 160）万元 × （1 + 20%）= 864 万元

（7）拟建项目的建设投资 = （720 + 864 + 120 + 500）= 2204 万元

问题 2：

（1）应纳增值税额计算：

① 运营期第 1 年：

销项税 = 1200 万元 × 16% × 80% = 153.60 万元

进项税 = 60 万元 × 80% = 48 万元

由于建设投资中含可以抵扣的进项税 200 万元，故增值税 = (153.6 − 48 − 200) 万元 = −94.4 万元。

【或：运营期第 1 年应缴纳增值税 = 1200 万元 × 16% × 80% − 60 万元 × 80% − 200 万元 = −94.4 万元】

故运营期第 1 年增值税为 0。

② 运营期第 2 年：

销项税 = 1200 万元 × 16% = 192 万元

进项税 = 60 万元

增值税 = (192 − 60 − 94.4) 万元 = 37.60 万元

【或：运营期第 2 年应缴纳增值税 = 1200 万元 × 16% − 60 万元 − 94.4 万元 = 37.60 万元】

（2）调整所得税计算：

① 运营期第 1 年：

销售收入 = 1200 万元 × 80% = 960 万元

经营成本 = (760 − 60) 万元 × 80% = 560 万元

折旧费 = [(2200 − 200) × (1 − 5%)] 万元 / 10 = 190 万元

摊销费、利息均为 0。

由于运营期第 1 年的增值税为 0，因此增值税附加也为 0。

息税前利润 = 销售收入 − 经营成本 − 折旧费 = (960 − 560 − 190) 万元 = 210 万元

调整所得税 = 息税前利润 × 所得税 = 210 万元 × 25% = 52.50 万元

【或：运营期第 1 年调整所得税 = [1200 × 80% − (760 − 60) × 80% − 0 − 190] 万元 × 25% = 52.50 万元】

② 运营期第 2 年：

销售收入 = 1200 万元

经营成本 = (760 − 60) 万元 = 700 万元

折旧费 = 190 万元

摊销费、利息均为 0。

由于运营期第 2 年的增值税为 37.60 万元，因此，增值税附加 = 37.60 万元 × 10% = 3.76 万元。

息税前利润 = 销售收入 − 经营成本 − 折旧费 − 增值税附加 = (1200 − 700 − 190 − 3.76) = 306.24 万元

调整所得税 = 息税前利润 × 所得税 = 306.24 万元 × 25% = 76.56 万元

【或：运营期第 1 年调整所得税 = [1200 − (760 − 60) − 37.6 × 10% − 190] 万元 × 25% = 76.56 万元】

（3）填列项目投资现金流量表，见下表。

项目投资现金流量表　　　　　单位：万元

序　号	项　　目	建设期	运　营　期		
		1	2	3	4
1	现金流入		1113.60	1392.00	1392.00
1.1	营业收入（含税）		1113.60	1392.00	1392.00
1.2	补贴收入		0	0	0
1.3	回收固定资产余值		0	0	0
1.4	回收流动资金		0	0	0
2	现金流出	2200.00	860.50	877.92	979.40
2.1	建设投资	2200.00			
2.2	流动资金投资		200.00		
2.3	经营成本（含税）		608.00	760.00	760.00
2.4	应纳增值税		0	37.60	132.00
2.5	增值税附加		0	3.76	13.20
2.6	调整所得税		52.5	76.56	74.20
3	所得税后净现金流量	−2200.00	253.10	514.08	412.60
4	累计税后净现金流量	−2200.00	−1946.90	−1432.82	−1020.22

（4）项目总投资收益率计算及项目的可行性判断：

① 运营期第 3 年应纳增值税 =1200 万元×16% −60 万元 =132.00 万元

② 运营期第 3 年调整所得税 =[1200 −（760 −60）−132.00 ×10% −190]×25% =74.20 万元

③ 运营期第 3 年息税前利润（EBIT）=（1200 −700 −190 −13.20）万元 =296.80 万元

④ 总投资 =（2200 +200）万元 =2400 万元

⑤ 总投资收益率 =息税前利润（EBIT）/总投资（TI）×100% =296.80/2400 ×100% =12.37%

⑥ 12.37% >8% ，故总投资收益率大于行业平均投资收益率，说明项目从总投资收益率角度具有财务可行性。

【解析】

1. 本案例问题1考核的是拟建项目的建设投资的计算。本题涉及的计算公式为：建设投资 =工程费用 +工程建设其他费用 +基本预备费 +价差预备费。

2. 本案例问题2考查了应纳增值税额、调整所得税、项目投资现金流量表、总投资收益率、财务可行性分析。

（1）应纳增值税额 =当期进项税额 −进项税额

（2）调整所得税 =息税前利润（EBIT）×所得税率（25%）

式中，息税前利润 =利润总额 +利息支出。

或　息税前利润 =营业收入 +补贴收入 −总成本费用 +利息支出

＝营业收入 +补贴收入 −经营成本 −折旧费 −摊销费

总成本费用 =经营成本 +折旧费 +摊销费 +利息支出 +维简费

注意：调整所得税一般是出现在项目投资现金流量表中。

（3）编制项目投资现金流量表的具体思路：现金流入主要是营业收入，还可能包括补贴收入，本案例中不涉及补贴收入项目。在计算期最后一年，包括回收固定资产余值及回收流动资金。营业收入的计算要注意是否达到设计生产能力。本案例中不涉及固定资产余值回收额，流动资金回收额为项目正常生产年份流动资金的占用额。现金流出主要包括建设投资、流动资金、经营成本、增值税及附加。建设投资就是固定资产投资；流动资金投资为各年流动资金增加额；经营成本按背景资料的条件计算；增值税附加＝增值税应纳税额×增值税附加税率。调整所得税应根据息税前利润（EBIT）乘以所得税率计算，息税前利润＝利润总额＋利息支出＝年营业收入－增值税附加－息税前总成本（不含利息支出），息税前总成本＝经营成本＋折旧费＋推销费。

（4）总投资收益率（ROI）根据下列公式进行计算。

$$ROI = \frac{EBIT}{TI} \times 100\%$$

式中　　$EBIT$——项目正常年份的年息税前利润或运营期内年平均息税前利润；

　　　　TI——项目总投资。

（5）财务可行性分析根据总投资收益率（ROI）的值与收益率参考值进行判别，当总投资收益率（ROI）＞收益率参考值，说明项目盈利能力满足要求。

☞ 考点2　建设项目财务评价指标★★

【考情分析】

在历年工程造价案例分析考试中，建设项目财务评价指标都是都是与建设项目财务评价报表结合在一起进行考查的，下面将各指标考查年份进行统计，好方便考生有重点的记忆。

总投资收益率（ROI）	2012 年、2018 年	资本金净利润率（ROE）	2014 年、2018 年
静态投资回收期	2009 年	偿债备付率	2012 年、2015 年
财务净现值	2009 年		

一、静态评价指标——投资收益率

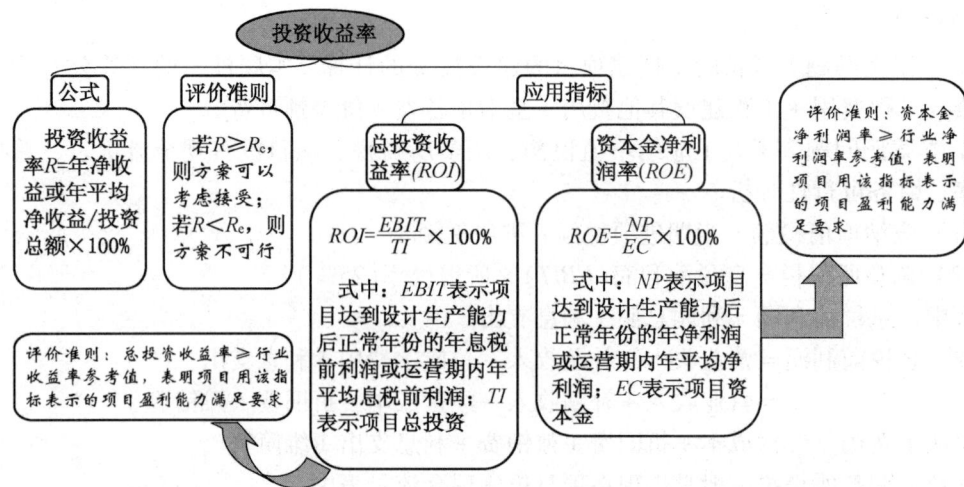

投资收益率

公式：投资收益率R＝年净收益或年平均净收益/投资总额×100%

评价准则：若$R \geqslant R_c$，则方案可以考虑接受；若$R < R_c$，则方案不可行

应用指标

总投资收益率（ROI）：$ROI = \frac{EBIT}{TI} \times 100\%$　式中：EBIT表示项目达到设计生产能力后正常年份的年息税前利润或运营期内年平均息税前利润；TI表示项目总投资

资本金净利润率（ROE）：$ROE = \frac{NP}{EC} \times 100\%$　式中：NP表示项目达到设计生产能力后正常年份的年净利润或运营期内年平均净利润；EC表示项目资本金

评价准则：总投资收益率≥行业收益率参考值，表明项目用该指标表示的项目盈利能力满足要求

评价准则：资本金净利润率≥行业净利润率参考值，表明项目用该指标表示的项目盈利能力满足要求

二、静态评价指标——静态投资回收期

静态投资回收期

公式

$$\sum_{t=0}^{P_t}(CI-CO)_t=0$$

式中：P_t表示静态投资回收期；$(CI-CO)_t$ 表示第t年净现金流量

可根据现金流量表计算的情形

项目建成投产后各年的净收益(即净现金流量)均相同：

$$P_t=\frac{TI}{A}$$

式中：TI表示项目总投资；A表示每年净收益，即$A=(CI-CO)_t$

项目建成投产后各年的净收益不相同，即在现金流量表中累计净现金流量由负值转向正值之间的年份：$P_t=$(累计净现金流量出现正值的年份数-1)+上一年累计净现金流量的绝对值/出现正值年份的净现金的流量

评价准则

若$P_t\leqslant P_c$，项目(或方案)可以考虑接受；若$P_t>P_c$，项目(或方案)不可行

三、静态评价指标——偿债能力指标（利息备付率、偿债备付率、资产负债率）

偿债能力指标

利息备付率

公式：$ICR=\dfrac{EBIT}{PI}$

式中：$EBIT$表示息税前利润；PI表示计入总成本费用的应付利息

评价准则：应分年计算；该指标值越高，表明利息偿付保障程度越高；该指标应大于1，并结合债权人的要求确定

偿债备付率

公式：$DSCR=\dfrac{EBITDA-T_{AX}}{PD}$

式中：$EBJTDA$表示息税前利润加折旧和摊销；T_{AX}表示企业所得税；PD表示应还本付息金额

评价准则：分年计算；该指标值越高，表明可用于付息资金保障越高；该指标应大于1，并结合债权人的要求确定

资产负债率

公式：$LOAR=\dfrac{TL}{TA}\times100\%$

式中：TL表示期末负债总额；TA表示期末资产总额

评价准则：适度的资产负债率，表明企业经营安全、稳健，有较强的筹资能力，及企业和债权人的风险较小

四、动态评价指标——动态投资回收期、净现值、净年值、内部收益率、净现值率

指 标	公 式	评价准则
动态投资回收期	$$\sum_{t=0}^{P'_t} (CI-CO)_t(1+i_c)^{-t} = 0$$ 式中：P'_t 表示动态投资回收期；i_c 为基准收益率。 实际应用公式： $$P'_t = (累计净现金流量出现正值的年份数 -1) + \frac{上一年累计净现金流量的绝对值}{出现正值年份的净现金的流量}$$	$P'_t \leq n$，方案可以考虑接受；$P'_t > n$，方案不可行（n 为项目计算期）
净现值	$$NPV = \sum_{t=0}^{n}(CI-CO)_t(1+i_c)^{-t}$$ 式中：NPV 表示净现值；$(CI-CO)_t$ 表示第 t 年的净现金流量（应注意"+""-"号）；i_c 表示基准收益率；n 表示投资方案计算期	当 $NPV \geq 0$ 时，方案可行；当 $NPV < 0$ 时，方案不可行
净年值	$$NAV = \left[\sum_{t=0}^{n}(CI-CO)_t(1+i_c)^{-t} \right] (A/P,i_c,n)$$ 或 $$NAV = NPV(A/P,i_c,n)$$ 式中：$(A/P,i_c,n)$ 表示资本回收系数	$NAV \geq 0$ 时，方案可以接受；$NAV < 0$ 时，方案应予拒绝
内部收益率	$$NPV(IRR) = \sum_{t=0}^{n}(CI-CO)_t(1+IRR)^{-t}$$ 具体计算可用内插值试算法： $$IRR = i_1 + \frac{NPV_1}{NPV_1 + |NPV_2|}(i_2 - i_1)$$ $(i_2 > i_1, NPV_1 > 0, NPV_2 < 0)$	若 $IRR \geq i_c$，方案可以接受；若 $IRR < i_c$，方案应予拒绝
净现值率	$$NPVR = \frac{NPV}{I_p}$$ $$I_p = \sum_{t=0}^{m} I_t(P/F,i_c,t)$$ 式中：I_p 表示投资现值；I_t 表示第 t 年投资额；m 表示建设期年数	若 $NPVR \geq 0$，方案能接受；若 $NPVR < 0$，方案不可行

专家说

在工程造价案例分析考试中，有时对拟建项目计算期内各年的财务状况和清偿能力进行分析时，要求编制项目财务计划现金流量表以及资产负债表，考生在代入数值进行计算时，一定要仔细

【真题回顾】

（2015 年真题）背景资料：

某新建建设项目的基础数据如下：

1. 建设期 2 年，运营期 10 年，建设投资 3600 万元，预计全部形成固定资产。

2. 项目建设投资来源为自有资金和贷款，贷款总额为 2000 万元，贷款年利率 6%（按年计息），贷款合同约定运营期第 1 年按项目的最大偿还能力还款，运营期第 2~5 年将未

偿还款项等额本息偿还。自有资金和贷款在建设期内均衡投入。

3. 项目固定资产使用年限 10 年，残值率 5%，直线法折旧。

4. 流动资金 250 万元由自有资金在运营期第 1 年投入（流动资金不用于建设期贷款的偿还）。

5. 运营期间正常年份的营业收入为 900 万元，经营成本为 280 万元，产品营业税金及附加税率为 6%，所得税率为 25%。

6. 运营期第 1 年达到设计产能的 80%，该年的营业收入、经营成本均为正常年份的 80%，以后各年均达到设计产能。

7. 建设期贷款偿还完成之前，不计提盈余公积，不分配投资者股利。

问题：

1. 列式计算项目建设期的贷款利息。

2. 列式计算项目运营期第 1 年偿还的贷款本金和利息。

3. 列式计算项目运营期第 2 年偿还的贷款本息额，并通过计算说明项目能否满足还款要求。

4. 项目资本金现金流量表运营期第 1 年的净现金流量是多少？

（计算结果保留两位小数）

【答案】

问题 1：

建设期贷款利息的计算：

（1）第 1 年利息 $=\dfrac{1000\times6\%}{2}$ 万元 $=30$ 万元

（2）第 2 年利息 $=\left(1000+30+\dfrac{1000}{2}\right)\times6\%$ 万元 $=91.80$ 万元

（3）建设期贷款利息 $=(30+91.80)$ 万元 $=121.80$ 万元

问题 2：

固定资产 $=$ 建设期投资 $+$ 建设期利息 $=(3600+121.80)$ 万元 $=3721.80$ 万元

年折旧费 $=$ 固定资产 $\times\dfrac{1-残值率}{使用年限}=3721.8\times\dfrac{(1-5\%)}{10}$ 万元 $=353.57$ 万元

运营期第 1 年：

应付利息 $=(2000+121.80)\times6\%$ 万元 $=127.31$ 万元

总成本 $=\left[(280\times80\%+353.57+127.31)\right]$ 万元 $=704.88$ 万元

息税前利润 $=\left[900\times80\%\times(1-6\%)-704.88+127.31\right]$ 万元 $=99.23$ 万元

可用于还款的资金 $=(99.23+353.57)$ 万元 $=452.80$ 万元

偿还的贷款利息 $=127.31$ 万元

偿还的贷款本金 $=(452.80-127.31)$ 万元 $=325.49$ 万元

【或：税前利润总额 $=\left[900\times80\%\times(1-6\%)-704.88\right]$ 万元 $=-28.08$ 万元

故，所得税为 0，税后净利润为 -28.08 万元，偿还的贷款本金 $=353.57$ 万元 -28.08 万元 $=325.49$ 万元】

问题3:

运营期第2年初贷款余额 = (2000 + 121.80 - 325.49)万元 = 1796.31 万元

运营期第2年应付利息 = 1796.31 × 6% 万元 = 107.78 万元

运营期第2~5年等额本息偿还,已知 P 求 A:

$$A = P \times i \times \frac{(1+i)^n}{(1+i)^n - 1} = 1796.31 \times 6\% \times \frac{(1+6\%)^4}{(1+6\%)^4 - 1} 万元 = 518.40 万元$$

运营期第2年偿还的贷款利息 = 107.78 万元

运营期第2年偿还的贷款本金 = (518.40 - 107.78)万元 = 410.62 万元

运营期第2年的总成本费用 = (280 + 353.57 + 107.78)万元 = 741.35 万元

运营期第2年利润总额 = 营业收入 - 营业税金及附加 - 总成本费用 = [900 × (1 - 6%) - 741.35]万元 = 104.65 万元

所得税 = [104.65 - (127.31 - 99.23)] × 25% 万元 = 19.14 万元

方法一:

税后利润 = (104.65 - 19.14) = 85.51 万元

运营期第2年可供还款资金:(353.57 + 85.51)万元 = 439.08 万元 > 410.62 万元,满足还款要求。

【或:(353.57 + 107.78 + 85.51)万元 = 548.86 万元 > 518.40 万元】

方法二:

运营期第2年息税前利润加折旧和摊销 = 营业收入 - 营业税金及附加 - 总成本费用 = [900 × (1 - 6%) - 280]万元 = 566.00 万元

运营期第2年偿债备付率 = $\dfrac{息税前利润加折旧和摊销 - 所得税}{应还本付息金额}$ = $\dfrac{566 - 19.14}{518.4}$ = 1.05 > 1,所以能满足还款要求。

问题4:

运营期第1年所得税为0。

项目资本金现金流量表运营期第1年的净现金流量 = 营业收入 - 流动资金 - 还款 - 经营成本 - 营业税金及附加 = 900 × 80% - (250 + 325.49 + 127.31 + 900 × 80% × 6% + 280 × 80%)万元 = -250 万元

【解析】

1. 本案例问题1考核的是建设期利息的计算。建设期利息根据下列公式计算:

$$q_j = \left(P_{j-1} + \frac{1}{2}A_j\right) \cdot i$$

2. 本案例问题2考核的是建设期第1年贷款本金和利息的计算。背景资料中说明运营期第1年按项目的最大偿还能力还款,建设期贷款偿还完成之前,不计提盈余公积,不分配投资者股利。因此,可用于还本的资金 = 折旧费 + 摊销费 + 税后净利润(当税后利润总额 < 0,说明项目当年亏损,净利润以负数计入还本金额;当税后利润总额 > 0,说明项目当年盈利,净利润以正数计入还本金额)。

3. 本案例问题3考核的是判断运营期的还款能力。在判断还款能力是否满足还款要求时，本题有两种算法：

一是采用下列公式：

可用于还本的金额 = 税后净利润 + 折旧费 + 摊销费计算

本题背景资料中说明建设期贷款偿还完成之前，不计提盈余公积，不分配投资者股利。因此，当税后净利润 > 0，可用于还本的金额 ≥ 建设投资贷款要求还本的金额，满足还款要求；可用于还本的金额 < 建设投资贷款要求还本的金额，不满足还款要求。

二是采用偿债备付率的计算公式：

$$偿债备付率 = \frac{息税前利润加折旧和摊销 - 所得税}{应还本付息金额}，即\ DSCR = \frac{EBITDA - T_{AX}}{PD}$$

评价准则：该值应 > 1，其值越高，表明可用于还本付息的资金保障越高。

4. 本案例问题 3 考核的是项目资本金现金流量表中净现金流量的计算。在工程造价案例分析考试中，往往会涉及项目投资现金流量表的净现金流量的计算、资本金现金流量表的净现金流量的计算、财务计划现金流量表的净现金流量计算。项目投资现金流量表的净现金流量的计算在 2009 年、2013 年的工程造价案例分析考试中进行了考查，资本金现金流量表的净现金流量的计算在 2010 年、2011 年、2015 年工程造价案例分析考试中进行了考查，财务计划现金流量表的净现金流量计算在 2016 年工程造价案例分析考试中进行了考查。下面前述内容涉及的相关内容作一下说明：

（1）项目投资现金流量表的净现金流量计算：

项目投资净现金流量 =（营业收入 + 补贴收入 + 回收固定资产余值 + 回收流动资金）-（建设投资 + 流动资金资本金 + 还本 + 付息 + 经营成本 + 增值税附加 + 维持运营投资 + 所得税）

注意：

① 如果考试题目中说明不考虑增值税及附加税，那么上式就不包括增值税附加这一项。

② 如果考试题目中说明考虑增值税及附加税，那么上式就包括增值税附加这一项。其中，营业收入、经营成本具体是否采用含税指标进行计算，根据题意进行计算，并且在计算式中所采用的计算指标性质应当一致。

③ 上式中，建设投资不包括建设期利息，包括建设期投资资本金和贷款。

④ 上式中，建设投资和流动资金投资为资本金和贷款金额之和。

（2）资本金现金流量表的净现金流量计算：

资本金净现金流量 =（营业收入 + 补贴收入 + 回收固定资产余值 + 回收流动资金）-（建设投资 + 流动资金资本金 + 还本 + 付息 + 经营成本 + 增值税附加 + 维持运营投资 + 所得税）

注意：

① 上式中，是否采用含税价格进行计算，根据题意进行。

② 这里的还本金额包括建设投资还本金额 + 流动资金还本金额 + 临时贷款还本金额，具体计算有哪些数额根据题意进行计算。

③ 这里的付息金额包括建设期投资贷款利息 + 流动资金贷款利息 + 临时贷款利息，

具体计算有哪些数额根据题意进行计算。

（3）财务计划现金流量表的净现金流量计算：

财务计划净现金流量 =（营业收入 + 补贴收入）-（经营成本 + 增值税附加 + 维持运营投资 + 所得税 + 还本 + 付息 + 股利）

累计盈余资金 $= \sum$ 当年及以前各年财务计划净现金流量

（注意事项同（2）资本金现金流量表的净现金流量计算）

冲刺训练

试题一背景资料：

某工业生产建设项目有关基础数据如下：

（1）按当地现行价格计算，项目的设备购置费为 2800 万元，已建类似项目的建筑工程费、安装工程费占设备购置费的比例分别为 45%、25%，由于时间、地点因素引起的上述两项费用变化的综合调整系数为 1.1，项目的工程建设其他费用按 800 万元估算。

（2）项目建设期为 1 年，运营期为 10 年。

（3）项目建设投资来源为资本金和贷款。贷款总额为 2000 万元，贷款年利率为 6%（按年计息），贷款合同约定的还款方式为运营期前 5 年等额还本、利息照付方式。

（4）项目建设投资全部形成固定资产，固定资产使用年限为 10 年，残值率 5%，采用直线法折旧。

（5）项目流动资金 500 万元为自有资金，在运营期第 1 年内投入。

（6）项目运营期第 1 年的营业收入（含销项税）、经营成本（含进项税）、增值税及附加分别为 1650 万元、880 万元、99 万元。

（7）项目的所得税税率为 25%。

（8）项目计算时，不考虑预备费。

问题：

1. 列式计算项目的建设投资。

2. 列式计算项目年固定资产折旧额。

3. 列式计算项目运营期第 1 年应偿还银行的本息额。

4. 列式计算项目运营期第 1 年的总成本费用、税前利润和所得税。

5. 编制完成项目投资现金流量表，见下表。

项目投资现金流量表 单位：万元

序号	项目	建设期	运营期			
		1	2	3	…	11
1	现金流入				…	
1.1	营业收入		1650	2300	…	2300
1.2	回收固定资产余值					
1.3	回收流动资金					

序号	项　目	建设期	运　营　期				
		1	2	3	…	11	
2	现金流出				…		
2.1	建设投资				…		
2.2	流动资金		500		…		
2.3	经营成本		880	1100	…	1100	
2.4	增值税金及附加		99	138	…	138	
2.5				127.37	…	127.37	
3	税后净现金流量				…		

试题二背景资料：

某拟建工业项目有关资料和基础数据如下：

1. 拟建工业项目建设投资 3000 万元，建设期 2 年，生产运营期 8 年。

2. 建设投资预计全部形成固定资产（不考虑进项税的影响），固定资产使用年限为 8 年，残值率为 5%，采用直线法折旧。

3. 建设投资来源为资本金和贷款。其中贷款本金为 1800 万元，贷款年利率为 6%，按年计息。贷款在 2 年内均衡投入。

4. 在生产运营期前 4 年按照等额还本付息方式偿还贷款。

5. 生产运营期第 1 年由资本金投入 300 万元，作为生产运营期间的流动资金，流动资金在计算期末全部回收。

6. 项目生产运营期正常年份不含税营业收入为 1500 万元，经营成本为 680 万元，其中含可抵扣进项税额 20 万元。生产运营期第 1 年不含税营业收入和含税经营成本均为正常年份的 80%，第 2 年起各年营业收入和经营成本均达到正常年份水平。

7. 项目所得税税率为 25%，增值税税率为 17%，增值税金附加税税率为 12%。

问题：

1. 列式计算项目的年折旧额。

2. 列式计算项目生产运营期第 1 年、第 2 年应偿还的本息额。

3. 列式计算项目生产运营期第 1 年、第 2 年的总成本费用。

4. 判断项目生产运营期第 1 年末项目还款资金能否满足约定还款方式要求，并通过列式计算说明理由。

5. 列式计算项目正常年份的总投资收益率。

（计算结果均保留两位小数）

【答案】

试题一

1. 建筑安装工程费用 = 2800 × (45% + 25%) × 1.1 万元 = 2156.00 万元

项目的建设投资 = (2800 + 2156 + 800) 万元 = 5756.00 万元

2. 项目年固定资产折旧额计算：

（1）项目建设期贷款利息 = 2000/2 × 6% 万元 = 60.00 万元

（2）项目固定资产 =（5756 + 60）万元 = 5816.00 万元

（3）固定资产余值 = 5816 万元 × 5% = 290.80 万元

（4）项目年固定资产折旧额 =（5816 − 290.80）万元/10 = 552.52 万元

3. 项目运营期第 1 年应偿还银行的本息额计算：

（1）项目运营期第 1 年年初贷款累计 =（2000 + 2000/2 × 6%）万元 = 2060 万元

（2）项目运营期每年应偿还银行的本金 =（2060/5）万元 = 412 万元

（3）项目运营期第 1 年应偿还银行的利息 = 2060 × 6% 万元 = 123.6 万元

（4）项目运营期第 1 年应偿还银行的本息 =（412 + 123.6）万元 = 535.6 万元

4. 项目运营期第 1 年的总成本费用、税前利润和所得税计算：

（1）项目运营期第 1 年的总成本费用（含税）=（880 + 552.52 + 123.6）万元 = 1556.12 万元

（2）项目运营期第 1 年的税前利润 = 1650 − 99 − 1556.12 万元 = −5.12 万元

（3）项目运营期第 1 年的税前利润为负（亏损），因此所得税为 0。

5. 编制完成项目投资现金流量表，见下表。

项目投资现金流量表　　　　　　　　　　　　单位：万元

序号	项　　目	建设期	运　营　期			
		1	2	3	…	11
1	现金流入		1650	2300	…	3090.80
1.1	营业收入		1650	2300	…	2300
1.2	回收固定资产余值				…	290.80
1.3	回收流动资金				…	500
2	现金流出	5756	1508.62	1365.37	…	1365.37
2.1	建设投资	5756			…	
2.2	流动资金		500		…	
2.3	经营成本		880	1100	…	1100
2.4	增值税金及附加		99	138	…	138
2.5	调整所得税		29.62	127.37	…	127.37
3	税后净现金流量	−5756	141.38	934.63	…	1725.43

试题二

1. 建设期第 1 年贷款利息为：1800/2 万元 × 6% ×（1/2）= 27.00 万元

建设期第 2 年贷款利息为：[1800/2 + 27.00）× 6% + 1800/2 × 6% × 1/2]万元 = 82.62 万元

项目固定资产投资为：（3000 + 27 + 82.62）万元 = 3109.62 万元

项目的年折旧额为：3109.62 万元 × (1 − 5%)/8 = 369.27 万元

2. 项目生产运营期第 1 年年初累计的贷款本息额为：(1800 + 27 + 82.62) 万元 = 1909.62 万元

生产运营期第 1 年、第 2 年应还的本息额均为：$1909.62 \text{ 万元} \times \frac{6\% \times (1+6\%)^4}{(1+6\%)^4 - 1} \text{ 万元} =$ 551.10 万元

3. 生产运营期第 1 年偿还的利息为：1909.62 万元 × 6% = 114.58 万元

第 1 年的总成本费用为：

含税：(680 × 80% + 369.27 + 114.58) 万元 = 1027.85 万元

不含税：1027.85 万元 − 20 万元 × 80% = 1011.85 万元

生产运营期第 2 年偿还的利息为：[1909.62 − (551.10 − 114.58)] 万元 × 6% = 88.39 万元

第 2 年的总成本费用为：

含税：(680 + 369.27 + 88.39) 万元 = 1137.66 万元

不含税：(1137.66 − 20) 万元 = 1117.66 万元

4. 项目生产运营期第 1 年息税折摊前利润为：

1500 × 80% 万元 − (1500 × 80% × 17% − 20 × 80%) × 12% 万元 − (680 − 20) × 80% 万元 = 649.44 万元

项目生产运营期第 1 年所得税为：

[1500 × 80% − (1500 × 80% × 17% − 20 × 80%) × 12% 万元 − 1011.85] 万元 × 25% = 41.40 万元

$$\text{偿债备付率} = \frac{\text{息税前利润加折旧} - \text{所得税}}{\text{当期应还本息金额}} = (649.44 - 41.40)/551.10 = 1.10 > 1$$

因为偿债备付率大于 1，所以满足还款要求。

第三节　建设项目不确定性分析

☞ 考点　盈亏平衡分析和敏感性分析 ★★

【考情分析】

盈亏平衡分析通过计算项目达产年的盈亏平衡点分析项目成本与收入的平衡关系，判断项目对产出品数量、销售价格、成本等变化的适应能力和抗风险能力。盈亏平衡点通过项目的正常年份的产量或者销售量、可变成本、固定成本、产品价格和增值税附加等数据进行计算。该考点会与建设期利息、总成本费用估算等知识点结合在一起进行考查，并且该考点在 2014 年的工程造价案例分析考试中进行了考查。

盈亏平衡分析只适用于财务评价，敏感性分析可同时用于财务评价和国民经济评价。敏感性分析在工程造价案例分析考试中也进行过考查，考生要对其相关要点进行掌握。

一、盈亏平衡分析

盈亏平衡分析

基本损益表达式

利润=销售收入-总成本-税金
若产量等于销售量，则：销售收入=单位售价×销量；总成本=变动成本+固定成本=单位变动成本×产量+固定成本；销售税金=单位产品营业税金及附加×销售量

则利润表达式为：$B=pQ-C_vQ-C_F-tQ$

式中，B表示利润；p表示单位产品售价；Q表示销售量或生产量；t表示单位产品营业税金及附加；C_v表示单位产品变动成本；C_F表示固定成本

线性盈亏平衡分析前提

生产量=销售量；生产量变化，单位可变成本不变，因而使总生产成本成为生产量的线性函数；生产量变化，销售单价不变，因而使销售收入成为销售量的线性函数；只生产单一产品(生产多种产品，但可以换算为单一产品计算)

盈亏平衡点的表达形式

用产量表示

$$BEP(Q)=\frac{\text{年固定总成本}}{\text{单位产品销售价格} - \text{单位产品可变成本} - \text{单位产品销售税金及附加}}$$

用生产能力利用率表示

$$BEP(\%)=\frac{\text{盈亏平衡点销售量}}{\text{正常产销量}}\times100\%$$

$$BEP(\%)=\frac{\text{年固定总成本}}{\text{年销售收入} - \text{年可变成本} - \text{年销售税金及附加}}\times100\%$$

$$BEP(Q)=BEP(\%)\times\text{设计生产能力}$$

用年销售额表示

$$BEP(S)=\frac{\text{单位产品销售价格} \times \text{年固定总成本}}{\text{单位产品销售价格} - \text{单位产品可变成本} - \text{单位产品销售税金及附加}}$$

用销售单价表示

$$BEP(p)=\frac{\text{年固定总成本}}{\text{设计生产能力}} + \text{单位产品可变成本} + \text{单位产品销售税金及附加}$$

二、敏感性分析

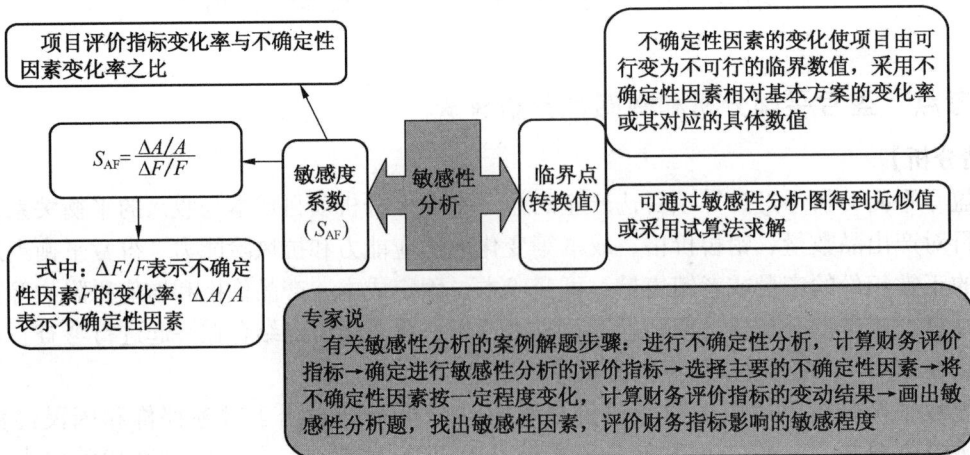

项目评价指标变化率与不确定性因素变化率之比

$$S_{AF}=\frac{\Delta A/A}{\Delta F/F}$$

式中：$\Delta F/F$表示不确定性因素F的变化率；$\Delta A/A$表示不确定性因素

敏感度系数(S_{AF}) ⇔ 敏感性分析 ⇔ 临界点(转换值)

不确定性因素的变化使项目由可行变为不可行的临界数值，采用不确定性因素相对基本方案的变化率或其对应的具体数值

可通过敏感性分析图得到近似值或采用试算法求解

专家说
有关敏感性分析的案例解题步骤：进行不确定性分析，计算财务评价指标→确定进行敏感性分析的评价指标→选择主要的不确定性因素→将不确定性因素按一定程度变化，计算财务评价指标的变动结果→画出敏感性分析题，找出敏感性因素，评价财务指标影响的敏感程度

【真题回顾】

（2014 年真题）背景资料：

某企业投资建设一个工业项目，该项目可行性研究报告中的相关资料和基础数据如下：

1. 项目工程费用为 2000 万元，工程建设其他费用为 500 万元（其中无形资产费用为 200 万元），基本预备费费率为 8%，预计未来 3 年的年均投资价格上涨率为 5%。

2. 项目建设前期年限为 1 年，建设期为 2 年，生产运营期为 8 年。

3. 项目建设期第 1 年完成项目静态投资的 40%，第 2 年完成静态投资的 60%，项目生产运营期第 1 年投入流动资金 240 万元。

4. 项目的建设投资、流动资金均由资本金投入。

5. 除了无形资产费用之外，项目建设投资全部形成固定资产，无形资产按生产运营期平均摊销，固定资产使用年限为 8 年，残值率为 5%，采用直线法折旧。

6. 项目正常年份的产品设计生产能力为 10000 件/年，正常年份年总成本费用为 950 万元，其中项目单位产品的可变成本为 550 元，其余为固定成本。项目产品预计售价为 1400 元/件，营业税金及附加税税率为 6%，企业适用的所得税税率为 25%。

7. 项目生产运营期第 1 年的生产能力为正常年份设计生产能力的 70%，第 2 年及以后各年的生产能力达到设计生产能力的 100%。

问题：

1. 分别列式计算项目建设期第 1 年、第 2 年价差预备费和项目建设投资。

2. 分别列式计算项目生产运营期的年固定资产折旧和正常年份的年可变成本、固定成本、经营成本。

3. 分别列式计算项目生产运营期正常年份的所得税和项目资本金净利润率。

4. 分别列式计算项目正常年份的产量盈亏平衡点和单价盈亏平衡点。

（除资本金净利润率之外，前 3 个问题计算结果以万元为单位，产量盈亏平衡点计算结果取整，其他计算结果保留两位小数）

【答案】

问题 1：

（1）价差预备费计算：

① 基本预备费 = (2000 + 500) 万元 × 8% = 200 万元

② 静态投资额 = (2000 + 500 + 200) 万元 = 2700 万元

③ 第 1 年价差预备费 = $2700 \times 40\% \times [(1+5\%)(1+5\%)^{0.5} - 1]$ 万元 = 82.00 万元

④ 第 2 年价差预备费 = $2700 \times 60\% \times [(1+5\%)(1+5\%)^{0.5}(1+5\%) - 1]$ 万元 = 210.16 万元

（2）项目建设投资计算：

项目建设投资 = 工程费用 + 工程建设其他费用 + 预备费 = (2700 + 82.00 + 210.16) 万元 = 2992.16 万元

问题 2：

（1）项目生产运营期的年固定资产折旧 = $\dfrac{(2992.16 - 200) \times (1 - 5\%)}{8}$ 万元 = 331.57

万元

（2）正常年份的可变成本 $=\dfrac{10000 \times 550}{10000}$ 万元 $=550.00$ 万元

（3）正常年份的固定成本 $=(950-550)$ 万元 $=400.00$ 万元

（4）正常年份的摊销费 $=(200/8)$ 万元 $=25.00$ 万元

（5）正常年份的经营成本 = 总成本费用 - 折旧费 - 摊销费 $=(950-331.57-25.00)$ 万元 $=593.43$ 万元

问题3：

项目生产运营期正常年份的利润总额 = 营业收入 - 营业税金及附加 - 总成本费用 $=[0.14 \times 10000 \times (1-6\%)-950]$ 万元 $=366.00$ 万元

项目生产运营期正常年份的所得税 = 利润总额 × 所得税税率 $=366$ 万元 $\times 25\% =91.50$ 万元

项目生产运营期正常年份的净利润 = 利润总额 - 所得税 $=(366-91.50)$ 万元 $=274.50$ 万元

项目资本金净利润率 $=\dfrac{274.50}{2992.16+240}$ 万元 $=8.49\%$

问题4：

项目正常年份的产量盈亏平衡点 $=\dfrac{400 \times 10000}{1400 \times (1-6\%)-500 \times 10000/10000}$ 件 $=5222$ 件

项目正常年份的单价盈亏平衡点 $=\dfrac{400+100\% \times 550}{100\% \times (1-6\%)}$ 元 $=1010.64$ 元

【解析】

1. 本案例综合了盈亏平衡分析、价差预备费、项目建设投资、总成本费用估算的相关要点。考生要对前述内容的相关知识点进行熟练掌握。

2. 总成本费用计算是考生需要掌握的要点，相关计算要点如下：

总成本费用(运营期)＝经营成本+折旧费用+摊销费+利息支出+维持运营投资(如果有，一般在背景资料中给出)

1. 经营成本：经营成本=总成本费用-折旧费-摊销费-利息支出；经营成本=外购原材料、燃料及动力费+工资及福利费+修理费+其他费用

注意：在案例分析试题中涉及经营成本的计算不会太难，有时会在考试题目背景材料中告知，有时则是会根据考试题目中给出相关数据进行简单计算得出。因此考生只需仔细审题，根据背景材料中说明的计算即可

2. 折旧费：一般采用直线法折旧

3. 摊销费：摊销费(平均年限法)=(无形资产+其他资产)/摊销年限

4. 利息支出：包括建设期投资贷款利息、流动资金贷款利息、临时贷款利息

冲刺训练

试题一背景资料：

某工业投资建设项目计算期10年，其中建设期2年。项目建设投资（不含建设期贷款利息）1200万元，第1年投入500万元，全部为投资方自有资金；第2年投入700万元，其中500万元为银行贷款，贷款年利率6%。贷款偿还方式为：第3年不还本付息，以第3年末的本息和为基准，从第4年开始，分4年等额还本、当年还清当年利息。

项目流动资金投资400万元，在第3年和第4年等额投入，其中仅第3年投入的100万元为投资方自有资金，其余均为银行贷款，贷款年利率8%，贷款本金在计算期最后一年偿还，当年还清当年利息。

项目第3年的总成本费用（含贷款利息偿还）为900万元，第4~10年的总成本费用均为1500万元，其中，第3~10年的折旧费均为100万元。

问题：

1. 计算项目各年的建设投资贷款和流动资金贷款还本付息额，并将计算结果填入项目建设投资贷款还本付息和项目流动资金贷款还本付息。

项目建设投资贷款还本付息　　　　　　　　单位：万元

序　号	名　称	年　份					
		2	3	4	5	6	7
1	年初累计借款						
2	本年新增借款						
3	本年应计利息						
4	本年应还本金						
5	本年应还利息						

项目流动资金贷款还本付息　　　　　　　　单位：万元

序　号	名　称	年　份						
		3	4	5	6	7	8	9	10
1	年初累计借款								
2	本年新增借款								
3	本年应计利息								
4	本年应还本金								
5	本年应还利息								

2. 列式计算项目第3年、第4年和第10年的经营成本。

3. 项目的投资额、单位产品价格和年经营成本在初始值的基础上分别变成±10%时对应的财务净现值的计算结果见下表。根据该表的数据列式计算各因素的敏感系数，并对3个因素的敏感性进行排序。

单因素变动情况下的财务净现值 单位：万元

因素 \ 变化幅度	−10%	0	10%
投资额	1410	1300	1190
单位产品价格	320	1300	2280
年经营成本	2050	1300	550

4. 根据问题3表中的数据绘制单因素敏感性分析图，列式计算并在图中标出单位产品价格的临界点。

（计算结果除第一个表保留三位小数外，其余均保留两位小数）

试题二背景资料：

某工业建设项目有关资料如下：

（1）项目计算期为10年，建设期2年，第3年投产，第4年开始达到设计生产能力。

（2）建设投资2800万元（不含建设期贷款利息），第1年投入1000万元，第2年投入1800万元。投资方自有资金2500万元，根据筹资情况建设期分两年各投入1000万元，余下的500万元在投产年初作为流动资金投入。

（3）建设投资不足部分向银行贷款，贷款年利率为6%，从第3年起，以年初的本息和为基准开始还贷，每年付清利息，并分5年等额还本。

（4）该项目固定资产投资总额中，预计85%形成固定资产，15%形成无形资产。固定资产综合折旧年限为10年，采用直线法折旧，固定资产残值率为5%，无形资产按5年平均摊销。

（5）该项目计算期第3年的经营成本为1500万元，第4年至第10年的经营成本为1800万元。设计生产能力为50万件，销售价格（已扣除销项税）54元/件，增值税税率为17%，增值税附加税税率为12%。产品固定成本占年总成本的40%，单位产品可变成本中含可抵扣进项税5元。

问题：

1. 列式计算固定资产年折旧额及无形资产摊销费，并按项目建设投资还本付息及固定资产折旧、摊销费用表所列项目填写相应数字。

项目建设投资还本付息及固定资产折旧、摊销费用表

序号	名 称	年 份							
		1	2	3	4	5	6	7	8~10
1	年初累计借款								
2	本年应计利息								
3	本年应还本金								
4	本年应还利息								
5	当年折旧费								
6	当年摊销费								

2. 列式计算计算期末固定资产余值。

3. 列式计算计算期第 3 年、第 4 年、第 8 年的总成本费用。

4. 以计算期第 4 年的数据为依据，列式计算年产量盈亏平衡点，并据此进行盈亏平衡分析。

（除问题 4 计算结果保留两位小数外，其余各题计算结果均保留三位小数）

【答案】

试题一

1. 计算项目各年的建设投资贷款和流动资金贷款还本付息额如下：

项目建设期贷款利息：$(1/2 \times 500)$ 万元 $\times 6\% = 15$ 万元

第 3 年初的累计借款：$(500 + 15)$ 万元 $= 515$ 万元

第 3 年应计利息：515 万元 $\times 6\% = 30.90$ 万元

第 4 年初的累计借款：$(515 + 30.90)$ 万元 $= 545.90$ 万元

第 4~7 年的应还本金：$545.90/4$ 万元 $= 136.475$ 万元

将以上计算结果填入下表，再计算第 4~7 年的应计利息和年初累计借款。

项目建设投资贷款还本付息 单位：万元

序 号	名 称	年 份					
		2	3	4	5	6	7
1	年初累计借款		515.000	545.900	409.425	272.950	136.475
2	本年新增借款	500					
3	本年应计利息	15	30.900	32.754	24.566	16.377	8.189
4	本年应还本金			136.475	136.475	136.475	136.475
5	本年应还利息			32.754	24.566	16.377	8.189

填写项目流动资金贷款还本付息表，见下表。

项目流动资金贷款还本付息 单位：万元

序 号	名 称	年 份							
		3	4	5	6	7	8	9	10
1	年初累计借款		100	300	300	300	300	300	300
2	本年新增借款	100	200						
3	本年应计利息	8	24	24	24	24	24	24	24
4	本年应还本金								300
5	本年应还利息	8	24	24	24	24	24	24	24

2. 第 3 年的经营成本：$(900 - 100 - 30.90 - 8)$ 万元 $= 761.10$ 万元

第 4 年的经营成本：$(1500 - 100 - 32.75 - 24)$ 万元 $= 1343.25$ 万元

第 10 年的经营成本：$(1500 - 100 - 24)$ 万元 $= 1376$ 万元

3. 投资额：$[(1190 - 1300)/1300]/10\% = -0.85$

单位产品价格：$[(2280 - 1300)/1300]/10\% = 7.54$

年经营成本：$[(550-1300)/1300]/10\%=-5.77$

敏感性排序为：单位产品价格、年经营成本、投资额。

4. 单位产品价格的临界点：$-1300\times10\%/(1300-320)=-13.27\%$

$[或：1300\times10\%/(2280-1300)=13.27\%]$

单因素敏感性分析如下图所示。

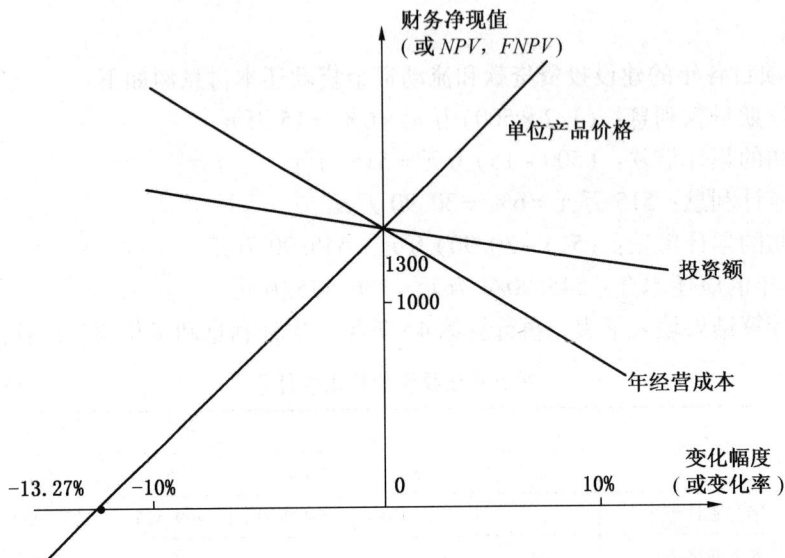

单因素敏感性分析图

试题二

1. 固定资产年折旧额 $=[(2800+24)\times85\%\times(1-5\%)]$ 万元/10 年 $=228.038$ 万元/年

无形资产摊销费 $=(2800+24)$ 万元 $\times15\%/5$ 年 $=84.720$ 万元/年

计算结果见下表。

项目建设投资还本付息及固定资产折旧、摊销费用表　　　　单位：万元

序号	名 称	年 份							
		1	2	3	4	5	6	7	8~10
1	年初累计借款		800.000	824.000	659.200	494.400	329.600	164.800	0
2	本年应计利息		24.000	49.440	39.552	29.664	19.776	9.888	
3	本年应还本金			164.800	164.800	164.800	164.800	164.800	
4	本年应还利息			49.440	39.552	29.664	19.776	9.888	
5	当年折旧费			228.038	228.038	228.038	228.038	228.038	228.038
6	当年摊销费			84.720	84.720	84.720	84.720	84.720	

2. 计算期末的固定资产余值为：

$[(2800+24)\times85\%-228.038\times(10-2)]$ 万元 $=576.096$ 万元

或$[228.038 \times (10-8) + 2824 \times 85\% \times 5\%]$万元$=576.096$万元

3. 第3年总成本费用：$(1500+228.038+84.720+49.440)$万元$=1862.198$万元

第4年总成本费用：$(1800+228.038+84.720+39.552)$万元$=2152.310$万元

第8年总成本费用：$(1800+228.038)$万元$=2028.038$万元

4. 年产量盈亏平衡点：

$BEP(Q) = 2152.310 \times 40\% / [54 - 2152.310 \times 60\% / 50 - (54 \times 17\% - 5) \times 12\%]$万件$=$31.11 万件

$31.11/50 = 62.22\%$

由于盈亏平衡点为设计生产能力的62.22%＜70%，则项目产出的抗风险能力较强。

第二章　工程设计、施工方案技术经济分析

知识架构与考频研究

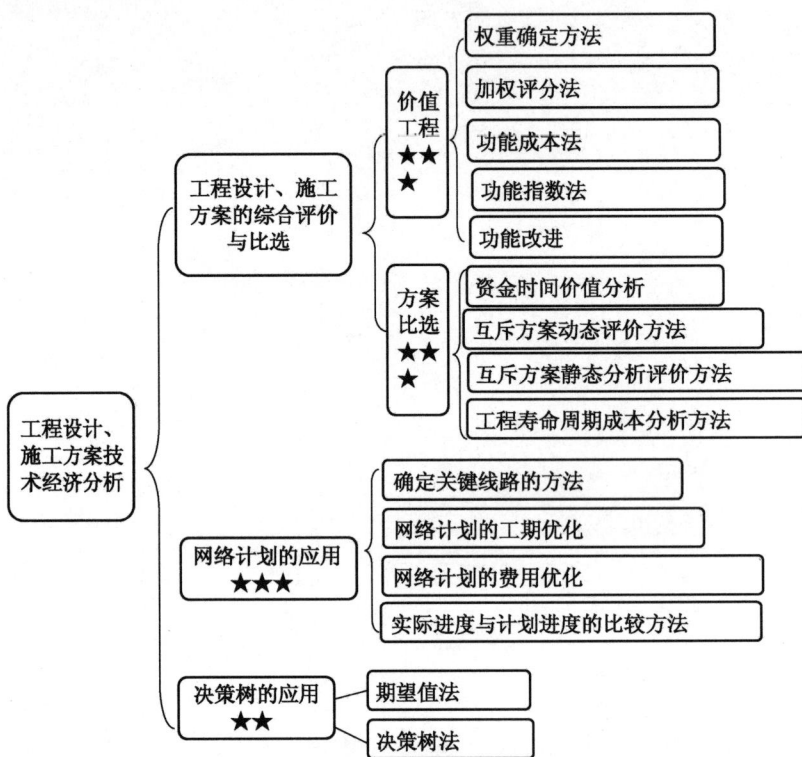

第一节　工程设计、施工方案的综合评价与比选

☞ 考点1　价值工程★★★

【考情分析】

价值工程分析的相关要点属于必考点内容，下面将各年关于价值工程考核过的要点作一下小结，好方面考生理解记忆相关内容。

2009 年	0—4 评分法计算各功能的权重、价值指数法选择最佳设计方案
2011 年	功能项目的价值指数计算、功能项目的改进顺序
2012 年	加权评分法，方案评分计算
2013 年	方案各功能得分计算、0—1 评分法确定各功能的权重、价值指数计算、0—4 评分法确定各功能的权重
2014 年	目标成本改进顺序、成本降低额计算
2015 年	0—4 评分法、各方案的功能指数计算、价值指数法选择最佳施工方案
2016 年	成本降低额的计算
2017 年	考查了价值的概念、价值工程活动的侧重点、功能指数计算、成本指数计算、价值指数计算
2018 年	考查了提高产品价值的途径、各方案功能项目得分、功能价值指数的计算、功能改进

在工程造价案例分析考试中，对于价值工程的考查的题型有：方案选择和优化分析。方案选择类型的案例分析题，一般是通过价值工程对实现项目的多个互斥性方案进行优选，选择价值指数最高的方案作为最优方案；在评分过程中，将若干方案根据评分项目分解，然后评分，进而获得功能指数，除以成本指数就是价值指数。优化分析类型的案例分析题，一般是通过价值工程对项目的功能或子项目进行分析，确定各个功能项目或子项目的成本降低幅度，进而确定优化对象及优化目标。

一、权重确定方法——环比评分法

这种方法适用于各个评价对象之间有明显可比关系，能直接对比，并能准确地评定指标重要度比值的情况。假设功能评价指标 A 的重要性是功能评价指标的 N_1 倍，B 是 C 的 N_2 倍，C 是 D 的 N_3 倍，利用环比评分法确定指标权重的计算见下表。

环比评分法确定指标权重（重要性系数）计算表

功能指标	指标重要性评价		
	暂定重要性系数	修正重要性系数	权重（重要性系数）
A	N_1	$N_1 \times N_2 \times N_3$	$\dfrac{N_1 \times N_2 \times N_3}{N}$
B	N_2	$N_2 \times N_3$	$\dfrac{N_2 \times N_3}{N}$
C	N_3	N_3	$\dfrac{N_3}{N}$
D		1（假定）	$\dfrac{1}{N}$
$\sum$		$N = N_1 \times N_2 \times N_3 + N_2 \times N_3 + N_3 + 1$	1.00

二、权重确定方法——0—1 评分法

该方法是按照功能指标重要程度一一对比打分，重要的打 1 分，相对不重要的打 0 分，自己与自己对比不得分，用"×"表示，计算出各功能指标的得分总和，经修正后

计算功能重要性系数。 假设功能评价指标 A 相对于 B、C、E 重要，相对于 D 不重要；B 相对于 C、E 重要，相对于 D 不重要；C 相对于 D、E 重要；D 相对于 E 重要。利用 0—1 评分法确定指标权重的计算见下表。

评分法确定指标权重（重要性系数）计算表

指标	A	B	C	D	E	指标得分	修正得分	权重（重要性系数）
A	×	1	1	0	1	3	4	$\frac{4}{15}=0.27$
B	0	×	1	0	1	2	3	$\frac{3}{15}=0.20$
C	0	0	×	1	1	2	3	$\frac{3}{15}=0.20$
D	1	1	0	×	1	3	4	$\frac{4}{15}=0.27$
E	0	0	0	0	×	0	1（假定）	$\frac{1}{15}=0.06$
Σ						10	15	1.00

【提示】①在填写上表时，根据题中已知条件先将标"×"的上半部分填好后，再通过表中的对角线指示填写标"×"的下半部分，如对角线上半部分一端是 0，则下半部分对称位置填 1；如对角线上半部分一端为 1，则下半部分对称位置填 0。②计算完指标得分总和后，可以通过计算 $\frac{n(n-1)}{2}$（其中 n 为指标数）来验证本表是否填写正确。如该值与表中的 Σ 指标得分不同，则说明本表分值填写是不正确的。

三、权重确定方法——0—4 评分法

重要程度得分见下表。

重要程度得分表

重 要 性	得 分	重 要 性	得 分
F_1 比 F_2 重要得多	F_1 得 4 分，F_2 得 0 分	F_1 不如 F_2 重要	F_1 得 1 分，F_2 得 3 分
F_1 比 F_2 重要	F_1 得 3 分，F_2 得 1 分	F_1 远不如 F_2 重要	F_1 得 0 分，F_2 得 4 分
F_1 与 F_2 同等重要	F_1 得 2 分，F_2 得 2 分		

假设 F_2 和 F_3 同样重要，F_4 和 F_5 同样重要，F_1 相对于 F_4 很重要，F_1 相对于 F_2 较重要，利用 0—4 评分法确定指标权重的计算如下：

第一步：将已知的最原始关系列入 0—4 评分表中，见下表。

0—4 评 分 表

功能	F_1	F_2	F_3	F_4	F_5	得分	权重
F_1	×	3		4			
F_2	1	×	2				

功能	F_1	F_2	F_3	F_4	F_5	得分	权重
F_3		2	×				
F_4	0			×	2		
F_5				2	×		
合　　计							

第二步：利用"2∶2"关系中介推算，并在0—4评分表列出。

$$\left.\begin{array}{l} F_2 : F_5 = 2 : 2 \\ F_2 : F_1 = 1 : 3 \end{array}\right\} \Rightarrow F_5 : F_2 = 1 : 3$$

$$\left.\begin{array}{l} F_4 : F_5 = 2 : 2 \\ F_4 : F_1 = 0 : 4 \end{array}\right\} \Rightarrow F_5 : F_1 = 0 : 4$$

0—4　评　分　表

功能	F_1	F_2	F_3	F_4	F_5	得分	权重
F_1	×	3		4			
F_2	1	×	2				
F_3	1	2	×				
F_4	0			×	2		
F_5	0			2	×		
合　　计							

第三步：根据重要度关系，利用排除法推算最后八个数据，并在0—4评分表列出。

0—4　评　分　表

功能	F_1	F_2	F_3	F_4	F_5	得分	权重
F_1	×	3	3	4	4		
F_2	1	×	2	3	3		
F_3	1	2	×	3	3		
F_4	0	1	1	×	2		
F_5	0	1	1	2	×		
合　　计							

因为F_2和F_3同样重要，F_4和F_5同样重要，F_1相对于F_4很重要，F_1相对于F_2较重要。

所以，可以推出$F_1 \sim F_5$根据重要度由很重要到不重要的顺序关系是：F_1、F_2（F_3）、

$F_4(F_5)$。

F_4：F_2 显然不会是 $2:2$ 的关系，也不是 $0:4$ 的关系，只有一种可能 $1:3$。其他空白处同理用排除法可推出只有 $1:3$ 这一种可能。

第四步：根据各功能得分来求得各功能权重，列出功能权重计算表。

功 能 权 重 计 算 表

功能	F_1	F_2	F_3	F_4	F_5	得分	权重
F_1	×	3	3	4	4	14	$\dfrac{14}{40}=0.35$
F_2	1	×	2	3	3	9	$\dfrac{9}{40}=0.225$
F_3	1	2	×	3	3	9	$\dfrac{9}{40}=0.225$
F_4	0	1	1	×	2	4	$\dfrac{4}{40}=0.1$
F_5	0	1	1	2	×	4	$\dfrac{4}{40}=0.1$
合　计						40	1.00

各功能得分为各功能的横向数值之和，各功能的权重等于各功能得分除以所有功能总得分。

第五步：验证表格填制是否正确。

① 以标"×"为中心线，其对称位置的两格数字之和应该等于4。

② 权重的合计应等于1。

【提示】0—4 评分法可以采用"三级法"快速求得。以上例为例，"三级法"过程是这样的：把所有功能分成三级，$F_2=F_3$，$F_4=F_5$，因为 F_1 相对 F_4 很重要，F_1 相对 F_2 较重要，F_1 必定是第一级，F_4 必定是第三级，则第二级必定是 F_2。这样就可以列出它们几个的三级关系（两个大于号将它们之间的级别分成了三级）：$F_1>F_2=F_3>F_4=F_5$。接下来的比较就很简单了。$F_2=F_3$，$F_4=F_5$，则 F_2 与 F_3 相比分值一定是 2，F_4 与 F_5 相比分值也是 2。剩下的 F_1 与 $F_2(F_3)$、$F_4(F_5)$ 的关系只可能是 $4:0$ 或 $3:1$。根据级别，$F_1>F_2$，$F_1\gg$（远大于）F_4，$F_2>F_4$，那么 F_1 相对 F_4 一定是 $4:0$ 的关系，F_1 相对 F_2 一定是 $3:1$ 的关系（根据级别很容易推断出），其他依此类推。

四、加权评分法

第一步	根据方案的具体情况，首先确定评价项目及其权重系数
第二步	对于不同方案按照评价指标分别确定指标评分
第三步	计算各方案评价总分
第四步	计算各方案的价值系数，以较大的为优

五、功能成本法

```
                          ┌──────────────┐
                          │  选择评价指标  │
                          └──────────────┘
              ┌───────────────┴───────────────┐
    ┌──────────────────┐              ┌──────────────────┐
    │ 确定功能评价值 F   │──────────────│ 确定现实成本 C     │
    └──────────────────┘              └──────────────────┘
                                              │
                              ┌──────────────────────┐    ┌──────────────────┐
                              │ 计算功能价值系数 V      │────│ 选择价值系数最      │
                              └──────────────────────┘    │ 高者为最佳方案     │
                                                          └──────────────────┘
    ┌────────────────────────────┐
    │ 新产品设计：                 │                 ┌──────────────────┐
    │ F= 功能重要性系数 × 目标成本   │                 │ V<1 者为改进对象，越小者越应 │
    │ 既有产品改进设计：            │                 │ 优先改进          │
    │ F= 功能重要性系数 × 既有产品的现实成本 │          └──────────────────┘
    └────────────────────────────┘
```

$$功能重要性系数=\frac{\Sigma(该功能对各评价指标得分 \times 该指标权重)}{各个评价指标得分之和}$$

用 0-1 评分法，0-4 评分法，环比评分法确定权重

$$第 i 个评价对象的价值系数 V=\frac{第 i 个评价对象的功能评价值 F}{第 i 个评价对象的现实成本 C}$$

功能指数法进行方案选择的程序

功能评价值与价值系数计算表

序号 项目	子项目	功能重要性系数①	功能评价值(F) ②＝目标成本×①	现实成本 (C)③	价值系数 ④＝②/③	改善幅度 $\Delta C=C-F$ ⑤＝③－②
1 2 3 …	A B C …	各指标得分 所有指标得分 之和		根据题意 填写		ΔC 大于零时， ΔC 大者为优先 改进对象
合计		1.000	目标成本			

六、功能指数法

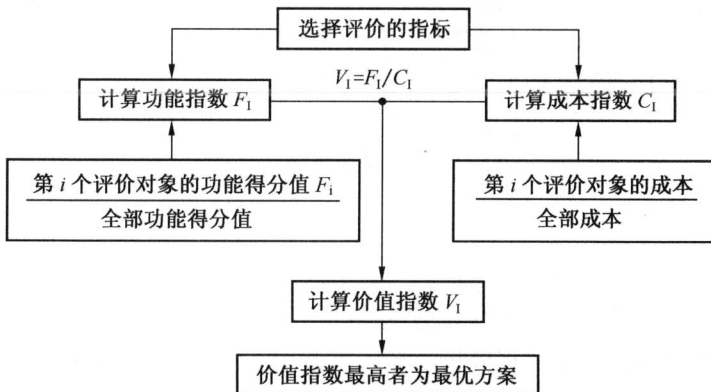

```
                    ┌──────────────┐
                    │  选择评价的指标  │
                    └──────────────┘
          ┌───────────────┴───────────────┐
  ┌──────────────┐   V₁=F₁/C₁     ┌──────────────┐
  │ 计算功能指数 F₁ │────────●────────│ 计算成本指数 C₁ │
  └──────────────┘        │        └──────────────┘
  ┌────────────────────┐  │  ┌────────────────────┐
  │ 第 i 个评价对象的功能得分值 Fᵢ │ │ 第 i 个评价对象的成本   │
  │ 全部功能得分值        │  │  │ 全部成本            │
  └────────────────────┘  │  └────────────────────┘
                  ┌──────────────┐
                  │ 计算价值指数 V₁ │
                  └──────────────┘
                  ┌──────────────┐
                  │ 价值指数最高者为最优方案 │
                  └──────────────┘
```

$V_1=F_1/C_1$

$$\frac{第 i 个评价对象的功能得分值 F_i}{全部功能得分值}$$

$$\frac{第 i 个评价对象的成本}{全部成本}$$

功能指数法进行方案选择的程序

功能价值指数的计算表

功能项目	功能评分	功能指数 F_I	目前成本	成本指数 C_I	价值指数 V_I	目标成本	成本降低额	改进对象排序
A	F_A（已知）	$F_I^A = F_A/F$	C_A（已知）	$C_I^A = \dfrac{C_A}{C}$	$V_I^A = \dfrac{F_I^A}{C_I^A}$	$C_A' = F_I^A \times$ 总目标成本	$\Delta C_A = C_A - C_A'$	
B	F_B（已知）	$F_I^B = F_B/F$	C_B（已知）	$C_I^B = \dfrac{C_B}{C}$	$V_I^B = \dfrac{F_I^B}{C_I^B}$	$C_B' = F_I^B \times$ 总目标成本	$\Delta C_B = C_B - C_B'$	$\Delta C_i > 0$ 时，ΔC_i 大者为优先改进对象
C	F_C（已知）	$F_I^C = F_C/F$	C_C（已知）	$C_I^C = \dfrac{C_C}{C}$	$V_I^C = \dfrac{F_I^C}{C_I^C}$	$C_C' = F_I^C \times$ 总目标成本	$\Delta C_C = C_C - C_C'$	
…	F_n（已知）	$F_I^n = F_n/F$	C_n（已知）	$C_I^n = \dfrac{C_n}{C}$	$V_I^n = \dfrac{F_I^n}{C_I^n}$	$C_n' = F_I^n \times$ 总目标成本	$\Delta C_n = C_n - C_n'$	
合计	$F = F_A + F_B + F_C + \cdots + F_n$	1.000	$C = C_A + C_B + C_C + \cdots + C_n$	1.000		总目标成本（已知）	$\Delta C = \Delta C_A + \Delta C_B + \Delta C_C + \cdots + \Delta C_n$	

七、功能改进

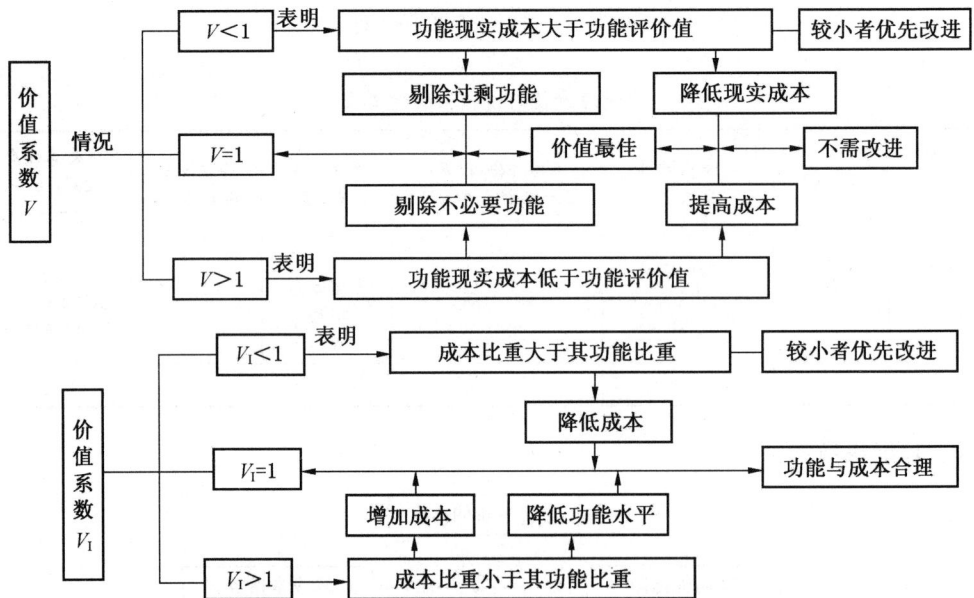

功能改进的确定

【真题回顾】

（2018 年真题）背景资料：

某设计院承担了长约 1.8 km 的高速公路隧道工程项目的设计任务。为控制工程成本，拟对选定的设计方案进行价值工程分析。专家组选取了四个主要功能项目，7 名专家进行了功能项目评价，其打分结果见下表。

功能项目评价得分表

专家 功能项目	A	B	C	D	E	F	G
石质隧道挖掘工程	10	9	8	10	10	9	9
钢筋混凝土内衬工程	5	6	4	6	7	5	7
路基及路面工程	8	8	6	8	7	8	6
通风照明监控工程	6	5	4	6	4	4	5

经测算，该四个功能项目的目前成本见下表，其目标总成本拟限定在 18700 万元。

各功能项目目前成本表　　　　　　　　　单位：万元

功能项目 成本	石质隧道挖掘工程	钢筋混凝土内衬工程	路基及路面工程	通风照明监控工程
目前成本	6500	3940	5280	3360

问题：

1. 根据价值工程基本原理，简述提高产品价值的途径。

2. 计算该设计方案中各功能项目得分，将计算结果填写在下表中。

各功能得分表

专家 功能项目	A	B	C	D	E	F	G	功能得分
石质隧道挖掘工程	10	9	8	10	10	9	9	
钢筋混凝土内衬工程	5	6	4	6	7	5	7	
路基及路面工程	8	8	6	8	7	8	6	
通风照明监控工程	6	5	4	6	4	4	5	

3. 计算该设计方案中各功能项目的价值指数、目标成本和目标成本降低额，将计算结果填写在下表中。

各功能项目的价值指数、目标成本和目标成本降低额

功能项目	功能评分	功能指数	目前成本/万元	成本指数	价值指数	目标成本/万元	目标成本降低额/万元
石质隧道挖掘工程							
钢筋混凝土内衬工程							
路基及路面工程							
通风照明监控工程							
合计							

4. 确定功能改进的前两项功能项目。

（计算过程保留四位小数，计算结果保留三位小数）

【答案】

问题1：

1. 根据价值工程基本原理，提高产品价值的途径包括：

（1）提高产品功能的同时，降低产品成本。

（2）在产品成本不变的条件下，通过提高产品的功能，提高利用资源的效果或效用，达到提高产品价值的目的。

（3）在保持产品功能不变的前提下，通过降低产品的寿命周期成本，达到提高产品价值的目的。

（4）产品功能有较大幅度提高，产品成本有较少提高。

（5）产品功能略有下降，产品成本大幅度降低。

问题2：

各功能得分表见下表。

各 功 能 得 分 表

功能项目 ＼ 专家	A	B	C	D	E	F	G	功能得分
石质隧道挖掘工程	10	9	8	10	10	9	9	65
钢筋混凝土内衬工程	5	6	4	6	7	5	7	40
路基及路面工程	8	8	6	8	7	8	6	51
通风照明监控工程	6	5	4	6	4	4	5	34

问题3：

该设计方案中各功能项目的价值指数、目标成本和目标成本降低额见下表。

各功能项目的价值指数、目标成本和目标成本降低额

功 能 项 目	功能评分	功能指数	目前成本/万元	成本指数	价值指数	目标成本/万元	目标成本降低额/万元
石质隧道挖掘工程	65	0.342	6500	0.341	1.003	6395.400	104.600
钢筋混凝土内衬工程	40	0.211	3940	0.206	1.024	3945.700	-5.700
路基及路面工程	51	0.268	5280	0.277	0.968	5011.600	268.400
通风照明监控工程	34	0.179	3360	0.176	1.017	3347.300	12.700
合计	190	1	19080	1.000		18700	380.000

问题4：

成本降低额从大到小排序为：路基及路面工程、石质隧道挖掘工程、通风照明监控工程、钢筋混凝土内衬工程。因此功能改进的前两项分别为：路基及路面工程、石质隧道挖掘工程。

【解析】

本案例完整的考查了价值工程分析的相关要点。价值工程中涉及的计算较多，下面小结相关计算要点。

成本指数的计算	第 i 个评价对象的成本指数 $C_1 = \dfrac{\text{第 } i \text{ 个评价对象的现实成本 } C_t}{\text{全部成本}}$ 说明：计算过程中，现实成本为寿命周期成本（＝生产成本＋维护成本）
功能指数的计算	第 i 个评价对象的功能指数 $F_1 = \dfrac{\text{第 } i \text{ 个评价对象的功能得分值 } F_i}{\text{全部功能得分值}}$ 说明：单独以功能指数法评价方案时以 $\max\{D_i\}$ 对应方案是最优方案
价值指数的计算	第 i 个评价对象的价值系数 $V = \dfrac{\text{第 } i \text{ 个评价对象的功能评价值 } F}{\text{第 } i \text{ 个评价对象的现实成本 } C}$ $V_i < 1$，成本过高与功能不协调；$V_i = 1$，功能与成本不合理；$V_i > 1$，成本偏低。 说明：价值系数最高的为方案最优（方案选择类的题型），改进对象排序越是靠后（进行方案改进的分析题型）
方案选择	方案选择：是利用价值系数来明确最佳方案。 调整方案：是按照目标成本要求来调整。 功能改进：是按照功能项目目标成本降低额进行功能改进顺序来进行排序。 注意：实际利润率的计算要求和按照功能指数分配目标成本计算要求，这里需要注意成本降低额、成本降低率、实际利润额、实际利润率的计算
目标成本（基于项目的目标成本）	目标成本 = 项目的目标成本 × 功能指数
目标成本（基于现实成本）	重新分配成本 = $\sum$（各功能或子项的现实成本）× 功能指数 目标成本 = $\min[\,$现实成本，重新分配成本$\,]$
成本降低幅度	成本降低幅度（成本降低额）= 现实成本 − 目标成本

☞ 考点 2　方案比选 ★★★

【考情分析】

在历年工程造价案例分析考试中，本考点考查过以下题型：

（1）根据寿命周期理论，对项目方案成本进行评价，选择最优方案。

（2）在不考虑资金时间价值的情况下，评选项目最佳经济效益的方案。

（3）采用最小费用法、净年值法、净现值法等进行施工方案的分析与比较，选择最经济的施工机械组合。

（4）采用最小费用法确定技术措施投标方案，计算投标应报工期、报价和相应的经评审报价，根据关键工作可压缩数据确定压缩关键工作是否改变网络计划的关键线路。

考生要注意相关知识点的连贯性，并对相关公式充分理解记忆。

一、资金时间价值分析

计算项目	公　式	系数名称符号	现金流量图
一次支付终值计算	$F = P(1+i)^n = P(F/P, i, n)$ （已知 P，求 F）	一次支付终值系数 $(1+i)^n$ 或 $(F/P, i, n)$	
一次支付现值计算	$P = F(1+i)^{-n} = F(P/F, i, n)$ （已知 F，求 P）	一次支付现值系数 $(1+i)^{-n}$ 或 $(P/F, i, n)$	

计算项目	公　式	系数名称符号	现金流量图
等额资金 终值计算	$F = \sum_{t=1}^{n} A_t(1+i)^{n-t}$ $= A\dfrac{(1+i)^n-1}{i}$ $= A(F/A,i,n)$ （已知 A，求 F）	年金终值系数 $\dfrac{(1+i)^n-1}{i}$ 或 $(F/A, i, n)$	
等额资金偿债 基金计算	$A = F\dfrac{i}{(1+i)^n-1}$ $= F(A/F,i,n)$ （已知 F，求 A）	偿债基金系数 $\dfrac{i}{(1+i)^n-1}$ 或 $(A/F, i, n)$	
等额资金 现值计算	$P = F(1+i)^{-n}$ $= A\dfrac{(1+i)^n-1}{i(1+i)^n}$ $= A(P/A,i,n)$ （已知 A，求 P）	年金现值系数 $\dfrac{(1+i)^n-1}{i\ (1+i)^n}$ 或 $(P/A, i, n)$	
等额资金 回收计算	$A = P\dfrac{i(1+i)^n}{(1+i)^n-1}$ $= P(A/P,i,n)$ （已知 P，求 A）	资金回收系数 $\dfrac{i\ (1+i)^n}{(1+i)^n-1}$ 或 $(A/P, i, n)$	

注：P—现值；F—终值；A—等额年金；i—计息周期的利率；n—计息周期数。

二、互斥方案动态评价方法

前提	评价方法		相　关　要　点
评价方案 寿命期 相同	净现值法（NPV）		比较备选方案的财务净现值或经济净现值，以净现值大的方案为优。比较净现值时应采用相同的折现率
	增量投资内部 收益率法 ΔIRR		ΔIRR 是两方案等额年金相等的折现率。评价步骤： ① 先将备选方案的 IRR_j 计算出来，然后与基准收益率 i_c 比较。$IRR_j < i_c$ 的方案，即予淘汰。 ② 将 $IRR_j \geq i_c$ 的方案按初始投资额由小到大依次排列。 ③ 按初始投资额由小到大依次计算相邻两个方案的增量内部收益率 ΔIRR，若 $\Delta IRR > i_c$，则说明初始投资大的方案优于初始投资小的方案，保留投资大的方案；反之，若 $\Delta IRR < i_c$，则保留投资小的方案。直至全部方案比较完毕，保留的方案为最优
	净年值（NAV）法		比较备选方案的净年值，以净年值大的方案为优。比较净年值时应采用相同的折现率
	最小 费用法	费用现值法 PC	计算备选方案的总费用现值并进行对比，以费用现值较低的方案为优
		费用年值法 （年费用法） AC	计算备选方案的费用年值并进行对比，以费用年值较低的方案为优

前提	评价方法		相 关 要 点
评价方案寿命期不同	净年值法 NAV		将寿命期不同的投资方案无法去重复按照净年值或费用年值进行选择（重点内容需掌握）。各备选方案净现金流量的等额年值 NAV 通过计算得出，再进行比较，以 $NAV \geq 0$ 且 NAV 最大的方案为最优
	净现值法 NPV	最小公倍数法（方案重复法）	取各投资方案的最小公倍数作为各投资方案的共同计算期，然后采用计算期相同的比选方法进行选择。对备选方案计算期内各年的净现金流量进行计算，得出各备选方案在共同计算期内的 NPV，NPV 最大的方案为最佳
		研究期法	取各备选方案最短的计算期，作为共同计算期，然后采用计算期相同的备选方案的选优方法进行选择。对备选方案在共同研究期内的 NPV 进行比选，NPV 最大的方案为最佳
		无限计算期法	可以计算期为无穷大计算 NPV，NPV 最大的方案为最优。$$NPV = NAV(P/A, i_c, n) = NAV\frac{(1+i)^n - 1}{i(1+i)^n} = \frac{NAV}{i}$$
	增量投资内部收益率法 ΔIRR		$$\sum_{t=0}^{n_A} A_{At}(P/F, \Delta IRR, n_A)(A/P, \Delta IRR, n_A) = \sum_{t=0}^{n_B} A_{Bt}(P/F, \Delta IRR, n_B)(A/P, \Delta IRR, n_B)$$ $$\sum_{t=0}^{n_A} A_{At}(P/F, \Delta IRR, n_A)(A/P, \Delta IRR, n_A) -$$ $$\sum_{t=0}^{n_B} A_{Bt}(P/F, \Delta IRR, n_B)(A/P, \Delta IRR, n_B) = 0$$ $\Delta IRR > i_c$，初始投资额大的方案为优；若 $0 < \Delta IRR < i_c$，则初始投资额小的方案为优。$$\sum_{t=0}^{n_A} CO_{At}(P/F, \Delta IRR, t)(A/P, \Delta IRR, n_A) -$$ $$\sum_{t=0}^{n_B} CO_{Bt}(P/F, \Delta IRR, t)(A/P, \Delta IRR, n_B) = 0$$ $\Delta IRR > i_c$，初始投资额大的方案为优；若 $0 < \Delta IRR < i_c$，则初始投资额小的方案为优

注：效益基本相同，方案比较时可以采用最小费用法，费用基本相同，方案比较可以采用最大效率效益的原则。

三、互斥方案静态分析评价方法

增量投资收益率	就是增量投资带来的经营成本上的节约投资÷增量投资的比值 $$R_{(2-1)} = \frac{C_1 - C_2}{I_2 - I_1} \times 100\%$$ $$(I_1 < I_2, C_1 > C_2)$$ 式中，C_1 为方案 1 的经营成本；C_2 为方案 2 的经营成本；I_1 为方案 1 的投资额；I_2 为方案 2 的投资额；$R_{(2-1)}$ 为增量投资收益率。最后得出的增量投资收益率＞基准投资收益率时，投资额大的方案可行，反之，投资额小的方案为优选方案
（静态）增量投资回收期	在不考虑资金时间价值的前提下，用经营成本的节约来补偿增量投资的年限。$$P_{t(2-1)} = \frac{I_2 - I_1}{C_1 - C_2} \quad 【年经营成本节约(C_1 - C_2)相同时】$$ $$(I_2 - I_1) = \sum_{t=1}^{P_{t(2-1)}} (C_1 - C_2) \quad 【年经营成本节约(C_1 - C_2)差异较大时】$$ 式中，$P_{t(2-1)}$ 为增量投资回收期；I_1、I_2 为方案 1 的、方案 2 的投资额；C_1、C_2 为方案 1、方案 2 的经营成本。分析：最后得出的增量投资回收期＜基准投资回收期时，投资方案中额度大的可行。反之，投资方案中额度小的为为最优

年折算费用	$$Z_j = \frac{I_j}{P_c} + C_j \quad \text{或} \quad Z_j = I_j i_c + C_j$$ 式中，Z_j为第j个方案的年折算费用；I_j为第j个方案的总投资；P_c为基准投资回收期；i_c为基准收益率；C_j为第j个方案的年经营成本。 比较个方案的计算出的年折算费用，最小者为最优
综合总费用法	$$S_j = I_j + P_c \times C_j$$ 式中，S_j为第j个方案的综合总费用。 $S_j = P_c \times Z_j$，因此方案综合总费用即为基准投资回收期内年折算费用的总和。 评选时，计算出来的综合总费用的值最小的方案即为最优

四、工程寿命周期成本分析方法

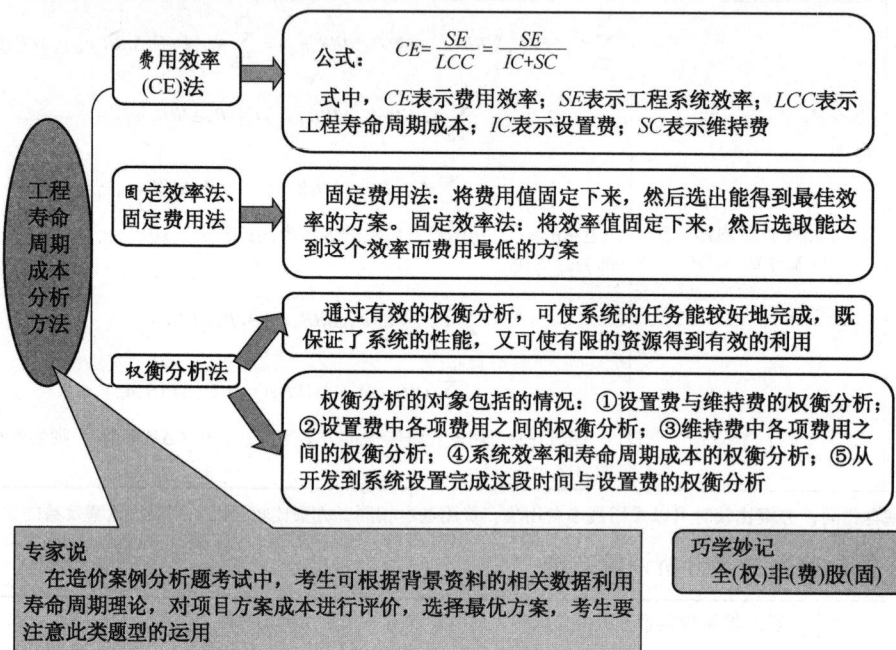

工程寿命周期成本分析方法

费用效率 (CE)法 → 公式：$$CE = \frac{SE}{LCC} = \frac{SE}{IC+SC}$$ 式中，CE表示费用效率；SE表示工程系统效率；LCC表示工程寿命周期成本；IC表示设置费；SC表示维持费

固定效率法、固定费用法 → 固定费用法：将费用值固定下来，然后选出能得到最佳效率的方案。固定效率法：将效率值固定下来，然后选取能达到这个效率而费用最低的方案

权衡分析法 → 通过有效的权衡分析，可使系统的任务能较好地完成，既保证了系统的性能，又可使有限的资源得到有效的利用

权衡分析的对象包括的情况：①设置费与维持费的权衡分析；②设置费中各项费用之间的权衡分析；③维持费中各项费用之间的权衡分析；④系统效率和寿命周期成本的权衡分析；⑤从开发到系统设置完成这段时间与设置费的权衡分析

专家说
在造价案例分析题考试中，考生可根据背景资料的相关数据利用寿命周期理论，对项目方案成本进行评价，选择最优方案，考生要注意此类题型的运用

巧学妙记
全(权)非(费)股(固)

【真题回顾】

（2017年真题）背景资料：

某企业拟建一座节能综合办公楼，建筑面积为25000 m^2，其工程设计方案部分资料如下：

A方案：采用装配式钢结构框架体系，预制钢筋混凝土叠合板楼板，装饰、保温、防水三合一复合外墙，双玻断桥铝合金外墙窗，叠合板上现浇珍珠岩保温层面。单方造价为2020元／m^2。

B方案：采用装配式钢筋混凝土框架体系，预制钢筋混凝土叠合板楼板，轻质大板外墙体，双玻铝合金外墙窗，现浇钢筋混凝土屋面板上水泥蛭石保温层面。单方造价为1960元／m^2。

C方案：采用现浇钢筋混凝土框架体系，现浇钢筋混凝土楼板，加气混凝土砌块铝板装饰外墙体，外墙窗和屋面做法同 B 方案。单方造价为 1880 元/m²。

各方案功能权重及得分，见下表。

各方案功能权重及得分表

功 能 项 目		结构体系	外窗类型	墙体材料	层面类型
功 能 权 重		0.30	0.25	0.30	0.15
各方案 功能得分	A 方案	8	9	9	8
	B 方案	8	7	9	7
	C 方案	9	7	8	7

问题：

1. 简述价值工程中所述的"价值(V)"的含义。对于大型复杂的产品，应用价值工程的重点是在其寿命周期的哪些阶段？

2. 运用价值工程原理进行计算，将计算结果分别填入功能指数计算表、成本指数计算表、价值指数计算表中，并选择最佳设计方案。

功 能 指 数 计 算 表

功能项目		结构体系	外窗类型	墙体材料	屋面类型	合计	功能指数
功能权重		0.30	0.25	0.30	0.15		
各方案 功能得分	A 方案	2.40	2.25	2.70	1.20		
	B 方案	2.40	1.75	2.70	1.05		
	C 方案	2.70	1.75	2.40	1.05		

成 本 指 数 计 算 表

方 案	A	B	C	合 计
单方造价/(元·m⁻²)	2020	1960	1880	
成木指数				

价 值 指 数 计 算 表

方 案	A	B	C
功能指数			
成本指数			
价值指数			

3. 若三个方案设计使用寿命均按 50 年计，基准折现率为 10%，A 方案年运行和维修费用为 78 万元，每 10 年大修一次，费用为 900 万元，已知 B、C 方案的年度寿命周期经济成本分别为 664.222 万元和 695.400 万元，其他有关数据资料见"年金和现值系数表"。列式计算 A 方案的年度寿命周期经济成本，并运用最小年费用法选择最佳设计方案。

年 金 和 现 值 系 数 表

n	10	15	20	30	40	45	50
$(A/P, 10\%, n)$	0.1627	0.1315	0.1175	0.1061	0.1023	0.1014	0.1009
$(P/F, 10\%, n)$	0.3855	0.2394	0.1486	0.0573	0.0221	0.0137	0.0085

（计算过程得保留四位小数，计算结果保留三位小数）

【答案】

问题1：

（1）价值工程中所述的"价值（V）"的含义：作为某种产品（或作业）所具有的功能与获得该功能的全部费用的比值。它不是对象的使用价值，也不是对象的经济价值和交换价值，而是对象的比较价值，是作为评价事物有效程度的一种尺度提出来的。这种对比关系可用一个数学式表示为：$V = F/C$。

（2）对于大型复杂的产品，应用价值工程的重点是在产品的研究、设计阶段，以寻求技术突破，取得最佳的综合效果。

问题2：

（1）各方案功能加权得分计算：

A方案：$8 \times 0.30 + 9 \times 0.25 + 9 \times 0.30 + 8 \times 0.15 = 8.55$

B方案：$8 \times 0.30 + 7 \times 0.25 + 9 \times 0.30 + 7 \times 0.15 = 7.90$

C方案：$9 \times 0.30 + 7 \times 0.25 + 8 \times 0.30 + 7 \times 0.15 = 7.90$

（2）各方案功能加权指数计算：

各方案功能加权得分之和 $= 8.55 + 7.90 + 7.90 = 24.35$

A方案：$8.55/24.35 = 0.351$

B方案：$7.90/24.35 = 0.324$

C方案：$7.90/24.35 = 0.324$

（3）填写功能指数计算表，见下表。

功 能 指 数 计 算 表

功能项目		结构体系	外窗类型	墙体材料	屋面类型	合计	功能指数
功能权重		0.30	0.25	0.30	0.15		
各方案功能得分	A方案	2.40	2.25	2.70	1.20	8.55	0.351
	B方案	2.40	1.75	2.70	1.05	7.90	0.324
	C方案	2.70	1.75	2.40	1.05	7.90	0.324

（4）各方案成本指数计算：

$(2020 + 1960 + 1880)$ 元/m^2 = 5860 元/m^2

A方案：$2020/5860 = 0.345$

B方案：$1960/5860 = 0.334$

C方案：$1880/5860 = 0.321$

（5）填写成本指数计算表见下表。

成本指数计算表

方 案	A	B	C	合 计
单方造价/（元·m^{-2}）	2020	1960	1880	5860
成本指数	0.345	0.334	0.321	1.000

（6）各方案价值指数计算：

A 方案：0.351/0.345 = 1.017

B 方案：0.324/0.334 = 0.970

C 方案：0.324/0.321 = 1.009

（7）填写价值指数计算表见下表。

价值指数计算表

方 案	A	B	C
功能指数	0.351	0.324	0.324
成本指数	0.345	0.334	0.321
价值指数	1.017	0.970	1.009

由上表的计算结果可知，A 方案的价值指数最高，A 方案最优。

问题 3：

A 方案的年度寿命周期成本：

78 万元 + {25000 × 2020/10000 + 900 × [（P/F,10%,10）+（P/F,10%,20）+（P/F, 10%,30）+（P/F,10%,40）]} ×（A/P,10%,50）万元 = 78 万元 + [5050 + 900 ×（0.3855 + 0.1486 + 0.0573 + 0.0221）]万元 × 0.1009 = 643.257 万元

B 方案年度寿命周期经济成本 = 664.222 万元。

C 方案年度寿命周期经济成本 = 695.400 万元。

由于 A 方案的年度寿命周期经济成本最低，因此，A 方案为最佳设计方案。

【解析】

1. 本案例综合了价值工程、寿命周期成本分析相关的要点进行考查。考生在解答题目时，一定要充分利用背景资料中的所有数据条件，因为给出的相关数据信息都是有用的。在解答题目时，还要注意相关知识点的连贯运用。

2. 价值工程的基础要点内容在 2017 年、2018 年工程造价案例分析考试中连续两年进行了考查，因此考生需要重点记忆。

3. 在寿命周期成本分析方法中，资金的时间价值必须考虑。

4. 工程造价案例分析考试中，对于费用效率分析过程的计算，系统效率 SE 一般是将年发生数据作为基础数据，建设成本（设置费 IC）一般会在考试题目背景中给出建设项目的全过程费用，维持费 SC 一般会在考试题目背景中给出年发生的费用数据和大修等阶段性的费用。考生在对这类型题目回答时，有两个关键点：一是将系统效率构成的数据转

化为货币量值，二是将 *IC* 计算现值再转换成为年金值。在工程造价案例分析考试中，考生可将费用效率分析计算要求与不同实施方案单独进行资金时间价值分析比较综合考核。

冲刺训练

试题一背景资料：

某市为改善越江交通状况，提出以下两个方案：

方案 1：在原桥基础上加固、扩建。该方案预计投资 40000 万元，建成后可通行 20 年。这期间每年需维护费 1000 万元。每 10 年需进行一次大修，每次大修费用为，3000 万元，运营 20 年后报废时没有残值。

方案 2：拆除原桥，在原址建一座新桥。该方案预计投资 120000 万元，建成后可通行 60 年。

这期间每年需维护费 1500 万元。每 20 年需进行一次大修，每次大修费用为 5000 万元，运营 60 年后报废时可回收残值 5000 万元。

不考虑两方案建设期的差异，基准收益率为 6%。

主管部门聘请专家对该桥应具备的功能进行了深入分析，认为应从 F_1、F_2、F_3、F_4、F_5 共五个方面对功能进行评价。功能评分表是专家采用 0—4 评分方法对 5 个功能进行评分的部分结果，功能评分结果表是专家对两个方案的 5 个功能的评分结果。

功能评分表

项目	F_1	F_2	F_3	F_4	F_5	得分	权重
F_1	×	2	3	4	4		
F_2		×	3	4	4		
F_3			×	3	4		
F_4				×	3		
F_5					×		
合计							

功能评分结果表

功能	方案 1	方案 2
F_1	6	10
F_2	7	9
F_3	6	7
F_4	9	8
F_5	9	9

问题：

1. 在功能评分表中计算各功能的权重（权重计算结果保留三位小数）。

2. 列式计算两方案的年费用（计算结果保留两位小数）。

3. 若采用价值工程方法对两方案进行评价，分别列式计算两方案的成本指数（以年费用为基础）、功能指数和价值指数，并根据计算结果确定最终应入选的方案（计算结果保留三位小数）。

4. 该桥梁未来将通过收取车辆通行费的方式收回投资和维持运营，若预计该桥梁的机动车年通行量不会少于 1500 万辆，分别列式计算两个方案每辆机动车的平均最低收费额（计算结果保留两位小数）。

注：计算所需系数参见下表。

计 算 所 需 系 数

n	10	20	30	40	50	60
$(P/F，6\%，n)$	0.5584	0.3118	0.1741	0.0972	0.0543	0.0303
$(A/P，6\%，n)$	0.1359	0.0872	0.0726	0.0665	0.0634	0.0619

试题二背景资料：

某智能大厦的一套设备系统有 A、B、C 三个采购方案，其有关数据见下表。

设备系统各采购方案数据

项目 ＼ 方案	A	B	C
购置费和安装费/万元	520	600	700
年度使用费/（万元·年$^{-1}$）	65	60	55
使用年限/年	16	18	20
大修周期/年	8	10	10
大修费/（万元·次$^{-1}$）	100	100	110
残值/万元	17	20	25

现值系数见下表。

现 值 系 数 表

n	8	10	16	18	20
$(P/A，8\%，n)$	5.747	6.710	8.851	9.372	9.818
$(P/F，8\%，n)$	0.540	0.463	0.292	0.250	0.215

问题：

1. 拟采用加权评分法选择采购方案，对购置费和安装费、年度使用费、使用年限三个指标进行打分评价，打分规则为：购置费和安装费最低的方案得 10 分，每增加 10 万元扣 0.1 分；年度使用费最低的方案得 10 分，每增加 1 万元扣 0.1 分；使用年限最长的方案得 10 分，每减少 1 年扣 0.5 分；以上三指标的权重依次为 0.5、0.4 和 0.1。应选择哪种采购方案较合理？

2. 若各方案年费用仅考虑年度使用费、购置费和安装费，且已知 A 方案和 C 方案相应的年费用分别为 123.75 万元和 126.30 万元，列式计算 B 方案的年费用，并按照年费用法作出采购方案比选。

3. 若各方案年费用需进一步考虑大修费和残值，且已知 A 方案和 C 方案相应的年费用分别为 130.41 万元和 132.03 万元，列式计算 B 方案的年费用，并按照年费用法作出采购方案比选。

4. 若 C 方案每年设备的劣化值均为 6 万元，不考虑大修费，该设备系统的静态经济寿命为多少年？

（问题 4 计算结果取整数，其余计算结果保留两位小数）

【答案】

试题一

1. 各功能的权重计算，见下表。

各功能的权重计算

项目	F_1	F_2	F_3	F_4	F_5	得分	权重
F_1	×	2	3	4	4	13	0.325
F_2	2	×	3	4	4	13	0.325
F_3	1	1	×	3	4	9	0.225
F_4	0	0	1	×	3	4	0.100
F_5	0	0	0	1	×	1	0.025
合计						40	1.000

2. 两方案的年费用计算：

（1）方案 1 的年费用：

$1000 + 40000(A/P,6\%,20) + 3000(P/F,6\%,10)(A/P,6\%,20) = (1000 + 40000 \times 0.0872 + 3000 \times 0.5584 \times 0.0872)$ 万元 $= 4634.08$ 万元

（2）方案 2 的年费用：

$15000 + 120000(A/P,6\%,60) + 5000(P/F,6\%,20)(A/P,6\%,60) + 5000(P/F,6\%,40)(A/P,6\%,60) - 5000(P/F,6\%,60)(A/P,6\%,60) = (1500 + 120000 \times 0.0619 + 5000 \times 0.3118 \times 0.0619 + 5000 \times 0.0972 \times 0.0619 - 5000 \times 0.0303 \times 0.0619)$ 万元 $= 9045.20$ 万元

3. 方案 1 的成本指数：$4634.08/(4634.08 + 9045.20) = 0.339$

方案 2 的成本指数：$9045.20/(4634.08 + 9045.20) = 0.661$

方案 1 的功能得分：$6 \times 0.325 + 7 \times 0.325 + 6 \times 0.225 + 9 \times 0.100 + 9 \times 0.025 = 6.700$

方案 2 的功能得分：$10 \times 0.325 + 9 \times 0.325 + 7 \times 0.225 + 8 \times 0.100 + 9 \times 0.025 = 8.775$

方案 1 的功能指数：$6.700/(6.700 + 8.775) = 0.433$

方案 2 的功能指数：$8.775/(6.700+8.775)=0.567$

方案 1 的价值指数：$0.433/0.339=1.277$

方案 2 的价值指数：$0.567/0.661=0.858$

因为方案 1 的价值指数大于方案 2 的价值指数，所以应选择方案 1。

4. 两个方案每辆机动车的平均最低收费额计算：

（1）方案 1 的最低收费：4634.08 万元/1500 万辆 =3.09 元/辆

（2）方案 2 的最低收费：9045.20 万元/1500 万辆 =6.03 元/辆

试题二

1. A、B、C 三种方案指标权重计算，见下表。

A、B、C 三种方案指标权重计算

指标	权重	A 方案	B 方案	C 方案
购置费和安装费	0.5	$10\times0.5=5.0$	$[10-(600-520)/10\times0.1]\times0.5=4.6$	$[10-(700-520)/10\times0.1]\times0.5=4.1$
年度使用费	0.4	$[10-(65-55)\times0.1]\times0.4=3.6$	$[10-(60-55)\times0.1]\times0.4=3.8$	$10\times0.4=4.0$
使用年限	0.1	$[10-(20-16)\times0.5]\times0.1=0.8$	$[10-(20-18)\times0.5]\times0.1=0.9$	$10\times0.1=1.0$
合计	1.0	9.4	9.3	9.1

因此，应选择得分最高的 A 方案。

2. 若各方案年费用仅考虑年度使用费、购置费和安装费，则 B 方案的年费用为：

60 万元 +600 万元 $\div(P/A,8\%,18)=(60+600\div9.372)$ 万元 =124.02 万元

A 方案的年费用最低，因此，应选择 A 方案。

3. 若各方案年费用需进一步考虑大修费和残值，B 方案的年费用为：

124.02 万元 +100 万元 $\times(P/F,8\%,10)\div(P/A,8\%,18)-20$ 万元 $\times(P/F,8\%,18)\div(P/A,8\%,18)=124.02$ 万元 $+100\times0.463\div9.372$ 万元 $-20\times0.250\div9.372$ 万元 =128.43 万元

B 方案的年费用最低，因此，应选择 B 方案。

4. C 方案设备的经济寿命 $=\sqrt{\dfrac{2(P-L_N)}{\lambda}}=\sqrt{\dfrac{2\times(700-25)}{6}}$ 年 $=15$ 年

第二节　网络计划的应用

☞ 考点　网络计划的应用 ★★★

【考情分析】

在历年工程造价案例分析考试中，本考点考查过以下题型：

（1）双代号网络计划时间参数的计算并确定关键线路和计算工期，计算网络进度计

划原始方案的综合费用，对双代号网络计划进行工期优化并确定综合费用。

（2）根据双代号时标网络计划确定关键线路，并计算工期，结合工程价款结算与索赔问题进行考核。

（3）施工方案工期调整，并进行优化（工期优化、费用优化）。

（4）多个工序共用设备，其间增加新工作，在施工其间进行部分工作时间调整等多形式的组合，时间参数的计算等。

考生要注意相关知识点的运用，并通过多做习题进行演练。

一、确定关键线路的方法

方法	实例
标号法	 具体步骤： 第一，网络计划起点节点的标号值为零（$b_i = 0$）； 第二，网络计划的其他节点的标号值 $b_j = \max\{b_i + D_{i-j}\}$。式中，$b_j$ 为工作 $i-j$ 的完成节点 j 的标号值；b_i 为工作 $i-j$ 的开始节点 i 的标号值；D_{i-j} 为工作 $i-j$ 的持续时间； 第三，对其他节点进行双标号（源节点，标号值），源节点就是确定本节点标号值的节点，如果源节点有多个，应将所有源节点标出； 第四，网络计划的计算工期就是网络计划终点节点的标号值； 第五，关键线路应从网络计划的终点节点开始，逆着箭线方向按源节点确定
对比法	 具体步骤： 第一，总的原则是将起始于同一结点，归结于同一结点的若干条线路中较短的线路上的所有工作舍弃，仅保留最长的一条（或几条）线路； 第二，比较①→⑤应将 A 和 B 工作舍弃； 第三，比较②→⑨应将 E、G 和 K 工作舍弃； 第四，比较④→⑩应将 I 和 L 工作舍弃； 第五，剩余的工作全部为关键工作，从而确定关键线路； 第六，某关键线路上的各工作持续时间之和为计算工期

方法	实 例

<table>
<tr><td rowspan="1">穷举法</td><td>

此方法适合线路条数较少的网络计划，其具体步骤如下：

第一，列举网络计划中的所有线路，本例中的线路有：

线路1：①→②→⑥→⑦

线路2：①→②→④→⑥→⑦

线路3：①→②→④→⑤→⑦

线路4：①→③→④→⑤→⑦

线路5：①→③→④→⑥→⑦

第二，计算各条线路的持续时间，本例中的各条线路持续时间为：

线路1：24+20+32=76

线路2：24+24+32=80

线路3：24+20+29=73

线路4：16+12+20+29=77

线路5：16+12+24+32=84

第三，持续时间最长的线路就是关键线路，本例中的关键线路是：①→③→④→⑥→⑦。

第四，关键线路的持续时间即为计算工期

</td></tr>
</table>

六时标注法

注意：

工作最早开始时间 ES 的计算：顺着箭线，取大值。

工作最迟完成时间 EF 的计算：顺着箭线，取小值。

总时差：本工作的最迟开始时间减最早开始时间。

自由时差：紧后工作的最早开始时间减去本工作的最早完成时间。

六时标注法：标注方式

ES	LS	TF
EF	LF	FF

二、网络计划的工期优化

（1）找出网络计划中的关键工作和关键线路，并计算出计算工期。一般可用标号法确定出关键线路及计算工期。

（2）按要求工期计算应缩短的时间（ΔT）。应缩短的时间等于计算工期与要求工期之差：$\Delta T = T_c - T_r$。式中，T_c 为计算工期；T_r 为要求工期。

（3）选择被压缩关键工作，在确定有限压缩的工作时，应考虑：缩短工作持续时间后对质量与安全影响不大、资源充足的关键工作，缩短工作的持续时间所需增加的费用最少。

（4）将应优先缩短的关键工作压缩至最短持续时间，并找出关键线路。若被压缩的关键工作变成了非关键工作，则应将其持续时间再适当延长，使之仍为关键工作。

（5）若计算工期仍超过要求工期，则重复以上步骤，直到满足工期要求或工期已不能再缩短为止。

（6）当所有关键工作或部分关键工作已达最短持续时间而寻求不到继续压缩工期的方案但工期仍不能满足要求工期时，应对计划的原技术、组织方案进行调整，或对要求工期重新审定。

注意：若考试题目中给出相关工序可压缩时间的上限时，可以在其约定的范围内确定实际工期。

三、网络计划的费用优化

（1）绘制工作正常持续时间下的网络计划，确定关键线路并计算工期。

（2）计算各工作的直接费用率。直接费用率的计算按公式为：

$$\Delta C_{i-j} = \frac{CC_{i-j} - CN_{i-j}}{DN_{i-j} - DC_{i-j}}$$

式中，ΔC_{i-j} 为工作 $i-j$ 的直接费用率；CC_{i-j} 为按最短持续时间完成工作 $i-j$ 时所需的直接费；CN_{i-j} 为按正常持续时间完成工作 $i-j$ 时所需的直接费；DN_{i-j} 为工作 $i-j$ 的正常持续时间；DC_{i-j} 为工作 $i-j$ 的最短持续时间。

（3）在网络计划中找出费用率最低的一项关键工作（只有一条关键线路时）或一组关键工作（当有多条关键线路时），作为缩短持续时间的对象。

（4）缩短找出的关键工作的持续时间，其缩短值必须符合：**不能把关键工作压缩成非关键工作，缩短后的持续时间不小于最短持续时间。**

（5）计算相应增加的总费用。

（6）考虑工期变化带来的间接费用及其他损益，在此基础上计算总费用。

（7）重复（3）~（6），直到费用最低为止。

四、实际进度与计划进度的比较方法

比较方法	前锋线法 （**工程造价案例分析考试中，主要考查该方法**）	列表比较法
前提	当工程进度计划采用时标网络图表示时采用	当工程进度计划用非时标网络图表示时采用
概念	所谓前锋线，是指从检查时刻的时标点出发，在时标网络计划图上依次用点划线将各项工作的实际进度点连接起来而形成的折线。前锋线比较法就是通过绘制出某检查时刻的工程实际进度前锋线，并根据实际进度前锋线与原计划进度中各工作箭线的交点位置（即实际进度点）来进行进度的对比、偏差的确定	采用这种方法应首先记录检查时正进行的工作名称和该工作已作业的时间，然后列表计算有关的时间参数，并根据工作总时差进行实际进度与计划进度的对比
绘制步骤	1. 首先要将时标网络计划图绘制出来。然后再计划图的上、下方各设一时间坐标。 2. 将实际进度的前锋线绘制出来。从时标网络计划图上方时间坐标的检查日期开始，依次连接相临工作的实际进度点，最后连接到时标网络计划图下方时间坐标的检查日期为止。对于某一工作的实际进度点，可根据该工作已完成任务量的比例或尚需要作业的时间来进行确定。 3. 比较实际进度与计划进度。若工作实际进度点落在检查日期的左侧，表明该工作实际进度拖后，拖后时间是两者的差值；若工作实际进度点落在检查日期的右侧，表明该工作实际进度超前，超前时间是两者的差值；若工作实际进度点与检查日期重合，表明该工作实际进度与计划进度一致。 4. 分析和预测工程整体进度状况。根据前锋线法确立进度偏差后，还可根据工作的自由时差和总时差预测该进度偏差对后续工作及总工期的影响，并由此预测分析工程项目的整体进度状况 **提示** 在工程造价案例分析考试中，考生可根据背景资料中给出的数据，分析各事件的实际后果，并在对应的工序线上绘出实际进度点的位置，用点划线连接	1. 根据某工作已经作业的时间，确定在实际进度检查日，该正进行工作的尚需作业时间。 2. 根据原进度计划，计算在实际进度检查日，该正进行工作从检查日到原计划最迟完成日的剩余时间。 3. 根据前两者的差（该工作的尚需作业时间与到原计划最迟完成日的剩余时间之差），计算该工作的剩余总时差。 4. 根据该工作的剩余总时差与原有总时差，进行进度的对比分析：若该工作的剩余总时差与原有总时差相等，表明该工作的实际进度与计划进度一致；若该工作的剩余总时差大于原有总时差，表明该工作的实际进度超前，超前时间为二者之差；若该工作的剩余总时差小于原有总时差，且仍为非负值，表明该工作的实际进度拖后，拖后时间为二者之差，但不会影响总工期；若该工作的剩余总时差小于原有总时差，且为负值，表明该工作的实际进度拖后，拖后时间为二者之差，此刻该工作的实际进度偏差将影响总工期

【真题回顾】

（2015 年真题）背景资料：

某承包人在一多层厂房工程施工中，拟定了三个可供选择的施工方案。专家组为此进行技术经济分析。对各方案的技术经济指标打分见下表，并一致认为各技术经济指标重要程度为：F_1 相对于 F_2 很重要，F_1 相对于 F_3 较重要，F_2 和 F_4 同等重要，F_3 和 F_5 同等重要。

各方案的技术经济指标打分

技术经济指标 ＼ 方案	A	B	C
F_1	10	9	9
F_2	8	10	10
F_3	9	10	9
F_4	8	9	10
F_5	9	9	8

问题：

1. 采用0—4评分法计算各技术经济指标的权重。将计算结果填入下表中。

各技术经济指标的权重

项目	F_1	F_2	F_3	F_4	F_5	得分	权重
F_1	×						
F_2		×					
F_3			×				
F_4				×			
F_5					×		
合　计							

2. 列表计算各方案的功能指数，将计算结果填入下表中。

各方案的功能指数

技术经济指标	功能权重	方案功能加权得分		
		A	B	C
F_1				
F_2				
F_3				
F_4				
F_5				
合计				
功能指数				

3. 已知 A、B、C 三个施工方案的成本指数分别为 0.3439、0.3167、0.3394，请采用价值指数法选择最佳施工方案。

4. 该工程合同工期为20个月，承包人报送并已获得监理工程师审核批准的施工网络进度计划如下图所示。开工前，因承包人工作班组调整，工作 A 和工作 E 需由同一工作组分别施工，承包人应如何合理调整该施工网络进度计划（绘制调整后的网络进度计划图）？新的网络进度计划的工期是否满足合同要求？关键工作有哪些？

（功能指数和价值指数的计算结果保留四位小数）

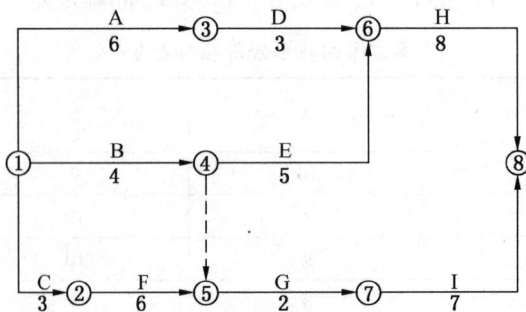

施工网络进度计划（单位：月）

【答案】

问题1：

采用0—4评分法计算各技术经济指标的权重，见下表。

各技术经济指标的权重

项目	F_1	F_2	F_3	F_4	F_5	得分	权重
F_1	×	4	3	4	3	14	0.35
F_2	0	×	1	2	1	4	0.1
F_3	1	3	×	3	2	9	0.225
F_4	0	2	1	×	1	4	0.1
F_5	1	3	2	3	×	9	0.225
合计						40	1

问题2：

各方案的功能指数，见下表。

各方案的功能指数

技术经济指标	功能权重	方案功能加权得分		
		A	B	C
F_1	0.35	3.5	3.15	3.15
F_2	0.1	0.8	1	1
F_3	0.225	2.025	2.25	2.025
F_4	0.1	0.8	0.9	1
F_5	0.225	2.025	2.025	1.8
合计		9.15	9.325	8.975
功能指数		9.15/27.45=0.3333	9.325/27.45=0.3397	8.975/27.45=0.3270

问题3：

A方案价值指数 = 0.3333/0.3439 = 0.9692

B方案价值指数 = 0.3397/0.3167 = 1.0726

C方案价值指数 = 0.3270/0.3394 = 0.9635

因为B方案价值指数最大，所以选B方案。

问题4：

调整后的施工网络进度计划如下图所示。

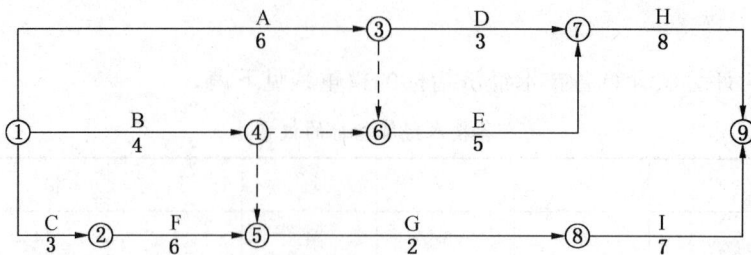

调整后施工网络进度计划图

新的网络计划能够满足合同要求，关键工作 A、E、H，工期 19 个月。

【解析】

本案例综合了价值工程分析的及网络计划的相关相关要点。网络计划的绘制、调整、关键工作与线路的调整，涉及工作之间的逻辑关系、网络图的绘制原则、节点编号的确定以及虚工作的运用。考生要注意相关知识点的理解及记忆。

✗ 冲刺训练 ✗

背景资料：

某水利枢纽工程，业主在招标文件中规定：工期 T（周）不得超过 80 周，也不应短于 60 周。

某施工单位决定参与该工程的投标。在基本确定技术方案后，为提高竞争能力，对其中某技术措施拟定了三个方案进行比选。方案一的费用为 $C_1 = 100 + 4T$；方案二的费用为 $C_2 = 150 + 3T$；方案三的费用为 $C_3 = 250 + 2T$。

这种技术措施的三个比选方案对施工网络计划的关键线路均没有影响。各关键工作可压缩的时间及相应增加的费用见下表。

可压缩时间及相应增加的费用表

关 键 工 作	A	C	E	H	M
可压缩时间/周	1	2	1	3	2
压缩单位时间增加的费用/（万元·周$^{-1}$）	3.5	2.5	4.5	6.0	2.0

假定所有关键工作压缩后不改变关键线路。

问题：

1. 该施工单位应采用哪种技术措施方案投标？为什么？

2. 该工程采用问题 1 中选用的技术措施方案时的工期为 80 周，造价为 2653 万元。为了争取中标，该施工单位投标应报工期和报价各为多少？

3. 若招标文件规定，施工单位自报工期小于 80 周时，工期每提前 1 周，其总报价降低 2 万元作为经评审的报价，则施工单位的自报工期应为多少？相应的经评审的报价为多少？

4. 如果该工程的施工网络计划如下图所示，则压缩哪些关键工作可能改变关键线路？

压缩哪些关键工作不会改变关键线路?

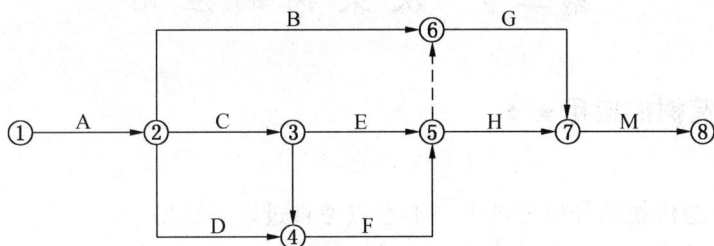

施工网络计划图

【答案】

1. 令 $C_1 = C_2$,即 $100 + 4T = 150 + 3T$,解得 $T = 50$ 周。

当工期小于 50 周时,应采用方案一;当工期大于 50 周时,应采用方案二。

由于招标文件规定工期在 $60 \sim 80$ 周之间,因此,应采用方案二。

再令 $C_2 = C_3$,即 $150 + 3T = 250 + 2T$,解得 $T = 100$ 周。

当工期小于 100 周时,应采用方案二;当工期大于 100 周时,应采用方案三。

因此,根据招标文件对工期的要求,施工单位应采用方案二的技术措施投标。

或:当 $T = 60$ 周,则 $C_1 = (100 + 4 \times 60)$ 万元 $= 340$ 万元

$C_2 = (150 + 3 \times 60)$ 万元 $= 330$ 万元

$C_3 = (250 + 2 \times 60)$ 万元 $= 370$ 万元

此时,方案二为最优方案。

当 $T = 80$ 周,则 $C_1 = (100 + 4 \times 80)$ 万元 $= 420$ 万元

$C_2 = (150 + 3 \times 80)$ 万元 $= 390$ 万元

$C_3 = (250 + 2 \times 80)$ 万元 $= 410$ 万元

此时,方案二为最优方案。

所以施工单位应采用方案二的技术措施投标。

2. 由于方案二的费用函数为 $C_2 = 150 + 3T$,所以对压缩 1 周时间增加的费用小于 3 万元的关键工作均可压缩,即应对关键工作 C 和 M 进行压缩,

则自报工期应为:$(80 - 2 - 2)$ 周 $= 76$ 周

相应的报价为:$[2653 - (80 - 76) \times 3 + 2.5 \times 2 + 2.0 \times 2]$ 万元 $= 2650$ 万元

3. 由于工期每提前 1 周,可降低经评审的报价 2 万元,所以对压缩 1 周时间增加的费用小于 5 万元的关键工作均可压缩,即应对关键工作 A、C、E、M 进行压缩。

则自报工期应为:$(80 - 1 - 2 - 1 - 2)$ 周 $= 74$ 周

相应的经评审的报价为:$[2653 - (80 - 74) \times (3 + 2) + 3.5 + 2.5 \times 2 + 4.5 + 2.0 \times 2]$ 万元 $= 2640$ 万元

4. 压缩关键工作 C、E、H 可能改变关键线路,压缩关键工作 A、M 不会改变关键线路。

第三节　决策树的应用

☞ **考点　决策树的应用★★**

【考情分析】

在历年工程造价案例分析考试中，本考点考查过以下题型：

（1）计算方案的季平均销售收入，绘制两级决策树图，计算各机会点的期望值，决定所采用的开发方案。

（2）简述投标人应当具备的条件，绘制决策树图，计算各机会点期望值，确定投标人应采用何种承发包方式投标。

（3）绘制两级决策树图，计算各机会点的期望值，确定最优方案。

（4）对投标单位投标程序的判断，利用决策树图进行投标收益的比较和分析，计算期望值并做出投标决策

（5）决策树法在施工方案选择中的应用，从经济角度分析工期调整理由，计算产值利润率，成本降低额。

考生要注意相关知识点的运用，并通过多做习题进行演练。

一、期望值法

期望值（或数学期望、或均值，亦简称期望，物理学中称为期待值）是指在一个离散性随机变量试验中每次可能结果的概率乘以其结果的总和。换句话说，期望值是随机试验在同样的机会下重复多次的结果计算出的等同"期望"的平均值。期望值的计算公式可表达为：

$$E(x) = \sum_{i=1}^{n} x_i P_i$$

式中　$E(x)$——随机变量 x 的期望值；

$\quad\quad x_i$——随机变量 x 的各种取值；

$\quad\quad P_i$——x 取值 X_i 时所对应的概率值。

根据期望值的计算公式，可以很容易地推导出项目净现值的期望值计算公式如下：

$$E(NPV) = \sum_{i=1}^{n} NPV_i \cdot P_i$$

式中　$E(NPV)$——NPV 的期望值；

$\quad\quad NPV_i$——各种现金流量情况下的净现值；

$\quad\quad P_i$——对应于各种现金流量情况的概率值。

二、决策树法

方法	相关要点内容
概念	所谓决策树法，就是运用树状图表示各决策的期望值，通过计算，最终优选出效益最大、成本最小的决策方法

方法	相关要点内容
绘制	决策树是在进行方案决策时的分析事件发生概率、产生期望值、评定风险的一种工具。概率树（如下图所示）通常是由"三点""两枝"组成，即三点为决策点、状态点、结果点，两枝为方案枝、概率枝。 （1）决策点：用"□"表示，是对几种可能方案的选择。从它引出的分支叫方案分支，每支代表一个方案。*决策节点上标注的数字是所选方案的期望值。* （2）方案枝：*由决策点引发的，对应实现决策目标的方案。* （3）状态点：又被称为机会点，并用"○"表示，代表备选方案的经济效果（期望值）。 （4）概率枝：又被称为状态枝，由状态结点引出若干条细支，表示不同的自然状态。*在每条细枝上标明客观状态的内容和其出现概率。* （5）结果点：并用"△"表示，代表每个方案在各种自然状态下取得的损益值、净利润、每期净现金流量等数据。*结果点在概率枝（右侧）的最末梢标明。* 应用树状图进行决策的过程，*是由右向左逐步前进，计算右端的期望收益值，或损失值，然后对不同方案的期望收益值的大小进行选择。方案的舍弃称为剪枝。最后决策节点只留下唯一的一个，就是最优的决策方案*
利用决策树进行决策的步骤	利用决策树进行决策的步骤：绘制→计算→剪枝（即比选）。 （1）绘制决策树：总体原则是从左向右绘制，从根到枝。决策点发出方案枝，方案枝尾部为状态点，状态点发出概率枝，概率枝上标注出现的概率，概率枝尾标注结果值或连接二级决策点或状态点。*决策点或状态点的编号从左往右，由小到大。* （2）计算状态点期望值：状态点的计算原则：*从右往左，由枝到根*。根据是否考虑资金时间价值，状态点期望值分为两种不同的算法：**一是不考虑资金时间价值的状态点期望值** $\sum$（各概率枝损益值 × 出现概率）；**二是考虑资金时间价值的状态点期望值** $\sum$（各概率枝净现值 × 出现概率）。 （3）剪枝（即比选）：根据各个方案枝尾的状态点期望值对方案枝做出选择，其他的用剪枝符舍弃

【真题回顾】

（2016 年真题）背景资料：

某隧洞工程，施工单位与项目业主签订了 120000 万元的施工总承包合同，合同约定：每延长（或缩短）一天工期，处罚（或奖励）金额 3 万元。

施工过程中发生了以下事件：

事件 1：施工前，施工单位拟定了三种隧洞开挖施工方案，并测算了各方案的施工成本，见下表。

各施工方案施工成本 单位：万元

施工方案	施工准备工作成本	不同地质条件下的施工成本	
		地质较好	地质不好
先拱后墙法	4300	101000	102000
台阶法	4500	99000	106000
全断面法	6800	93000	—

当采用全断面法施工时，在地质条件不好的情况下，须改用其他施工方法，如果改用先拱后墙法施工，需再投入3300万元的施工准备工作成本；如果改用台阶法施工，需再投入1100万元的施工准备工作成本。

根据对地质勘探资料的分析评估，地质情况较好的可能性为0.6。

事件2：实际开工前发现地质情况不好，经综合考虑施工方案采用台阶法，造价工程师测算了按计划工期施工的施工成本、间接成本为2万元/d；直接成本每压缩工期5d增加30万元，每延长工期5d减少20万元。

问题：

1. 绘制事件1中施工单位施工方案的决策树。

2. 列式计算事件1中施工方案选择的决策过程，并按成本最低原则确定最佳施工方案。

3. 事件2中，从经济的角度考虑，施工单位应压缩工期、延长工期还是按计划施工？说明理由。

4. 事件2中，施工单位按计划工期施工的产值利润率为多少万元？若施工单位希望实现10%的产值利润率，应降低成本多少万元？

【答案】

问题1：

事件1中施工单位施工方案的决策树绘制如下图所示：

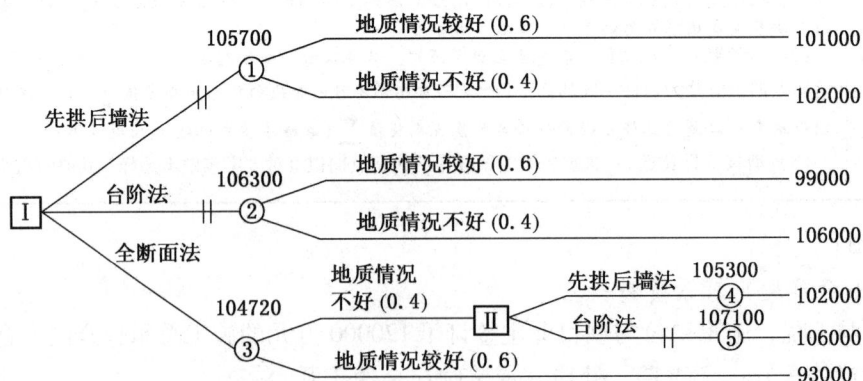

决策树

问题 2：

机会点④成本期望值 = (102000 + 3300)万元 = 105300 万元

机会点⑤成本期望值 = (106000 + 1100)万元 = 107100 万元

因机会点⑤的成本期望值大于机会点④的成本期望值，因此应当优选机会点④的方案。

机会点①总成本期望值 = (101000 × 0.6 + 102000 × 0.4 + 4300)万元 = 105700 万元

机会点②总成本期望值 = (99000 × 0.6 + 106000 × 0.4 + 4500)万元 = 106300 万元

机会点③总成本期望值 = (93000 × 0.6 + 105300 × 0.4 + 6800)万元 = 104720 万元

因机会点③的成本期望值小于机会点①和机会点②的成本期望值，因此我们应当优选机会点③的方案。如果地质条件不好，改用机会点①方案施工。

问题 3：

事件 2 中，按计划工期施工每天费用 = 2 万元/d

压缩工期一天增加费用 = (30/5 − 2 − 3)万元 = 1 万元/d

延长工期一天增加费用 = (2 + 3 − 20/5)万元 = 1 万元/d

按原计划工期施工，费用增加 0 万元/d，而延长工期和压缩工期一天均增加费用，因此应当选择按计划方案施工。

问题 4：

地质情况不好情况下采用台阶法施工成本 = (4500 + 106000) = 110500 万元

施工单位按计划工期施工的产值利润率 = (120000 − 110500)万元/120000 万元 = 7.92%

若施工单位希望实现 10% 的产值利润率，设降低成本 x 万元，则：

$$(120000 − 110500 + x)/120000 = 10\%$$

求解得 $x = 2500$ 万元，故应降低成本 2500 万元。

【解析】

1. 本案例问题 1 考查了决策树的绘制。施工方案决策树绘制根据题目背景资料中的相关信息按照逻辑关系绘制决策树图。决策树的绘制在 2014 年、2016 年的工程造价案例分析考试中进行了考查，考生要注意相关知识点的掌握。

2. 本案例问题 2 考查了期望值法。对于决策树机会点的期望计算，属于本案例中的难点，考生要结合背景资料及绘制的决策树进行计算。

3. 本案例问题 3 考查了工期成本优化。工程成本包括工程直接费和工程间接费。人工费、材料费、机械使用费、措施费等组成直接费。企业经营管理的全部费用属于间接费。通常在一般情况下，工期缩短，直接费用增加，间接成本减少。在考虑工程成本时，还应考虑工期变化带来的其他损益（效益增量、资金的时间价值）。

4. 本案例问题 4 考核的是产值利润率的计算及工期成本优化。产值利润率的计算公式为：产值利润率(%) = (利润总额/总产值) × 100%。

🏃 冲刺训练 🏃

背景资料：

某总承包企业拟开拓国内某大城市工程承包市场。经调查该市目前有 A、B 两个 BOT

项目将要招标。两个项目建成后经营期限均为 15 年。

为了顺利进行投标，企业经营部将在该市投标全过程按先后顺序分解为以下几项工作：①投标申请；②接受资格审查；③领取招标文件；④参加投标预备会；⑤参加现场踏勘；⑥编制投标文件；⑦编制项目可行性研究论证报告；⑧投送投标文件；⑨投标文件内容说明与陈述；⑩参加开标会议；⑪签订合同。

经进一进调研，收集和整理出 A、B 两个项目投资与收益数据，见下表。

A、B 项目投资与收益数据表　　　　　　单位：万元

项目名称	初 始 投 资	运营期每年收益		
		1～5 年	6～10 年	11～15 年
A 项目	10000	2000	2500	3000
B 项目	7000	1500	2000	2500

基准折现率为 6%，资金时间价值系数见下表。

资 金 时 间 价 值 系 数

n	5	10	15
$(P/F, 6\%, n)$	0.7474	0.5584	0.4173
$(P/A, 6\%, n)$	4.2123	7.3601	9.7122

问题：

1. 经营部拟定的各项投标工作的先后顺序有何不妥？

2. 不考虑建设期的影响，分别列式计算 A、B 两个项目总收益的净现值。

3. 据估计：投 A 项目中标概率为 0.7，不中标费用损失 80 万元；投 B 项目中标概率为 0.65，不中标费用损失 100 万元。若投 B 项目中标并建成经营 5 年后，可以自行决定是否扩建，如果扩建，其扩建投资 4000 万元，扩建后 B 项目每年运营收益增加 1000 万元。

按以下步骤求解该问题：

（1）计算 B 项目扩建后总收益的净现值。

（2）将各方案总收益净现值和不中标费用损失作为损益值，绘制投标决策树。

（3）判断 B 项目在 5 年后是否扩建？计算各机会点期望值，并作出投标决策。

（计算结果均保留两位小数）

【答案】

1. 经营部拟定的各项投标工作的先后顺序的不妥之处如下：

（1）参加投标预备会不应在参加现场踏勘之前。

（2）编制项目可行性研究论证报告不应在编制投标文件之后。

（3）投标文件内容说明与陈述不应在参加开标会议之前。

2. 不考虑建设期的影响，列式计算 A、B 两个项目总收益的净现值：

A 项目：$NPV_A = -10000 + 2000(P/A, 6\%, 5) + 2500(P/A, 6\%, 5)(P/F, 6\%, 5) +$

$3000(P/A, 6\%, 5)(P/F, 6\%, 10) = (-10000 + 2000 \times 4.2123 + 2500 \times 4.2123 \times 0.7474 +$

$3000 \times 4.2123 \times 0.5584$)万元 = ($-10000 + 8424.60 + 7870.68 + 7056.44$)万元 = 13351.72万元

B项目：$NPV_B = -7000 + 1500(P/A,6\%,5) + 2000(P/A,6\%,5)(P/F,6\%,5) + 2500$ $(P/A,6\%,5)(P/F,6\%,10) = (-7000 + 1500 \times 4.2123 + 2000 \times 4.2123 \times 0.7474 + 2500 \times 4.2123 \times 0.5584$)万元 = ($-7000 + 6318.45 + 6296.55 + 5880.37$)万元 = 11495.37万元

3. B项目扩建后总收益净现值：

$NPV'_B = 11495.37 + [1000(P/A,6\%,10) - 4000](P/F,6\%,5) = 11495.37$ 万元 + $[1000 \times 7.3601 - 4000]$万元 $\times 0.7474 = (11495.37 + 3360.10 \times 0.7474)$万元 = 14006.71万元

绘制决策树如下图所示。

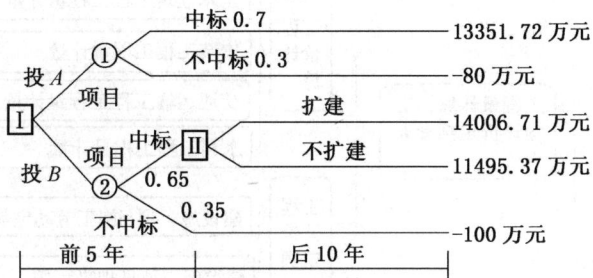

期望值：扩建14006.71万元 > 不扩建11495.37万元，因此5年后应该扩建。

计算各机会点期望值并作出投标决策：

点①：$[0.7 \times 13351.72 + 0.3 \times (-80)]$万元 = 9322.20万元

点②：$[0.65 \times 14006.71 + 0.35 \times (-100)]$万元 = 9069.36万元

因A方案的期望值较大，所以应投A项目。

第三章 工程计量与计价

知识架构与考频研究

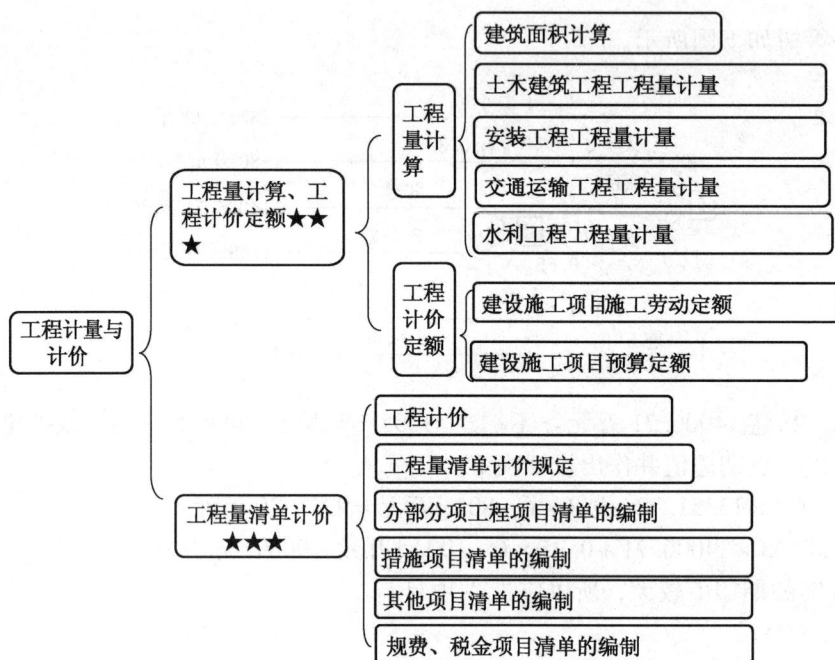

第一节 工程量计算、工程计价定额

☞ 考点 工程量计算、工程计价定额★★★

【考情分析】

工程量计量在工程造价案例分析考试中属于必考点，且属于核心考查要点，其相关内容考生要重点掌握。工程计价定额会与工程计量结合在一起进行考查，有时工程计价定额、工程计量、工程量清单结合在一起进行考查，考生要注意知识点的灵活运用。需要考生掌握的法律法规包括《房屋建筑与装饰工程消耗量定额》《通用安装工程消耗量定额》《水利建筑工程预算定额》《建筑工程建筑面积计算规范》《房屋建筑与装饰工程工程量计算规范》《通用安装工程工程量计算规范》《建筑安装工程费用组成》《建设工程工程量清单计价规范》《公路工程标准施工招标文件》《水运工程工程量清单计价规范》《水利工程工程量

清单计价规范》。

一、建筑面积计算

计算建筑面积时，应当按照一定的计算顺序进行，**一种是先横后竖、先上后下、先左后右，先零后整，分块累计算；二是先整后零，先算整个，再按块扣除。**建筑面积计算是根据《建设工程建筑面积计算规范》（GB/T 50353—2013）中"3.计算建筑面积的规定"来计算的，因此这是需要考生掌握的内容。

二、土木建筑工程工程量计量

在工程造价案例分析考试中，土木建筑工程工程量计量的主要考查知识点涉及土石方工程、基础工程、混凝土工程、门及木结构、金属结构、砌筑工程、油漆裱糊、门窗工程、天棚工程、墙柱面工程、楼地面工程、防腐隔热保温、屋面防水工程的工程量计算。因此考生需要掌握《房屋建筑与装饰工程工程量计算规范》（GB 50854—2013）**中附录 A 土石方工程～附录 S 措施项目的内容。**

三、安装工程工程量计量

电气工程工程量计量的主要考查知识点涉及锅炉动力工程、车间电气动力工程、电气开关柜工程、照明系统、防雷接地、电气控制、电缆电机工程量计量；管道安装工程的主要考查知识点涉及热水采暖、工业管道、工艺管道、结构件制作、空调通风、探伤焊接、供水供气、现场制作的工程量计算。因此考生需要掌握《通用安装工程工程量计算规范》（GB 50856—2013）**中附录 A 机械设备安装工程～附录 N 措施项目的内容。**

四、交通运输工程工程量计量

需要考生掌握《公路工程标准施工招标文件》（2018 年版）中第八章　工程量清单计量规则、《水运工程工程量清单计价规范》（JTS 271—2008）**中附录 D 水运工程工程量清单计价计算规则的内容。**

五、水利工程工程量计量

需要考生掌握《水利工程工程量清单计价规范》（GB 50501—2007）**中附录 A 水利建筑工程工程量清单项目及计算规则、附录 B 水利安装工程工程量清单项目及计算规则的内容。**

六、建设施工项目施工劳动定额

时间定额	工作延续时间(定额时间) = 作业时间 + 规范时间 工序作业时间 = 基本工作时间 + 辅助工作时间 规范时间 = 准备与结束工作时间 + 不可避免的中断时间 + 必要休息时间 工作延续时间(定额时间) = 作业时间(基本工作时间 + 辅助工作时间) + 规范时间(准备与结束工作时间 + 不可避免的中断时间 + 必要休息时间) 工序作业时间 = 基本工作时间 + 辅助工作时间 = 基本工作时间/(1 − 辅助时间%) 定额时间 = $\dfrac{工序作业时间}{1 - 规范时间(\%)}$ = (基本工作时间 + 辅助工作时间)/(1 − 规范时间占定额时间百分比),时间定额 = 定额时间/8 时间定额 × 产量定额 = 1 单位产品时间定额(工日) = $\dfrac{1}{每工日产量}$ 单位产品时间定额(工日) = $\dfrac{小组成员工日数总和}{小组台班产量}$

机械台班定额		机械一次循环的正常延续时间 $= \sum\left(\dfrac{\text{循环各组成部分}}{\text{正常延续时间}}\right) -$ 交叠时间 机械纯工作 1 h 循环次数 $= \dfrac{60 \times 60(\text{s})}{\text{一次循环的正常延续时间}}$ 机械纯工作 1 h 正常生产率 = 机械纯工作 1 h 正常循环次数 × 一次循环生产的产品数量 连续动作机械纯工作 1 h 正常生产率 $= \dfrac{\text{工作时间内生产的产品数量}}{\text{工作时间(h)}}$ 机械正常利用系数 $= \dfrac{\text{机械在一个工作班内纯工作时间}}{\text{一个工作班延续时间(8 h)}}$ 施工机械台班产量定额 = 机械 1 h 纯工作正常生产率 × 工作班纯工作时间 或 施工机械台班产量定额 = 机械 1 h 纯工作正常生产率 × 工作班延续时间 × 机械正常利用系数 施工机械时间定额 $= \dfrac{1}{\text{机械台班产量定额指标}}$
材料消耗 定额	一般计算	材料损耗率 = 损耗量/净用量 × 100% 材料损耗量 = 材料净用量 × 损耗率(%) 材料消耗量 = 材料净用量 + 材料损耗量 = 材料净用量 × [1 + 损耗率(%)] 周转材料:一次使用量 = 材料净用量 × [1 + 损耗率(%)]
	周转材料	一次使用量 = 材料净用量 × [1 - 损耗率(%)] 材料摊销量 = 一次使用量 × 摊销系数 摊销系数 = 周转使用系数 - [(1 - 损耗率) × 回收价值率]/周转次数 × 100% 周转使用系数 = [(周转次数 - 1) × 损耗率]/周转次数 × 100% 回收价值率 = [一次使用量 × (1 - 损耗率)]/周转次数 × 100%

七、建设施工项目预算定额

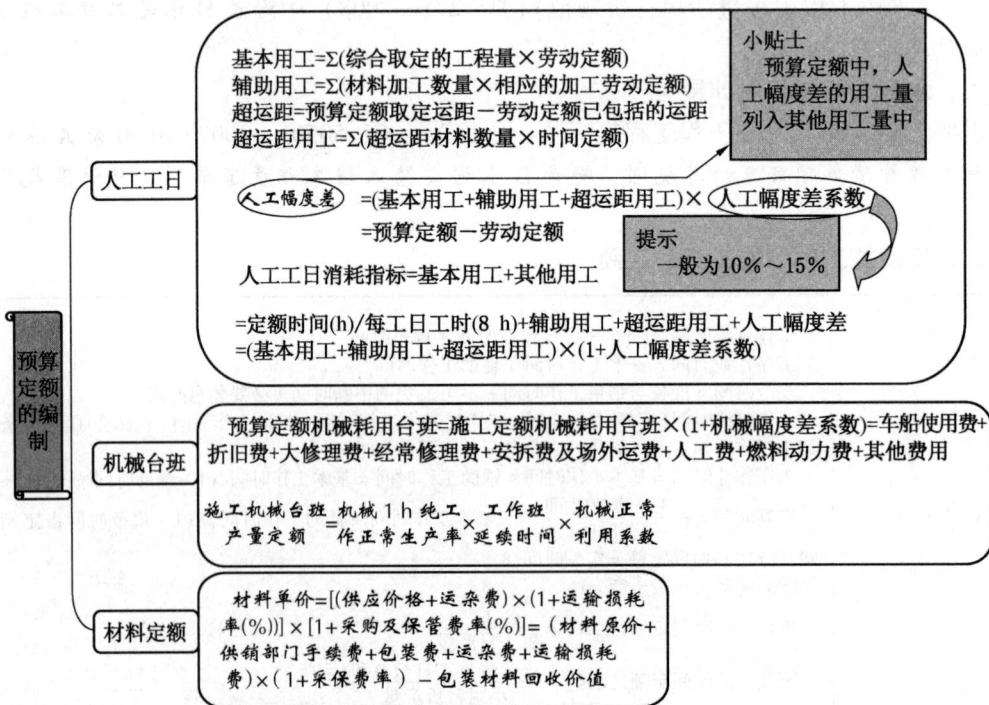

【真题回顾】

（2018 年真题）背景资料：

某城市生活垃圾焚烧发电厂钢筋混凝土多管式（钢内筒）80 m 高烟囱基础，如"钢内筒烟囱基础平面布置图""旋挖钻孔灌注桩基础图"所示。已建成类似工程钢筋用量参考指标见"单位钢筋混凝土钢筋参考用量表"。

钢内筒烟囱基础平面布置图

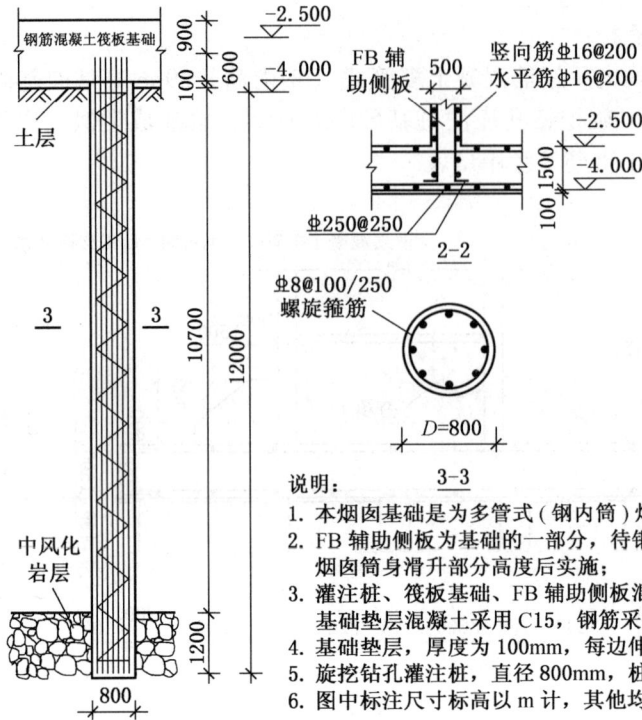

旋挖钻孔灌注桩基础图

单位钢筋混凝土钢筋参考用量表

序　号	钢筋混凝土项目名称	参考钢筋含量/(kg·m⁻³)	备　注
1	钻孔灌注桩	49.28	
2	筏板基础	63.50	
3	FB 辅助侧板	82.66	

问题：

1. 根据该多管式（钢内筒）烟囱基础施工图纸、技术参数及参考资料及"单位钢筋混凝土钢筋参考用量表"中给定的信息，按《房屋建筑与装饰工程工程量计算规范》（GB 50584—2013）的计算规则，在"工程量计算表"中，列式计算该烟囱基础分部分项工程量（筏板上 8 块 FB 辅助侧板的斜面在混凝土浇捣时必须安装模板）。

工 程 量 计 算 表

序号	项 目 名 称	单 位	计算过程	工 程 量
1	C30 混凝土旋挖钻孔灌注桩	m³		
2	C15 混凝土筏板基础垫层	m³		
3	C30 混凝土筏板基础	m³		
4	C30 混凝土 FB 辅助侧板	m³		

序号	项目名称	单位	计算过程	工程量
5	灌注桩钢筋笼	t		
6	筏板基础钢筋	t		
7	FB 辅助侧板钢筋	t		
8	混凝土垫层模板	m²		
9	筏板基础模板	m²		
10	FB 辅助侧板模板	m²		

2. 根据问题 1 的计算结果及"分部分项工程和单价措施项目清单与计价表"中给定的信息，按照《建设工程工程量清单计价表规范》（GB 50584—2013）的要求，编制该烟囱钢筋混凝土基础分部分项工程和单价措施项目清单与计价表。

分部分项工程和单价措施项目清单与计价表

序号	项目名称	项目特征	计量单位	工程量	金额/元	
					综合单价	合价
1	C30 混凝土旋挖钻孔灌注桩	C30，成孔、混凝土浇筑	m³		1120.00	
2	C15 混凝土筏板基础垫层	C15，混凝土浇筑	m³		490.00	
3	C30 混凝土筏板基础	C30，混凝土浇筑	m³		680.00	
4	C30 混凝土 FB 辅助侧板	C30，混凝土浇筑	m³		695.00	
5	灌注桩钢筋笼	HRB400	t		5800.00	
6	筏板基础钢筋	HRB400	t		5750.00	
7	FB 辅助侧板钢筋	HRB400	t		5750.00	
	小计					
8	混凝土垫层模板	垫层模板	m²		28.00	
9	筏板基础模板	筏板模板	m²		49.00	
10	FB 辅助侧板模板	FB 辅助侧板模板	m²		44.00	
11	基础满堂脚手架	钢管	t	256.00	73.00	
12	大型机械进出场及安拆		台次	1.00	28000.00	
	小计					
	分部分项工程及单价措施项目合计					

3. 假定该整体烟囱分部分项工程费为 2000000.00 元，单价措施项目费为 150000.00 元，总价措施项目仅考虑安全文明施工费，安全文明施工费按分部分项工程费的 3.5% 计取；其他项目考虑基础基坑开挖的土方、护坡、降水专业工程暂估价为 110000.00 元（另计 5% 总承包服务费）；人工费占比分别为分部分项工程费的 8%、措施项目费的 15%；

规费按照人工费的 21% 计取，增值税税率按 10% 计取。按《建设工程工程量清单计价规范》（GB 50584—2013）的要求，在答题卡中列示计算安全文明施工费、措施项目费、人工费、总承包服务费、规费、增值税；并在"单位工程最高投标限价汇总表"中编制该钢筋混凝土多管式（钢内筒）烟囱单位工程最高投标限价。

单位工程最高投标限价汇总表

序　号	汇 总 内 容	金额/元	其中暂估价/元
1	分部分项工程费		
2	措施项目费		
2.1	其中：安全文明措施费		
3	其他项目费		
3.1	其中：专业工程暂估价		
3.2	其中：总承包服务费		
4	规费（人工费 21%）		
5	增值税 10%		
最高总价合计 = 1 + 2 + 3 + 4 + 5			

（上述问题中提及的各项费用均不包含增值税可抵扣进项税额，所有计算结果均保留两位小数）

【答案】

问题 1：

该烟囱基础分部分项工程量结果见下表。

工 程 量 计 算 表

序号	项 目 名 称	单位	计 算 过 程	工程量
1	C30 混凝土旋挖钻孔灌注桩	m^3	$3.14 \times (0.8/2)^2 \times 12 \times 25 = 150.72$	150.72
2	C15 混凝土筏板基础垫层	m^3	$(14.4 + 0.1 \times 2) \times (14.4 + 0.1 \times 2) \times 0.1 = 21.32$	21.32
3	C30 混凝土筏板基础	m^3	$14.4 \times 14.4 \times (4 - 2.5) = 311.04$	311.04
4	C30 混凝土 FB 辅助侧板	m^3	$[(0.6 + 0.6 + 1.3) \times 1.5/2 + (0.6 + 1.3) \times 0.8] \times 0.5 \times 8 = 13.58$ 或 $[(0.8 + 1.5) \times (0.6 + 1.3) - 0.5 \times 1.5 \times 1.3] \times 0.5 \times 8$	13.58
5	灌注桩钢筋笼	t	$150.72 \times 49.28/1000 = 7.43$	7.43
6	筏板基础钢筋	t	$311.04 \times 63.50/1000 = 19.75$	19.75
7	FB 辅助侧板钢筋	t	$13.58 \times 82.66/1000 = 1.12$	1.12
8	混凝土垫层模板	m^2	$(14.44 + 0.1 \times 2) \times 4 \times 0.1 = 5.84$	5.84
9	筏板基础模板	m^2	$14.4 \times 4 \times 1.5 = 86.40$	86.40
10	FB 辅助侧板模板	m^2	$\{[(0.6 + 0.6 + 1.3) \times 1.5/2 + (0.6 + 1.3) \times 0.8] \times 2 + 0.5 \times 0.6 + (1.3^2 + 1.5^2)^{0.5} \times 0.5\} \times 8 = 64.66$	64.66

问题2：

该烟囱钢筋混凝土基础分部分项工程和单价措施项目清单与计价表见下表。

分部分项工程和单价措施项目清单与计价表

序号	项 目 名 称	项目特征	计量单位	工程量	金额/元	
					综合单价	合价
1	C30 混凝土旋挖钻孔灌注桩	C30，成孔、混凝土浇筑	m³	150.72	1120.00	168806.40
2	C15 混凝土筏板基础垫层	C15，混凝土浇筑	m³	21.32	490.00	10446.80
3	C30 混凝土筏板基础	C30，混凝土浇筑	m³	311.04	680.00	211507.20
4	C30 混凝土 FB 辅助侧板	C30，混凝土浇筑	m³	13.58	695.00	9438.10
5	灌注桩钢筋笼	HRB400	t	7.43	5800.00	43094.00
6	筏板基础钢筋	HRB400	t	19.75	5750.00	113562.50
7	FB 辅助侧板钢筋	HRB400	t	1.12	5750.00	6440.00
	小计		元			563295.00
8	混凝土垫层模板	垫层模板	m²	5.84	28.0	163.52
9	筏板基础模板	筏板模板	m²	86.40	49.00	4233.60
10	FB 辅助侧板模板	FB 辅助侧板模板	m²	64.66	44.00	2845.04
11	基础满堂脚手架	钢管	t	256.00	73.00	18688.00
12	大型机械进出场及安拆		台次	1.00	28000.00	28000.00
	小计		元			53930.16
	分部分项工程及单价措施项目合计		元			617225.16

问题3：

（1）安全文明施工费 =2000000.00 元 ×3.5% =70000.00 元。

（2）措施项目费 =（150000.00 +70000.00）元 =220000.00 元。

（3）人工费 =（2000000.00 ×8% +220000 ×15%）元 =193000.00 元。

（4）总承包服务费 =110000.00 元 ×5% =5500.00 元。

（5）规费 =193000.00 元 ×21% =40530.00 元。

（6）增值税 =（2000000.00 +220000.00 +110000.00 +5500.00 +40530.00）元 × 10% =237603.00 元。

该钢筋混凝土多管式（钢内筒）烟囱单位工程最高投标限价汇总表见下表。

单位工程最高投标限价汇总表

序 号	汇总内容	金额/元	其中暂估价/元
1	分部分项工程费	2000000.00	
2	措施项目费	220000.00	
2.1	其中：安全文明措施费	70000.00	
3	其他项目费	115500.00	110000.00
3.1	其中：专业工程暂估价	110000.00	110000.00
3.2	其中：总承包服务费	5500.00	
4	规费（人工费21%）	40530.00	
5	增值税10%	237603.00	
最高总价合计 = 1 + 2 + 3 + 4 + 5		2613633.00	

【解析】

1. 本案例问题1考查了烟囱基础分部分项工程量计算。本题相关工程量计算根据《房屋建筑与装饰工程工程量计算规范》（GB 50854—2013）及背景资料中给出的数据进行计算。

2. 分部分项工程和单价措施项目清单与计价表根据《建设工程工程量清单计价规范》（GB 50500—2013）、《房屋建筑与装饰工程工程量计算规范》（GB 50854—2013）及背景资料中给出的数据进行编制。

综合单价构成和费用构成的计算要注意其计算基础。

分部分项工程综合单价 = ①人工费 + ②机械使用费 + ③材料费 + ④管理费 + ⑤利润

其中：④管理费的计算基础可以是①人工费 + ②机械使用费 + ③材料费，①人工费或①人工费 + ②机械使用费。

⑤利润的计算基础可以是①人工费 + ②机械使用费 + ③材料费 + ④管理费，①人工费或①人工费 + ②机械使用费。

3. 单位工程最高投标限价汇总表中，规费 = 人工费 × 规费费率，增值税 = （分部分项工程费 + 措施项目费 + 其他项目费 + 规费）× 增值税税率。

冲刺训练

试题一背景资料：

某管道工程有关数据资料如下：

（1）成品油泵房管道系统施工图如下图所示。

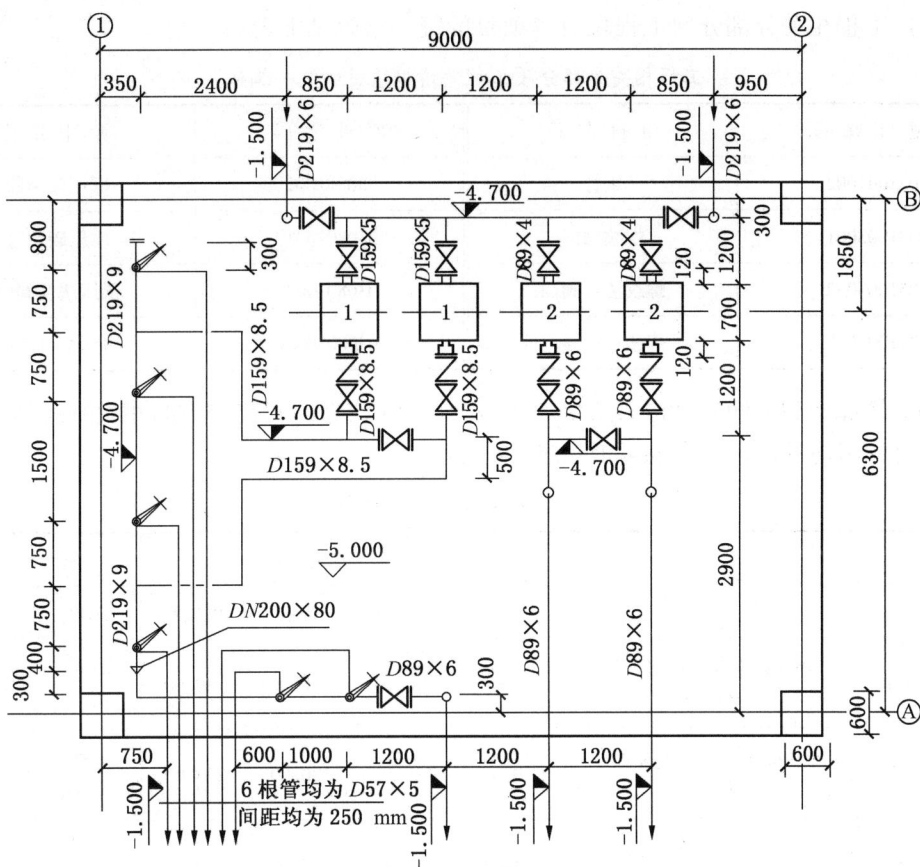

说明：①图中标注尺寸标高以 m 计，其他均以 mm 计。②建筑物现浇混凝土墙厚按 300 mm 计，柱截面均为 600×600，设备基础平面尺寸均为 700×700。③管道均采用 20 号碳钢无缝钢管，管件均采用碳钢成品压制管件。成品油泵吸入管道系统介质工作压力为 1.2 MPa，采用电弧焊焊接；截止阀为 J41H-16，配平焊碳钢法兰。成品油泵排出管道系统介质工作压力为 2.4 MPa，采用氩电联焊焊接；截止阀为 J41H-40，止回阀为 H41H-40，配碳钢对焊法兰，成品油泵进出口法兰超出设备基础长度均按 120 mm，如图所示。④管道系统中，法兰连接处焊缝采用超声波探伤，管道焊缝采用 X 光射线探伤。⑤管道系统安装就位，进行水压强度试验合格后，采用干燥空气进行吹扫。⑥未尽事宜均应符合相关工程建设技术标准规范要求。

成品油泵房工艺安装图

设 备 材 料 表

序　号	名称及规格型号	单　位	数　量
1	油泵 $H=40$ m，$Q=20$ m³/h	台	2
2	油泵 $H=40$ m，$Q=10$ m³/h	台	2

（2）假设成品油泵房的部分管道、阀门安装项目清单工程量如下：低压无缝钢管 $D89\times4$，2.1 m；$D159\times5$，3.0 m；$D219\times6$，15 m。中压无缝钢管 $D89\times6$，25 m；$D159\times8.5$，18 m；$D219\times9$，6 m。其他技术条件和要求与成品油泵房工艺安装图所示一致。

（3）工程相关分部分项工程量清单项目的统一编码见下表。

工程相关分部分项工程量清单项目的统一编码

项目编码	项目名称	项目编码	项目名称
031001002	钢管	030801001	低压碳钢管
031003001	螺纹阀门	030802001	中压碳钢管
031003002	螺纹法兰阀门	030807003	低压法兰阀门
031003003	焊接法兰阀门	030808003	中压法兰阀门

（4）管理费和利润分别按人工费的60%和40%计算，安装定额的相关数据资料见下表（表内费用均不包含增值税可抵扣进项税额）。

安装定额的相关数据

定额编号	项目名称	计量单位	安装基价/元			未计价主材	
			人工费	材料费	机械费	单价	耗量
8-1-444	中压碳钢管（电弧焊）DN150	10 m	226.20	140.00	180.00	4.50 元/kg	8.845 m
8-1-463	中压碳钢管（氩电联焊）DN150	10 m	252.59	180.00	220.00	4.50 元/kg	8.845 m
8-5-3	低中压管道液压试验 DN200 以内	100 m	566.00	160.00	120.00		
8-5-53	管道水冲洗 DN200 以内	100 m	340.00	580.00	80.00		

（5）假设承包商购买材料时增值税进项税率为17%、机械费增值税进项税率为15%（综合）、管理和利润增值税进项税率为5%（综合）；当钢管由发包人采购时，中压管道 DN150 安装清单项目不含增值税可抵扣进项税额综合单价的人工费、材料费、机械费分别为38.00元、30.00元、25.00元。

问题：

1. 按照背景资料中安装图所示内容，分别列式计算管道和阀门（其中 DN50 管道、阀门除外）安装工程项目分部分项清单工程量。

2. 根据背景资料（2）、（3）及背景资料中安装图所示要求，按《通用安装工程工程量计算规范》（GB 50856—2013）的规定，分别依次编列管道、阀门安装项目（其中 DN50 管道、阀门除外）的分部分项工程量清单，并填入"分部分项工程量和单价措施项目清单与计价表"中。

分部分项工程量和单价措施项目清单与计价表

工程名称：成品油泵房管道系统　　　　　　　　　　　　　　标段：部分管道、阀门安装项目

序号	项目编码	项目名称	项目特征描述	计量单位	工程量	金额/元		
						综合单价	合价	其中：暂估价

3. 按照背景资料（4）中的相关数据和背景资料中安装图所示要求，根据《通用安装工程工程量计算规范》（GB 50856—2013）和《建设工程工程量清单计价规范》（GB 50500—2013）的规定，编制中压管道 DN150 安装项目分部分项工程量清单的综合单价，并填入"综合单价分析表"中。中压管道 DN150 理论重量按 32 kg/m 计，钢管由发包人采购（价格为暂估价）。

综合单价分析表

工程名称：成品油泵房管道系统　　　　　　　　　　　　　　标段：部分管道、阀门安装项目

项目编码		项目名称			计量单位		工程量	

清单综合单价组成明细

定额编号	定额名称	定额单位	数量	单价/元					合价/元				
				人工费	材料费	机械费	企业管理费	利润	人工费	材料费	机械费	企业管理费	利润

人工单价		小计				
元/工日		未计价材料费				
清单项目综合单价						

材料费明细	主要材料名称、规格、型号	单位	数量	单价/元	合价/元	暂估单价/元	暂估合价/元
	其他材料费						
	材料费小计						

4. 按照背景资料（5）中的相关数据列式计算中压管道 DN150 管道安装清单项目综

合单价对应的含增值税综合单价，以及承包商应承担的增值税应纳税额（单价）。

（计算结果保留两位小数）

试题二背景资料：

某公路工程的毛石护坡砌筑工程，定额测定资料如下：

1. 完成 1 m³ 毛石护坡的基本工作时间为 6.6 h。

2. 辅助工作时间、准备与结束时间、不可避免中断时间和休息时间分别占毛石砌体工作延续时间的 3%、2%、2% 和 16%。普工、一般技工普工、一般技工、高级技工的工日消耗比例测定为 2：7：1。

3. 每 10 m³ 毛石砌体需要 M5 水泥砂浆 3.93 m³，毛石 11.22 m，水 0.79 m³。

4. 每 10 m³ 毛石砌体需要 200 L 砂浆搅拌机 0.66 台班。

5. 该地区有关资源的现行价格如下：

人工工日单价：普工 60 元/工日、一般技工 80 元工日、高级技工 110 元工日；M5 水泥砂浆单价：120 元/m³；毛石单价：58 元/m³；水单价：4 元/m³；200 L 砂浆搅拌机台班单价：88.50 元/台班。

问题：

1. 确定砌筑每立方米毛石护坡的人工时间定额和产量定额；

2. 若预算定额的其他用工占基本用工的 12%，试编制该分项工程的预算定额单价。

3. 若毛石护坡砌筑砂浆设计变更为 M10 水泥砂浆。该砂浆现行单价 140 元/m³，定额消耗量不变，应如何换算毛石护坡的定额单价？换算后的新单价是多少？

（计算结果均保留两位小数）

【答案】

试题一

1. 管道工程量及阀门工程量计算：

（1）管道工程量：

① 低压碳钢管 $D89 \times 4$：$[(1.2 - 0.12) \times 2]m = 2.16\ m$。

② 低压碳钢管 $D159 \times 5$：$[(1.2 - 0.12) \times 2]m = 2.16\ m$。

③ 低压碳钢管 $D219 \times 6$：$[(4.7 - 1.5)m \times 2 + (1.5 + 0.3 + 0.3)m \times 2 + (0.85 \times 2 + 1.2 \times 3)]m = 15.90\ m$。

④ 中压碳钢管 $D89 \times 6$：$[(0.3 + 2.9 + 1.2 - 0.12) \times 2 + (4.7 - 1.5) \times 2 + (0.3 + 0.3 + 1.2) + 0.3 + 2.4 + 0.85 + 1.2]m = 21.51\ m$。

⑤ 中压碳钢管 $D159 \times 8.5$：$[(1.2 - 0.12) \times 2 + (0.75 + 1.5 + 0.75) + (2.4 + 0.85 + 1.2) \times 2]m = 14.06\ m$。

⑥ 中压碳钢管 $D219 \times 9$：$(0.75 \times 4 + 1.5 + 0.3 + 0.4)m = 5.20\ m$。

（2）阀门工程量：

① 低压法兰阀门安装 J41H – 16 截止阀 $D89 \times 4$：2 个。

② 低压法兰阀门安装 J41H – 16 截止阀 $D159 \times 5$：2 个。

③ 低压法兰阀门安装 J41H – 16 截止阀 $D219 \times 6$：2 个。

④ 中压法兰阀门安装 J41H – 40 截止阀 $D89 \times 6$：4 个。

⑤ 中压法兰阀门安装 J41H − 40 截止阀 $D159 \times 8.5$：3 个。

⑥ 中压法兰阀门安装 H41H − 40 止回阀 $D89 \times 6$：2 个。

⑦ 中压法兰阀门安装 H4IH − 40 止回阀 $D159 \times 8.5$：2 个。

2. 分部分项工程和单价措施项目清单与计价表见下表。

分部分项工程和单价措施项目清单与计价表

工程名称：成品油泵管道系统　　　　　　　　　　　标段：部分管道、阀门安装项目

序号	项目编码	项目名称	项目特征描述	计量单位	工程量	金额/元		
						综合单价	合价	其中：暂估价
1	030801001001	低压碳钢管	$D89 \times 4$；20 号无缝钢管；电弧焊；水冲洗	m	2.16			
2	030801001002	低压碳钢管	$D159 \times 5$；20 号无缝钢管；电弧焊；液压试验；水冲洗	m	2.16			
3	030801001003	低压碳钢管	$D219 \times 6$；20 号无缝钢管；电弧焊；液压试验；水冲洗	m	15.9			
4	030802001001	中压碳钢管	$D89 \times 6$；20 号无缝钢管；氩电联焊；液压试验；水冲洗	m	9.75			
5	030802001002	中压碳钢管	$D159 \times 8.5$；20 号无缝钢管；氩电联焊；液压试验；水冲洗	m	14.06			
6	030802001003	中压碳钢管	$D219 \times 9$；20 号无缝钢管；氩电联焊；液压试验；水冲洗	m	5.2			
7	030807003001	低压法兰阀门	$D89 \times 4$；J41H − 16 截止阀	个	2			
8	030807003002	低压法兰阀门	$D159 \times 5$；J41H − 16 截止阀	个	2			
9	030807003003	低压法兰阀门	$D219 \times 6$；J41H − 16 截止阀	个	2			
10	030808003001	中压法兰阀门	$D89 \times 6$；J41H − 40 截止阀	个	4			
11	030808003002	中压法兰阀门	$D159 \times 8.5$；J41H − 40 截止阀	个	3			
12	030808003003	中压法兰阀门	$D89 \times 6$；H41H − 40 止回阀	个	2			
13	030808003004	中压法兰阀门	$D159 \times 8.5$；H41H − 40 止回阀	个	2			

3. 综合单价分析表见下表。

综合单价分析表

工程名称：成品油泵房管道系统　　　　　　　　　　标段：部分管道、阀门安装项目

综合单价分析表			
项目编码	项目名称	计量单位	工程量
030802001002	中压碳钢管	m	14.06

清单综合单价组成明细									
定额编码	定额名称	定额单位	数量	人工费	材料费	机械费	管理费	利润	风险费
8—1—463	中压碳钢管（氩电联焊）DN150	10 m	0.1	25.259	18.00	22.00	15.156	10.104	0
8—5—3	低压管道液压试验 DN200 以内	100 m	0.01	5.66	1.60	1.20	3.396	2.264	0
8—5—53	管送水冲洗 DN200 以内	100 m	0.01	3.40	5.80	0.8	2.04	1.360	0
人工单价		小计		34.319	25.4	24.00	20.592	13.728	
		未计价材料		$0.8845 \times 32 \times 4.5 = 127.368$（耗量 0.8845 m，埋深重量 32 kg/m，单位 4.5 元/kg）					
综合单价				245.41					

4.（1）根据已知条件计算进项抵扣额：

① 人工费：38 元。

② 材料费：

进项税：30 元×17% = 5.1 元。

材料费（含税）：（30 + 5.1）元 = 35.1 元。

③ 机械费：

进项税：25 元×15% = 3.75 元。

机械费（含税）：（25 + 3.75）元 = 28.75 元。

④ 管理费及利润：

进项税：38×100%×5% 元 = 1.9 元。

管理费及利润（含税）：（38 + 1.9）= 39.9 元。

⑤ 总抵扣：（5.1 + 3.75 + 1.9）元 = 10.75 元。

（2）含税单价：（38 + 30 + 25 + 38 + 10.75）元 = 141.75 元。

（3）建筑安装企业增值税9%，141.75 元×9% 元 = 12.76 元。

（4）实际抵扣含税价：（12.76 − 10.75）元 = 2.01 元。

试题二

1. 确定砌筑每立方米毛石护坡的人工时间定额和产量定额：

（1）人工时间定额的确定：

假定砌筑每立方米毛石护坡的定额时间为 X，则

$$X = 6.6 + (3\% + 2\% + 2\% + 16\%)X$$

解得：$X = \dfrac{6.6}{1 - 23\%}$工时 = 8.57 工时

每工日按 8 工时计算，则

砌筑毛石护坡的人工时间定额 $= \dfrac{X}{8}$工日/m^3 $= \dfrac{8.57}{8}$工日/m^3 = 1.07 工日/m^3

（2）砌筑毛石护坡的人工产量定额 $= \dfrac{1}{1.07}$$m^3$/工日 = 0.93 工日/$m^3$。

2.（1）预算定额的人工消耗指标 = 1.07×(1 + 12%)×10 工日/10 m^3 = 11.98 工日/10 m^3。

（2）预算人工费 $= 11.98 \times (0.2 \times 60 + 0.7 \times 80 + 0.1 \times 110)$ 元/10 m³ $= 946.42$ 元/10 m³。

（3）根据背景资料，计算材料费和施工机具使用费：

① 预算材料费 $= (3.93 \times 120 + 11.22 \times 58 + 0.79 \times 4)$ 元/10 m³ $= 1125.52$ 元/10 m³。

② 施工机具使用费 $= 0.66 \times 88.50$ 元/10 m³ $= 58.41$ 元/10 m³。

（4）该分项工程预算定额单价 $= (946.42 + 1125.52 + 58.41)$ 元/10 m³ $= 2130.35$ 元/10 m³。

3. 若毛石护坡砌筑砂浆设计变更为 M10 水泥砂浆后，换算定额单价的计算公式为

M10 水泥砂浆砌筑毛石护坡单价 = M5 毛石护坡单价 + 砂浆定额消耗量（M10 单价 − M5 单价）$= [2130.35 + 3.93 \times (140 - 120)]$ 元/10 m³ $= 2208.95$ 元/10 m³

第二节　工程量清单计价

☞ 考点　工程量清单计价★★★

【考情分析】

　　工程量清单编制是工程造价案例分析考试中的重点内容，试题是根据《建筑安装工程费用组成》《建设工程工程量清单计价规范》的相关规定为计价依据，结合工程实际进行清单计价计算。

一、工程计价

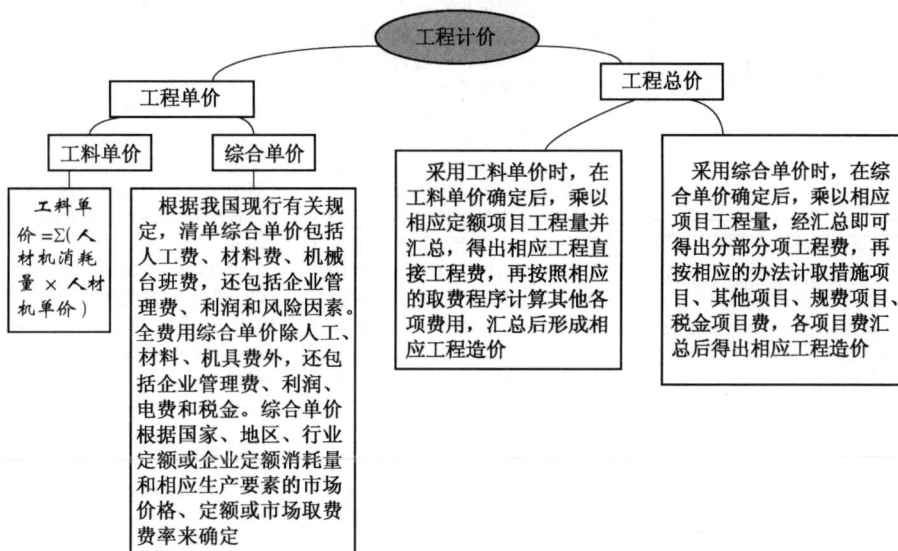

二、工程量清单计价规定

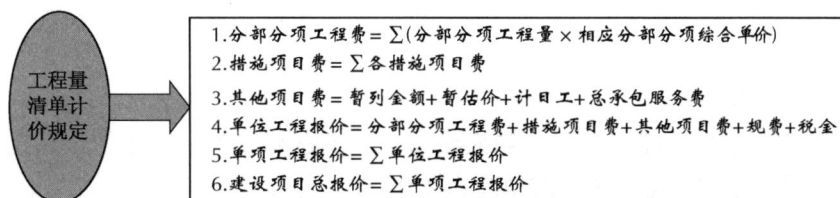

1. 分部分项工程费 = ∑（分部分项工程量 × 相应分部分项综合单价）
2. 措施项目费 = ∑各措施项目费
3. 其他项目费 = 暂列金额 + 暂估价 + 计日工 + 总承包服务费
4. 单位工程报价 = 分部分项工程费 + 措施项目费 + 其他项目费 + 规费 + 税金
5. 单项工程报价 = ∑单位工程报价
6. 建设项目总报价 = ∑单项工程报价

三、分部分项工程项目清单的编制

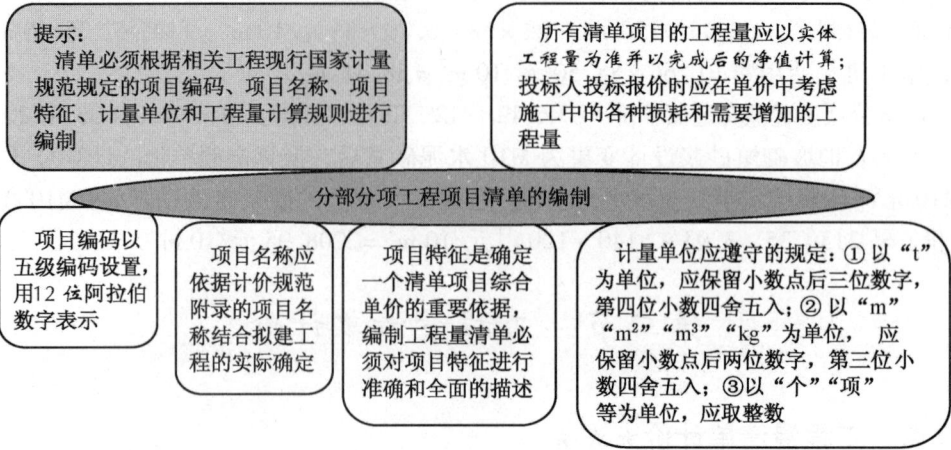

> **提示：**
> 清单必须根据相关工程现行国家计量规范规定的项目编码、项目名称、项目特征、计量单位和工程量计算规则进行编制

> 所有清单项目的工程量应以实体工程量为准并以完成后的净值计算；投标人投标报价时应在单价中考虑施工中的各种损耗和需要增加的工程量

分部分项工程项目清单的编制

> 项目编码以五级编码设置，用12位阿拉伯数字表示

> 项目名称应依据计价规范附录的项目名称结合拟建工程的实际确定

> 项目特征是确定一个清单项目综合单价的重要依据，编制工程量清单必须对项目特征进行准确和全面的描述

> 计量单位应遵守的规定：① 以"t"为单位，应保留小数点后三位数字，第四位小数四舍五入；② 以"m""m²""m³""kg"为单位，应保留小数点后两位数字，第三位小数四舍五入；③ 以"个""项"等为单位，应取整数

四、措施项目清单、其他项目清单及规费、税金项目清单的编制

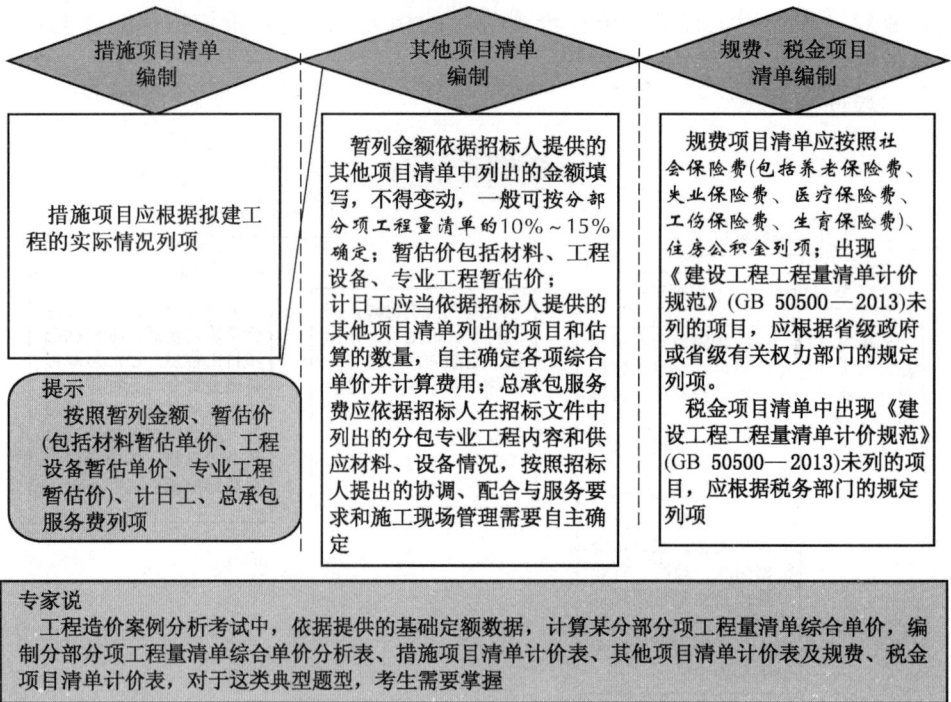

措施项目清单编制 | **其他项目清单编制** | **规费、税金项目清单编制**

> 措施项目应根据拟建工程的实际情况列项

> **提示**
> 按照暂列金额、暂估价（包括材料暂估单价、工程设备暂估单价、专业工程暂估价）、计日工、总承包服务费列项

> 暂列金额依据招标人提供的其他项目清单中列出的金额填写，不得变动，一般可按分部分项工程量清单的10%～15%确定；暂估价包括材料、工程设备、专业工程暂估价；计日工应当依据招标人提供的其他项目清单列出的项目和估算的数量，自主确定各项综合单价并计算费用；总承包服务费应依据招标人在招标文件中列出的分包专业工程内容和供应材料、设备情况，按照招标人提出的协调、配合与服务要求和施工现场管理需要自主确定

> 规费项目清单应按照社会保险费（包括养老保险费、失业保险费、医疗保险费、工伤保险费、生育保险费）、住房公积金列项；出现《建设工程工程量清单计价规范》(GB 50500—2013)未列的项目，应根据省级政府或省级有关权力部门的规定列项。
> 税金项目清单中出现《建设工程工程量清单计价规范》(GB 50500—2013)未列的项目，应根据税务部门的规定列项

> **专家说**
> 工程造价案例分析考试中，依据提供的基础定额数据，计算某分部分项工程量清单综合单价，编制分部分项工程量清单综合单价分析表、措施项目清单计价表、其他项目清单计价表及规费、税金项目清单计价表，对于这类典型题型，考生需要掌握

【真题回顾】

（2017 年真题）背景资料：

工程数据资料如下：

（1）某配电房电气平面图、配电箱系统图、设备材料表如下所示。该建筑物为单层平屋面砖、混凝土结构，建筑物室内净高为 4.00 m。

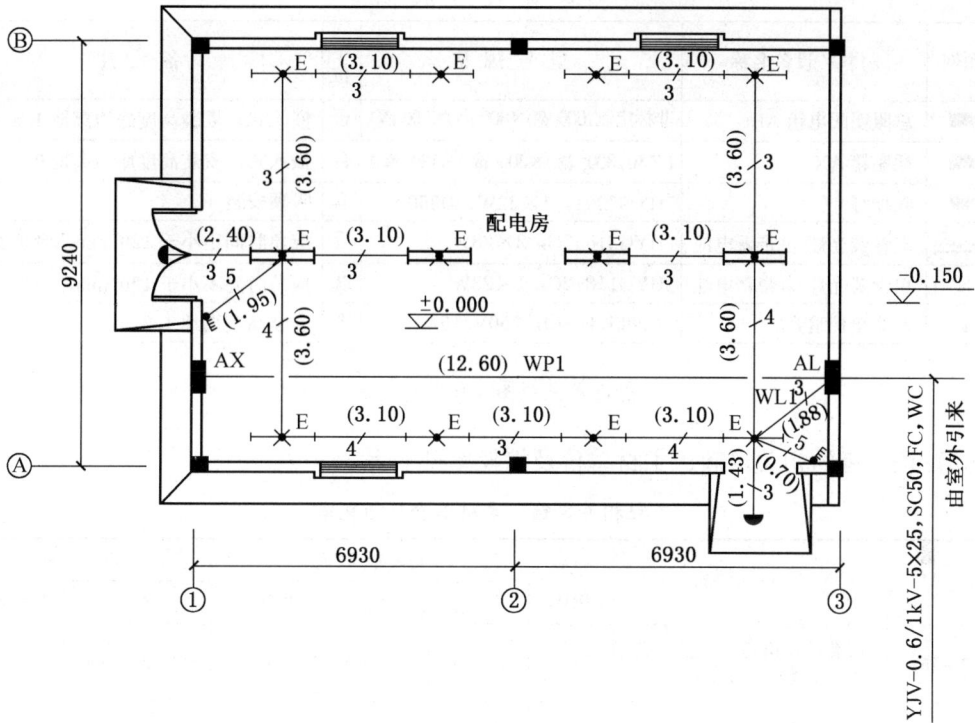

配电房电气平面图

图中括号内数字表示线路水平长度，配管进入地面或顶板内深度均按 0.05 m，穿管规格：BV2.5 导线穿 3~5 根均采用刚性阻燃管 PC20，其余按系统图。

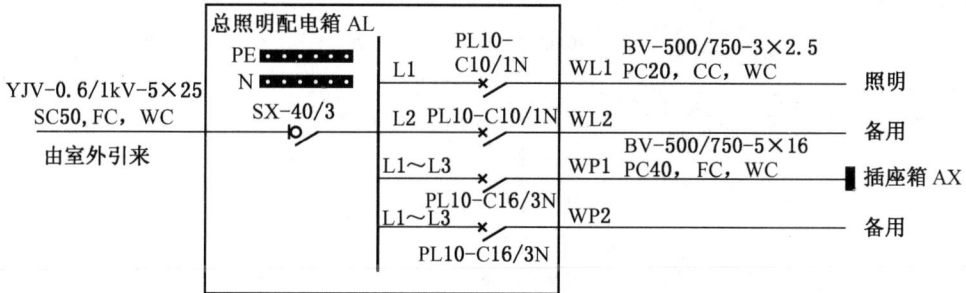

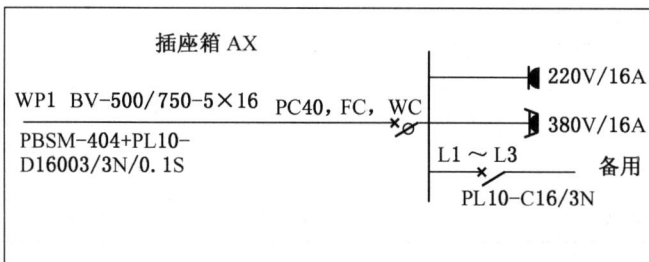

设备材料表

序号	图例	材料/设备名称	型号规格	单位	备注
1	■	总照明配电箱 AL	非标定制,600(宽)×800(高)×200(深)	台	嵌入式,安装高度底边离地 1.5 m
2	■	插座箱 AX	PZ30,300(宽)×300(高)×120(深)	台	嵌入式,安装高度底边离地 0.5 m
3	▬	吸顶灯	HYG7001,1×32W,D350	套	吸顶安装
4	├─×─┤E	双管荧光灯 自带蓄电池	HYG218-2C,2×28W	套	应急时间不小于 120 min,吸顶安装
5	├─×─┤E	单管荧光灯 自带蓄电池	HYG118-2C,1×28W	套	应急时间不小于 120 min,吸顶安装
6	✎	四联单控暗开关	AP86K41-10,250V/10A	个	安装高度离地 1.3 m

配电箱系统图　设备材料表

（2）该工程的相关定额、主材单价及损耗率见下表。

工程相关定额、主材单价及损耗率

定额编号	项目名称	定额单位	安装基价/元			主材	
			人工费	材料费	机械费	单价	损耗率/%
4-2-76	成套插座箱安装　嵌入式 半周长≤1.0 m	台	102.30	34.40	0	500.00 元/台	
4-2-77	成套配电箱安装　嵌入式 半周长≤1.5 m	台	131.50	37.90	0	4000.00 元/台	
4-1-14	无端子外部接线 导线截面≤2.5 mm²	个	1.20	1.44	0		
4-4-26	压铜接线端子 导线截面≤16 mm²	个	2.50	3.87	0		
4-12-133	砖、混凝土结构暗配 刚性阻燃管 PC20	10 m	54.00	5.20	0	2.00 元/m	6
4-12-137	砖、混凝土结构构暗配 刚性阻燃管 PC40	10 m	66.60	14.30	0	5.00 元/m	6
4-13-5	管内穿照明线　铜芯 导线截面≤2.5 mm²	10 m	8.10	1.50	0	1.80 元/m	16
4-13-28	管内穿动力线　铜芯 导线截面≤16 mm²	10 m	8.10	1.80	0	11.50 元/m	5
4-14-2	吸顶灯具安装 灯罩周长≤1100 mm	套	13.80	1.90	0	100.00 元/套	1
4-14-204	荧光灯具安装 吸顶式　单管	套	13.90	1.50	0	120.00 元/套	1
4-14-205	荧光灯具安装 吸顶式　双管	套	17.50	1.50	0	180.00 元/套	1
4-14-380	四联单控暗开关安装	个	7.00	0.80	0	15.00 元/个	2

注：表内费用均不包含增值税可抵扣进项税额。

（3）该工程的人工费单价（综合普工、一般技工和高级技工）为100元/工日，管理费和利润分别按人工费的40%和20%计算。

（4）相关分部分项工程量清单项目编码及项目名称见下表。

相关分部分项工程量清单项目编码及项目名称

项目编码	项目名称	项目编码	项目名称
030404017	配电箱	030411001	配管
030404018	插座箱	030411004	配线
030404034	照明开关	030412005	荧光灯
030404031	小电器	030412001	普通灯具

问题：

1. 按照背景资料（1）~（4）和背景资料中的某配电房电气平面图、配电箱系统图所示内容，根据《建设工程工程量清单计价规范》（GB 50500—2013）和《通用安装工程工程量计算规范》（GB 50856—2013）的规定，计算各分部分项工程量，并将配管（PC20、PC40）和配线（BV2.5、BV16）的工程量计算式与结果填写在指定位置（见下表）；计算各分部分项工程的综合单价与合价，编制完成"分部分项工程和单价措施项目清单与计价表"。（答题时不考虑总照明配电箱的进线管道和电缆，不考虑开关盒和灯头盒）

工 程 量 计 算 表

序 号	项目编码	项目名称	计量单位	计算式	工程量

分部分项工程和单价措施项目清单与计价表

工程名称：配电房　　　　　　　　　　　　　　　　　　　　　　标段：电气工程

序号	项目编码	项目名称	项目特征描述	计量单位	工程量	金额/元		
						综合单价	合价	其中：暂估价

2. 设定该工程"总照明配电箱 AL"的清单工程量为 1 台，其余条件均不变，根据背景资料（2）中的相关数据，编制完成"综合单价分析表"。（计算结果保留两位小数）

综合单价分析表

工程名称：配电房　　　　　　　　　　　　　　　　　　　　　　　　标段：电气工程

项目编码		项目名称				计量单位			工程量	

清单综合单价组成明细

定额编号	定额名称	定额单位	数量	单价/元					合价/元				
				人工费	材料费	机械费	企业管理费	利润	人工费	材料费	机械费	企业管理费	利润
人工单价			小计										
元/工日			未计价材料费										
清单项目综合单价													

材料费明细	主要材料名称、规格、型号	单位	数量	单价/元	合价/元	暂估单价/元	暂估合价/元
	其他材料费						
	材料费小计						

【答案】

问题 1：

（1）填写工程量计算表，见下表。

工程量计算表

序号	项目编码	项目名称	计量单位	计算式	工程量
1	030404017001	配电箱 AL	台	1	1
2	030404018001	插座箱 AX	台	1	1
3	030411001001	WL1 刚性阻燃管沿砖、混凝土结构暗配 PC20	m	水平：$1.88+0.7+1.43+3.1\times7+4\times3.6+1.95+2.4=44.46$ 垂直：$4-1.5-0.8+0.05+(4-1.3+0.05)\times2=7.25$ 合计：$44.46+7.25=51.71$	51.71
4	030411001002	WP1 刚性阻燃管沿砖、混凝土结构暗配 PC40	m	$12.6+1.5+0.5+0.05\times2=14.70$	14.70

序号	项目编码	项目名称	计量单位	计 算 式	工程量
5	030411004001	WL1 管内穿铜线 BV2.5 mm^2	m	$(1.88+0.6+0.8+4-1.5-0.8+1.43+3.6+2.4+3.1\times5+3.6+0.05)\times3+(3.6\times2+3.1\times2)\times4+(0.7+4-1.3+0.05+1.95+4-1.3+0.05)\times5=189.03$	189.03
6	030411004002	WP1 管内穿铜线 BV16 mm^2	m	$(14.7+0.6+0.8+0.3+0.3)\times5=83.50$	83.50
7	030404034001	四联单控暗开关	个	2	2
8	030412005001	单管荧光灯	套	8	8
9	030412005002	双管荧光灯	套	4	4
10	030412001001	吸顶灯	套	2	2

（2）填写分部分项工程和单价措施项目清单与计价表，见下表。

分部分项工程和单价措施项目清单与计价表

序号	项目编码	项目名称	项目特征描述	计量单位	工程量	金额/元		
						综合单位	合价	暂估价
1	030404017001	配电箱	（1）总照明配电箱 AL （2）非标定制，600 mm × 800 mm × 300 mm（宽×高×厚） （3）嵌入式安装，底边距地 1.5 m （4）无端子外部接线 2.5 mm^2 3 个 （5）压铜接线端子 16 mm^2 5 个	台	1.00	4297.73	4297.73	
2	030404018001	插座箱	（1）插座箱 AX （2）300 mm×300 mm×120 mm（宽×高×厚） （3）嵌入式安装，底边距地 0.5 m	台	1.00	698.08	698.08	
3	030404034001	照明开关	（1）四联单控暗开关 250 V/10 A （2）底边距地 1.3 m 安装	个	2.00	27.30	54.60	
4	030411001001	配管	刚性阻燃管 PC20 砖、混凝土结构暗配 CC、WC	m	51.71	11.28	583.29	
5	030411001002	配管	刚性阻燃管 PC40 砖、混凝土结构暗配 FC、WC	m	14.70	17.39	255.63	

序号	项目编码	项目名称	项目特征描述	计量单位	工程量	金额/元		
						综合单位	合价	暂估价
6	030411004001	配线	管内穿线 BV2.5 mm²	m	189.03	3.53	667.28	
7	030411004002	配线	管内穿线 BV16 mm²	m	83.50	13.55	1131.43	
8	030412001001	普通灯具	吸顶灯 1×32 W	套	2.00	124.98	249.96	
9	030412005001	荧光灯	(1) 单管荧光灯, 自带蓄电池 1×28 W (2) 应急时间不小于 120 min, 吸顶安装	套	8.00	144.94	1159.52	
10	030412005002	荧光灯	(1) 双管荧光灯, 自带蓄电池 2×28 W (2) 应急时间不小于 120 min, 吸顶安装	套	4.00	211.30	845.20	
		合计					9942.72	

综合单价及合价的计算过程如下:

① 配电箱 (含压铜接线端子、无端子外部接线): [131.5 + 37.9 + 131.5 × (40% + 20%) + 4000 + 5 × (2.5 + 3.87 + 2.5 × 60%)] 元 + 3 × (1.2 + 1.44 + 1.2 × 60%) 元 = 4297.73 元

② 插座箱: [102.3 + 34.4 + 500 + 102.3 × (40% + 20%)] 元 = 698.08 元

③ 电气配管 PC20: 51.71 × (5.4 + 0.52 + 1.06 × 2 + 5.4 × 60%) 元 = 51.71 × 11.28 元 = 583.29 元

④ 电气配管 PC40: 14.70 × (6.66 + 1.43 + 1.06 × 5 + 6.66 × 60%) 元 = 14.70 × 17.39 元 = 255.63 元

⑤ 管内敷设 BV2.5 mm² 电气配线: 189.03 × (0.81 + 0.15 + 1.16 × 1.8 + 0.81 × 60%) 元 = 189.03 × 3.53 元 = 667.28 元

⑥ 管内敷设 BV16 mm² 电气配线: 83.5 × (0.81 + 0.18 + 1.05 × 11.5 + 0.81 × 60%) 元 = 83.5 × 13.55 元 = 1131.43 元

⑦ 照明开关: 2 × (7 + 0.8 + 1.02 × 15 + 7 × 60%) 元 = 2 × 27.30 元 = 54.6 元

⑧ 单管荧光灯: 8 × (13.9 + 1.5 + 1.01 × 120 + 13.9 × 60%) 元 = 8 × 144.94 元 = 1159.52 元

⑨ 双管荧光灯: 4 × (17.5 + 1.5 + 1.01 × 180 + 17.5 × 60%) 元 = 4 × 211.30 元 = 845.20 元

⑩ 吸顶灯: 2 × (13.8 + 1.9 + 1.01 × 100 + 13.8 × 60%) 元 = 2 × 124.98 元 = 249.96 元

问题 2:

填写综合单价分析表, 见下表。

综合单价分析表

项目编码	030404017001	项目名称	总照明配电箱 AL	计量单位	台	工程量	1.00

清单综合单价组成明细

定额编号	定额名称	定额单位	数量	单价				合价			
				人工费	材料费	机械费	管理费和利润	人工费	材料费	机械费	管理费和利润
4-2-77	成套配电箱安装嵌入式半周长≤1.5 m	台	1.00	131.50	37.90	0	78.90	131.50	37.90	0	78.90
4-1-14	无端子外部接线导线截面≤2.5 mm²	个	3.00	1.20	1.44	0	0.72	3.60	4.32	0	2.16
4-4-26	压铜接线端子导线截面≤16 mm²	个	5.00	2.50	3.87	0	1.50	12.50	19.35	0	7.50
人工日工资单价	小计							147.60	61.57	0	88.56
100 元/工日	未计价材料费							4000.00			
清单项目综合单价/元								4297.73			

材料费明细	主要材料名称、规格、型号	单位	数量	单价	合价	暂估单价/元	暂估合价/元
	总照明配电箱 AL	台	1.00	4000.00	4000.00		
	其他材料费			—	61.57	—	
	材料费小计				4061.57		

【解析】

1. 本案例问题 1 根据《建设工程工程量清单计价规范》《通用安装工程工程量计算规范》的规定及背景资料中所提供的相关数据信息进行工程计算表、分部分项工程和单价措施项目清单与计价表的编制。

2. 本案例问题 2 中，综合单价的计算基础包括综合单价分析表中的数量一栏（清单单位含量）、消耗指标和生产要素单价。在案例分析题考试中，题目背景资料中会给出相关数据供考生计算。综合单价分析表的编制应反映分部分项工程和单价措施项目清单与计价表中综合单价的编制过程，然后按照相关规定的格式进行编制。

冲刺训练

试题一背景资料：

某工程采用工程量清单招标。按工程所在地的计价依据规定，措施费和规费均以分部分项工程费中人工费（已包含管理费和利润）为计算基础，经计算该工程分部分项工程费总计为 6300000 元，其中人工费为 1260000 元。其他有关工程造价方面的背景材料如下：

（1）条形砖基础工程量为 160 m³，基础深 3 m，采用 M5 水泥砂浆砌筑，多孔砖的规格为 240 mm×115 mm×90 mm。实心砖内墙工程量为 1200 m³，采用 M5 混合砂浆砌筑，蒸压灰砂砖规格为 240 mm×115 mm×53 mm，墙厚 240 mm。现浇钢筋混凝土矩形梁模板及支架工程量为 420 m²，支模高度为 2.6 m。现浇钢筋混凝土有梁板模板及支架工程量为 800 m²，梁截面为 250 mm×400 mm，梁底支模高度为 2.6 m，板底支模高度为 3 m。

（2）安全文明施工费费率为 25%，夜间施工费费率为 2%，二次搬运费费率为 1.5%，冬、雨期施工费费率为 1%。按合理的施工组织设计，该工程需大型机械进出场及安拆费为 26000 元，施工排水费为 2400 元，施工降水费为 22000 元，垂直运输费为 120000 元，脚手架费为 166000 元。以上各项费用中已包含管理费和利润。

（3）招标文件中载明，该工程暂列金额为 330000 元，材料暂估价为 100000 元，计日工费用为 20000 元，总承包服务费为 20000 元。

（4）社会保障费中养老保险费费率为 16%，失业保险费费率为 2%，医疗保险费费率为 6%，住房公积金费率为 6%，危险作业意外伤害保险费费率为 0.48%，以上单价和费用中均不含增值税可抵扣进项税，增值税税率为 9%。

问题：

依据《建设工程工程量清单计价规范》（GB 50500—2013）的规定，结合工程背景资料及所在地计价依据的规定，编制招标控制价。

1. 编制砖基础和实心砖内墙的分部分项清单及计价，填入"分部分项工程量清单与计价表"中。项目编码：砖基础 010401001，实心砖墙 010401003。综合单价：砖基础为 240.18 元/m³，实心砖内墙为 249.11 元/m³。

分部分项工程量清单与计价表

项目编码	项目名称	项目特征描述	计量单位	工程量	金额/元	
					综合单价	合 价

2. 编制工程措施项目清单及计价，填入"工程措施项目清单与计价表（一）"和"工程措施项目清单与计价表（二）"中。补充的现浇钢筋混凝土模板及支架项目编码：梁模板及支架 AB001，有梁板模板及支架 AB002。综合单价：梁模板及支架为 25.60 元/m²，有梁板模板及支架为 23.20 元/m²。

工程措施项目清单与计价表（一）

序　号	项目名称	计算基础	费率(%)	金额/元
合　计				

注：本表适用于以"项"计价的措施项目。

工程措施项目清单与计价表（二）

序号	项目编码	项目名称	项目特征描述	计量单位	工程量	金额/元	
						综合单价	合价
合　计							

注：本表适用于以综合单价计价的措施项目。

3. 编制工程其他项目清单及计价表，填入"其他项目清单与计价表"中。

其他项目清单与计价表

序　号	项目名称	计量单位	金额/元
合　计			

4. 编制工程规费和税金项目清单及计价，填入"规费、税金项目清单与计价表"中。

规费、税金项目清单与计价表

序　号	项目名称	计算基础	费率/%	金额/元
合　计				

5. 编制工程招标控制价汇总表及计价，根据以上计算结果，计算该工程的招标控制价，填入"单位工程招标控制价汇总表"中。

单位工程招标控制价汇总表

序　号	项目名称	金额/元
合　计		

（以上计算结果均保留两位小数）

试题二背景资料：

1. 某聚乙烯装置中的联合平台金属结构制作安装工程（工程量清单统一项目编码为030307001），工程内容包括制作安装和刷油。工程按以下数据及要求进行招标和投标。

（1）金属结构设计总重100 t，其中钢板重35 t、型钢重45 t、钢格栅板重20 t。型钢中有20 t为工字型钢，需要钢板制作。

（2）相关材料价格为钢板4300 元/t、型钢4700 元/t、钢格栅板8000 元/t。

（3）下表为某投标企业相关定额。

某投标企业相关定额

序号	定额编号	项目名称	单位	制作安装费/元			主材用量
				人工费	材料费	机械费	
1	5—2216	工字型钢制作	t	791.55	543.02	1089.55	1.06
2	5—2138	金属结构制作安装	t	1015.2	383.02	4083.61	1.06
3	11—002	除锈及刷油	t	750.80	593.70	255.50	

（4）管理费、利润分别按人工费的45%、35%计取；措施费用按分部分项工程费用中的人工费、材料费、机械费之和（不含主材费）的8%计取，其中人工费用占15%；规费部分按分部分项工程和措施项目两项费用之和的25%计取；税金按税前造价的9%计取；其他项目费用不予考虑。

2. 某水处理厂加药间工艺安装图如下图所示。工程量清单统一项目编码，见下表。

1	杀菌剂罐进水管	φ33.5×3.25	▽-0.350
2	杀菌剂罐出药管	DN40	▽-0.500
3	杀菌剂罐出药管	DN40	▽-0.500
4	杀菌剂罐进水管	DN40	▽-0.500
5	助滤剂罐进药管	φ33.5×3.25	▽-0.350
6	助滤剂罐出药管	DN40	▽-0.500
7	清洗剂罐进水管	φ33.5×3.25	▽-0.350
8	清洗剂罐出药管	DN40	▽-0.200
9	混凝剂罐进药管	φ42×3.5	▽-0.350
10	混凝剂罐出药管	DN40	▽-0.500
11	混凝剂罐出药管	DN40	▽-0.500
12	进水管	φ48×3.5	▽-2.500

设备材料表

编号	名称型号及规格		单位
①	混凝剂罐	LXJY-S-7000-1111/1.0	套
②	清洗剂罐	LXJY-S-3000-167/1.0	套
③	助滤剂罐	LXJY-S-3000-167/1.0	套
④	杀菌剂罐	LXJY-S-2000-1111/1.0	套
⑤	截止阀	J41W-16 DN32	个
⑥	截止阀	J41W-16 DN32	个
⑦	截止阀	J41W-16 DN25	个
⑧	胶管阀	JG41X-10 DN40	个
⑨	胶管阀	JG41X-10 DN25	个
⑩	钢制大小头	DN40×32	个

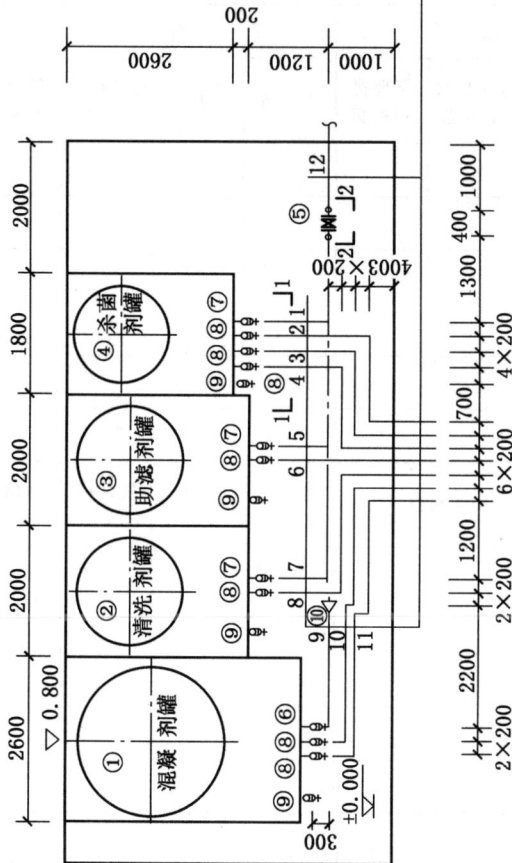

说明：图示为某水处理厂加药间低压工艺
管道，图中尺寸标注标高以m计，其
余均以mm计。
2. 出药管道采用内衬聚四氟乙烯无缝
钢管，管道连接采用活接头连接。进
水管采用普通无缝钢管，管件采用定
型焊接管件，均为电弧焊接。
3. 管道与加药装置连接采用法兰连接，
阀门距安装为200mm。
4. 管道安装完毕后，采用水压试验，
试验合格后先用碱水冲洗，再用清水
冲洗。
5. 地上管道外壁喷砂除锈，氯磺化底
漆两遍、面漆两遍，埋地管道外壁机
械除锈、沥青加强级防腐。

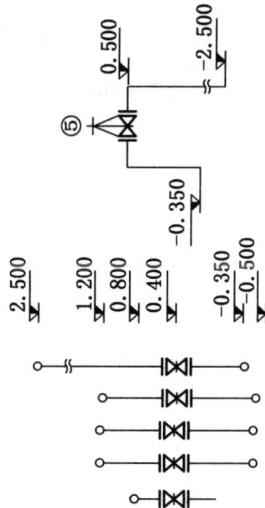

平面图

1-1

2-2

某水处理厂加药间工艺安装图

工程量清单统一项目编码

项目编码	项目名称	项目编码	项目名称
030801001	低压碳钢管	030807003	低压法兰阀门

问题：

1. 根据背景资料 1 给出的数据，按《建设工程工程量清单计价规范》（GB 50500—2013）的相关规定回答以下问题：

（1）依据所给企业定额及相关材料价格计算该金属结构的综合单价，将计算结果填入"工程量清单综合单价分析表"中。

工程量清单综合单价分析表

工程名称：聚乙烯装置　　　　　　　　　　　　　　标段：联合平台金属结构制作安装工程

项目编码		项目名称		计量单位		工程量	

清单综合单价组成明细

定额编号	定额名称	定额单位	数量	单价/元				合价/元			
				人工费	材料费	施工机具使用费	管理费和利润	人工费	材料费	施工机具使用费	管理费和利润
人工单价			小计								
元/工日			未计价材料费								
清单项目综合单价											

	主要材料名称、规格、型号	单位	数量	单价/元	合价/元	暂估单价/元	暂估合价/元
材料费明细							
	其他材料费						
	材料费小计						

（2）假设该工程联合平台制作安装的综合单价为 15000 元/t，制作安装费中的人工费、材料费和机械费分别占综合单价的 15%、10% 和 30%，其余条件不变，计算该金属结构制作安装工程的投标报价，将计算结果填入"单位工程投标报价汇总表"中。

单位工程投标报价汇总表

工程名称：聚乙烯装置　　　　　　　　　　　　　标段：联合平台金属结构制作安装工程

序　号	汇总内容	金额/元	其中：暂估价/元

2. 根据背景资料中的安装图计算 $\phi 48 \times 3.5$ 进水管、DN40 出药管的工程量和 DN40 出药管上的法兰工程量（计算范围以图示边框为界，管道与设备连接处按设备外框线考虑），并列出工程量计算式，编制 DN40 出药管安装和所有阀门安装的分部分项工程量清单项目，并将相关数据内容填入"分部分项工程量清单及计价表"中（不计算计价部分）。

分部分项工程量清单及计价表

序号	项目编码	项目名称	项目特征描述	计量单位	工程量	金额/元		
						综合单价	合价	其中：暂估价

（金额保留两位小数，其余保留三位小数）

【答案】

试题一

1. 编制分部分项工程量清单与计价表，见下表。

分部分项工程量清单与计价表

项目编码	项目名称	项目特征描述	计量单位	工程量	金额/元	
					综合单价	合价
010401001001	砖基础	M5 水泥砂浆砌筑多孔砖条形基础,砖规格为 240 mm×115 mm×90 mm,基础深度为 3 m	m³	160	240.18	38428.80
010401003001	实心砖内墙	M5 混合砂浆砌筑蒸压灰砂砖墙,砖规格为 240 mm×115 mm×53 mm,墙厚 240 mm	m³	1200	249.11	298932.00
合　　计						337360.80

2. 填写工程措施项目清单与计价表,见下表。

工程措施项目清单与计价表(一)

序　号	项目名称	计算基础/元	费率/%	金额/元
1	安全文明施工费		25	315000.00
2	夜间施工费		2	25200.00
3	二次搬运费	1260000	1.5	18900.00
4	冬雨期施工费		1	12600.00
5	大型机械进出场及安拆费			26000.00
6	施工排水费			2400.00
7	施工降水费			22000.00
8	垂直运输费			120000.00
9	脚手架费			166000.00
合　　计				708100.00

注:本表适用于以"项"计价的措施项目。

工程措施项目清单与计价表(二)

序号	项目编码	项目名称	项目特征描述	计量单位	工程量	金额/元	
						综合单价	合价
1	AB001	现浇钢筋混凝土矩形梁模板及支架	矩形梁,支模高度为 2.6 m	m²	420	25.60	10752.00
2	AB002	现浇钢筋混凝土有梁板模板及支架	矩形梁,梁截面为 250 mm×400 mm,梁底支模高度为 2.6 m,板底支模高度为 3 m	m²	800	23.20	18560.00
合　　计							29312.00

注:本表适用于以综合单价计价的措施项目。

3. 编制其他项目清单与计价表,见下表。

其他项目清单与计价表

序　号	项目名称	计量单位	金额/元
1	暂列金额	元	330000.00
2	材料暂估价	元	—
3	计日工	元	20000.00
4	总承包服务费	元	20000.00
	合　计		370000.00

4. 编制规费、税金项目清单与计价表，见下表。

规费、税金项目清单与计价表

序号	项目名称	计算基础	费率/%	金额/元
1	规费			384048.00
1.1	社会保障费			302400.00
1.1.1	养老保险费		16	201600.00
1.1.2	失业保险费	人工费 （或 1260000 元）	2	25200.00
1.1.3	医疗保险费		6	75600.00
1.2	住房公积金		6	75600.00
1.3	危险作业意外伤害保险		0.48	6048.00
2	税金	分部分项工程费 + 措施项目费 + 其他项目费 + 规费 或 7791460	9	701231.4
	合　计			1085279.4

试题二

1. 填写工程量清单综合单价分析表，见下表。

工程量清单综合单价分析表

工程名称：聚乙烯装置　　　　　　　　　　　　　标段：联合平台金属结构制作安装工程

项目编码	030307001001	项目名称	联合平台制作安装	计量单位	t

清单综合单价组成明细

定额编号	定额名称	定额单位	数量	单价/元				合价/元			
				人工费	材料费	机械费	管理费和利润	人工费	材料费	机械费	管理费和利润
5 – 2216	工字型钢制作	t	0.212	791.55	543.02	1089.55	633.24	167.81	115.12	230.98	134.25
5 – 2138	金属结构制作安装	t	1	1015.20	383.02	4083.61	812.16	1015.20	383.02	4083.61	812.16
11 – 002	除锈及刷油	t	1	750.80	593.70	255.50	600.64	750.80	593.70	255.50	600.64

人工单价		小计		1933.81	1091.84	4570.09	1547.05
元/工日		未计价材料费			5504.30		
		清单项目综合单价			14647.09		

	主要材料名称、规格、型号	单位	数量	单价/元	合价/元	暂估单价/元	暂估合价/元
材料费明细	钢板	t	0.596	4300	2562.80		
	型钢	t	0.265	4700	1245.50		
	钢格栅板	t	0.212	8000	1696.00		
	其他材料费						
	材料费小计				5504.30		

填写单位工程投标报价汇总表，见下表。

单位工程投标报价汇总表

工程名称：聚乙烯装置　　　　　　　　　　　　　　　　　　标段：金属结构制作安装

序　号	汇总内容	金额/元	其中：暂估价/元
1	分部分项工程		
	联合平台制作安装	1500000.00	
2	措施项目	66000.00	
	其中：人工费	9900.00	
3	其他项目		
4	规费	58725.00	
5	税金（9%）	146225.25	
	投标报价合计 = 1 + 2 + 3 + 4 + 5	1770950.25	

2.（1）$\phi48 \times 3.5$ 进水管工程量计算式：

$(1 + 2.5 + 0.5 + 0.4 + 0.5 + 0.35 + 1.3 + 0.8 + 0.7 + 1.2 + 1.2 + 0.4)\text{m} = 10.85 \text{ m}$

（2）$DN40$ 出药内衬聚四氟乙烯无缝钢管工程量计算式：

点2、3、4管线：$[0.2 + 2.2 + 0.7 + 0.6 + (0.5 + 1.2)]\text{m} \times 3 = 16.2 \text{ m}$

点6管线：$(2.2 + 1.2 + 0.5)\text{m} = 3.9 \text{ m}$

点8管线：$[(2.2 + 1.2 + 0.5) + (1.2 + 0.2 \times 3)]\text{m} = 5.7 \text{ m}$

点10、11管线：$[(0.2 + 1.2 + 0.4 + 2.2 + 0.4) \times 2 + (1.0 + 0.3) \times 2 + (0.5 + 1.2) \times 2]\text{m} = 14.8 \text{ m}$

合计：$(16.2 + 3.9 + 5.7 + 14.8)\text{m} = 40.6 \text{ m}$

其中，地上管线：$(0.2 + 1.2)\text{m} \times 7 = 9.8 \text{ m}$；地下管线：$(40.6 - 9.8)\text{m} = 30.8 \text{ m}$

（3）$DN40$ 出药管道上的法兰工程量计算式：

2×7 片 $= 14$ 片 $= 7$ 副或 $1 \times 7 = 7$ 副

1×7 片 $= 7$ 片 $= 3.5$ 副

（4）填写分部分项工程量清单与计价表，见下表。

分部分项工程量清单与计价表

序号	项目编码	项目名称	项目特征描述	计量单位	工程量	金额/元		
						综合单价	合价	其中：暂估价
1	030801001001	低压碳钢管	$DN40$ 内衬聚四氟乙烯无缝钢管、管件连接、水压试验、碱洗、氯磺化防腐	m	9.8			
2	030801001002	低压碳钢管	$DN40$ 内衬聚四氟乙烯无缝钢管、管件连接、水压试验、碱洗、沥青加强防腐	m	30.8			
3	030807003001	低压阀门	$DN25$ 截止阀 J41W – 16 法兰连接	个	3			
4	030807003002	低压阀门	$DN32$ 截止阀 J41W – 16 法兰连接	个	2			
5	030807003003	低压阀门	$DN25$ 胶管截止阀 JG41X – 10 法兰连接	个	4			
6	030807003004	低压阀门	$DN40$ 胶管截止阀 JG41X – 10 法兰连接	个	7			

第四章 建设工程招标投标

知识架构与考频研究

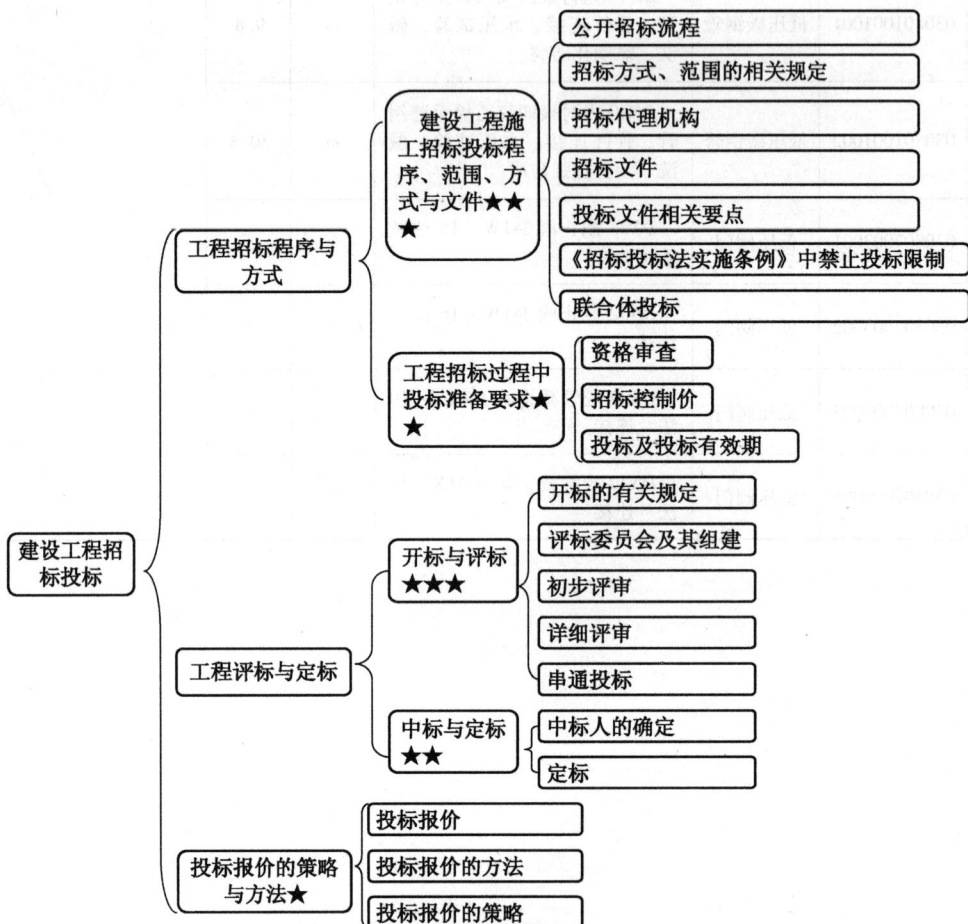

```
                                              ┌─ 公开招标流程
                                              ├─ 招标方式、范围的相关规定
                         ┌─ 建设工程施         ├─ 招标代理机构
                         │  工招标投标程        ├─ 招标文件
                         │  序、范围、方  ──────┤
              ┌─ 工程招标程序与│  式与文件★★     ├─ 投标文件相关要点
              │  方式          │  ★              ├─《招标投标法实施条例》中禁止投标限制
              │              │                 └─ 联合体投标
              │              │
              │              │  工程招标过程中    ┌─ 资格审查
              │              └─ 投标准备要求★ ────┼─ 招标控制价
              │                 ★                └─ 投标及投标有效期
建设工程招     │
标投标 ────────┤                                  ┌─ 开标的有关规定
              │              ┌─ 开标与评标       ├─ 评标委员会及其组建
              │              │  ★★★ ──────────┼─ 初步评审
              │  工程评标与定标│                   ├─ 详细评审
              ├─────────────┤                   └─ 串通投标
              │              │
              │              │  中标与定标        ┌─ 中标人的确定
              │              └─ ★★ ─────────────┴─ 定标
              │
              │              ┌─ 投标报价
              │  投标报价的策略 │
              └─ 与方法★ ──────┼─ 投标报价的方法
                             └─ 投标报价的策略
```

第一节 工程招标程序与方式

☞ 考点1 建设工程施工招标投标程序、范围、方式与文件★★★

【考情分析】

该考点在工程造价案例分析考试中属于重要考点，需要考生重点掌握的内容包括公开招标流程，招标方式、范围的相关规定，招标代理机构，招标文件，投标文件相关要点，《招标投标法实施条例》中禁止投标限制，联合体投标。

一、公开招标流程

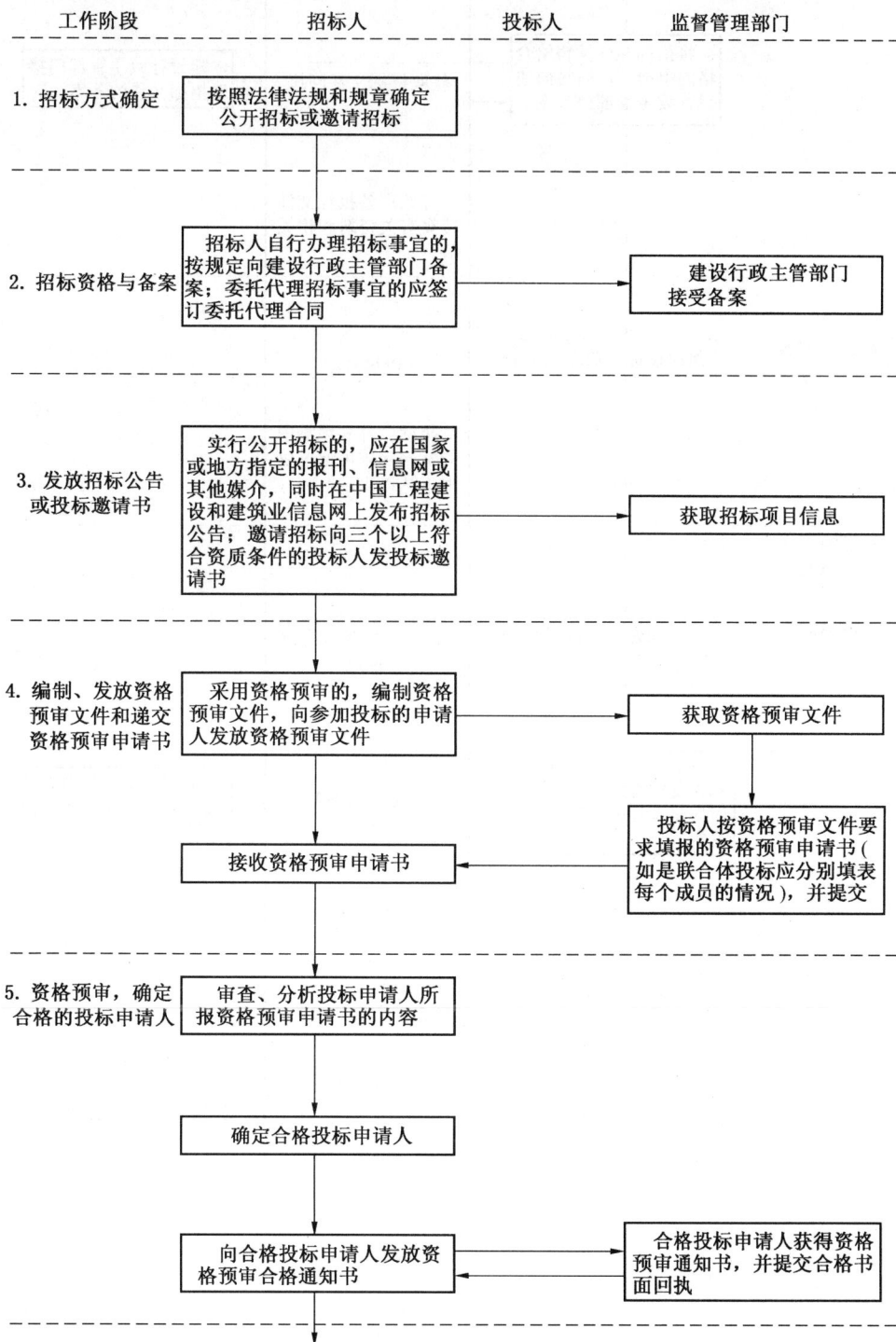

工作阶段	招标人	投标人	监督管理部门
1. 招标方式确定	按照法律法规和规章确定公开招标或邀请招标		
2. 招标资格与备案	招标人自行办理招标事宜的，按规定向建设行政主管部门备案；委托代理招标事宜的应签订委托代理合同		建设行政主管部门接受备案
3. 发放招标公告或投标邀请书	实行公开招标的，应在国家或地方指定的报刊、信息网或其他媒介，同时在中国工程建设和建筑业信息网上发布招标公告；邀请招标向三个以上符合资质条件的投标人发投标邀请书		获取招标项目信息
4. 编制、发放资格预审文件和递交资格预审申请书	采用资格预审的，编制资格预审文件，向参加投标的申请人发放资格预审文件		获取资格预审文件
	接收资格预审申请书		投标人按资格预审文件要求填报的资格预审申请书（如是联合体投标应分别填表每个成员的情况），并提交
5. 资格预审，确定合格的投标申请人	审查、分析投标申请人所报资格预审申请书的内容		
	确定合格投标申请人		
	向合格投标申请人发放资格预审合格通知书		合格投标申请人获得资格预审通知书，并提交合格书面回执

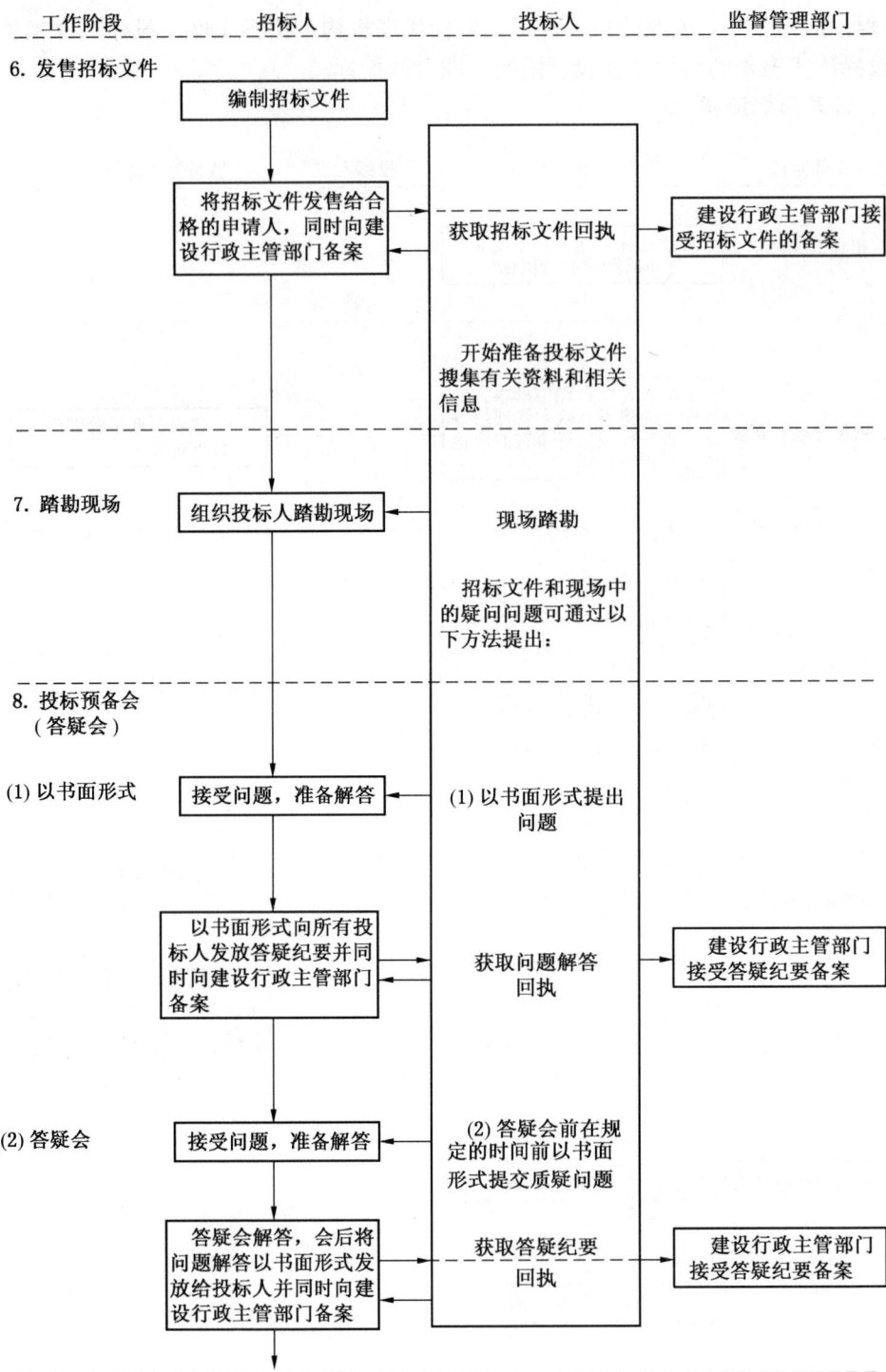

工作阶段	招标人	投标人	监督管理部门

6. 发售招标文件

编制招标文件

将招标文件发售给合格的申请人，同时向建设行政主管部门备案

获取招标文件回执

建设行政主管部门接受招标文件的备案

开始准备投标文件搜集有关资料和相关信息

7. 踏勘现场

组织投标人踏勘现场

现场踏勘

招标文件和现场中的疑问问题可通过以下方法提出：

8. 投标预备会（答疑会）

(1) 以书面形式

接受问题，准备解答

(1) 以书面形式提出问题

以书面形式向所有投标人发放答疑纪要并同时向建设行政主管部门备案

获取问题解答回执

建设行政主管部门接受答疑纪要备案

(2) 答疑会

接受问题，准备解答

(2) 答疑会前在规定的时间前以书面形式提交质疑问题

答疑会解答，会后将问题解答以书面形式发放给投标人并同时向建设行政主管部门备案

获取答疑纪要回执

建设行政主管部门接受答疑纪要备案

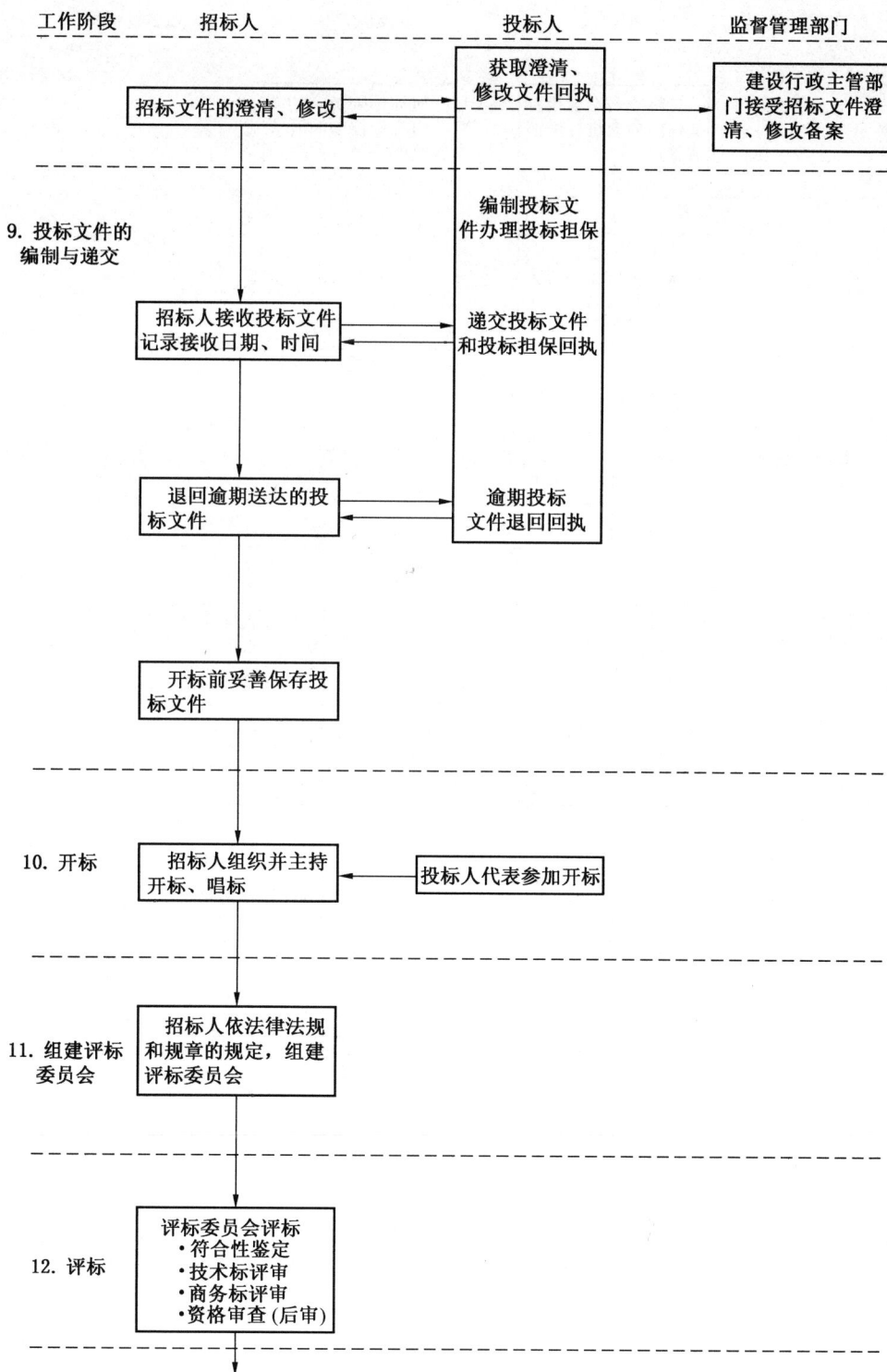

工作阶段	招标人	投标人	监督管理部门

获取澄清、修改文件回执

招标文件的澄清、修改

建设行政主管部门接受招标文件澄清、修改备案

9. 投标文件的编制与递交

编制投标文件办理投标担保

招标人接收投标文件记录接收日期、时间

递交投标文件和投标担保回执

退回逾期送达的投标文件

逾期投标文件退回回执

开标前妥善保存投标文件

10. 开标

招标人组织并主持开标、唱标

投标人代表参加开标

11. 组建评标委员会

招标人依法律法规和规章的规定，组建评标委员会

12. 评标

评标委员会评标
·符合性鉴定
·技术标评审
·商务标评审
·资格审查(后审)

工作阶段	招标人	投标人	监督管理部门

评标委员会就投标文件的内容进行澄清或答辩 → 对评标委员会的澄清内容进行书面澄清答复或答辩

完成评标推荐中标候选人或确定中标人编写评标报告

13. 招标投标情况书面报告及备案

招标人编写招标投标书面情况报告，确定中标人 15 日内向建设行政主管部门备案 → 建设行政主管部门接受备案

14. 发出中标通知书

招标人向中标人发出中标通知书同时向未中标人发出中标结果通知 ← 中标人接受中标通知书、未中标人接受中标结果通知书

15. 签署合同协议

招标人与中标人签署合同协议

办理、提交支付担保 ← 办理、提交履约担保

退回中标人及未中标人投标保证金 ↔ 接受投标保证金回执

办理合同备案 → 建设行政主管部门接受备案

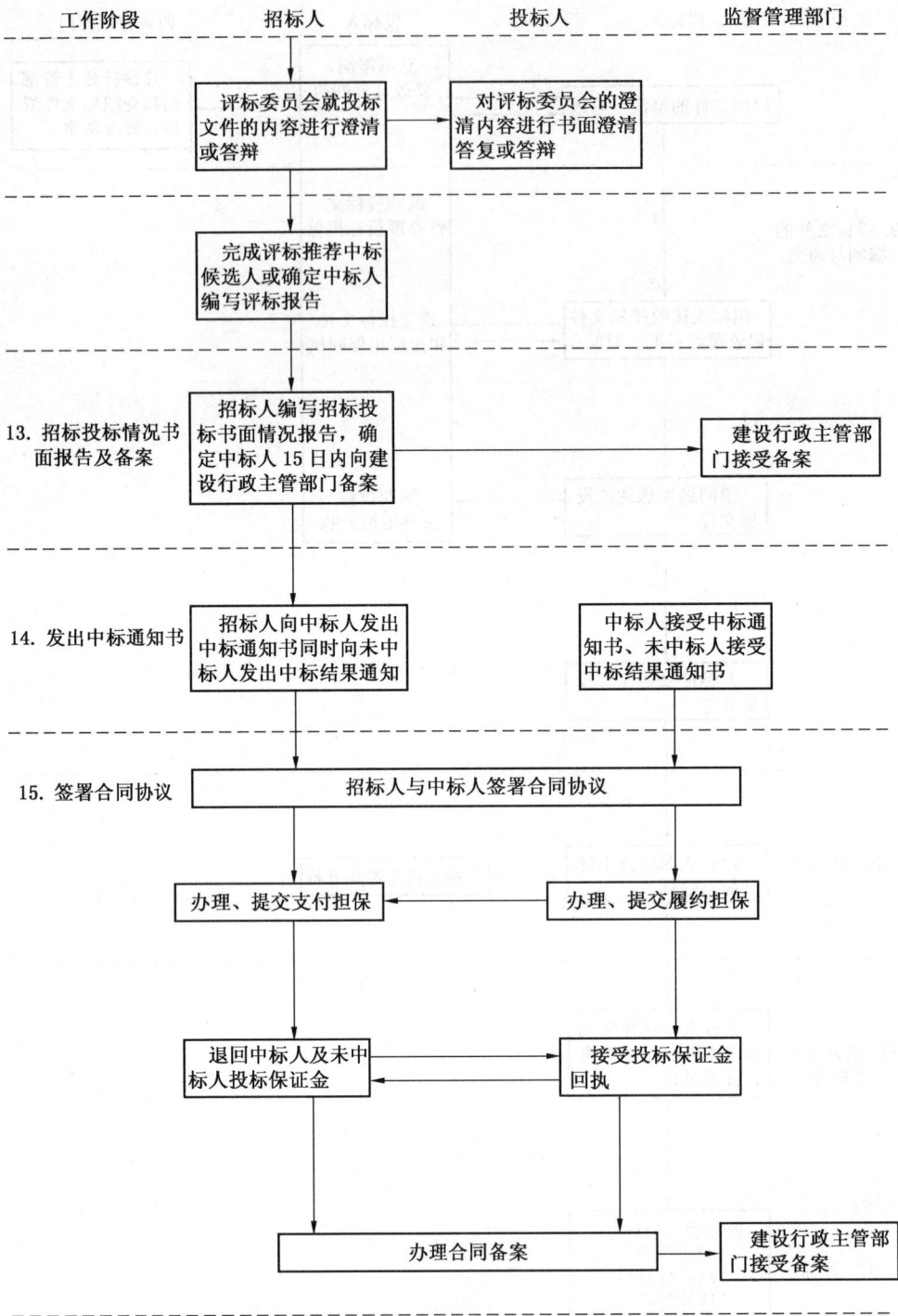

公开招标流程

二、招标方式、范围的相关规定

招标范围			《招标投标法》第三条规定，在中华人民共和国境内进行下列工程建设项目包括项目的勘察、设计、施工、监理以及与工程建设有关的重要设备、材料等的采购，必须进行招标： ① 大型基础设施、公用事业等关系社会公共利益、公众安全的项目； ② 全部或者部分使用国有资金投资或者国家融资的项目； ③ 使用国际组织或者外国政府贷款、援助资金的项目。 根据《必须招标的工程项目规定》(国家发展和改革委员会令第16号)： 第二条 全部或者部分使用国有资金投资或者国家融资的项目包括： ① 使用预算资金200万元人民币以上，并且该资金占投资额10%以上的项目； ② 使用国有企业事业单位资金，并且该资金占控股或者主导地位的项目。 第三条 使用国际组织或者外国政府贷款、援助资金的项目包括： ① 使用世界银行、亚洲开发银行等国际组织贷款、援助资金的项目； ② 使用外国政府及其机构贷款、援助资金的项目。 第四条 不属于本规定第二条、第三条规定情形的大型基础设施、公用事业等关系社会公共利益、公众安全的项目，必须招标的具体范围由国务院发展改革部门会同国务院有关部门按照确有必要、严格限定的原则制订，报国务院批准。 第五条 本规定第二条至第四条规定范围内的项目，其勘察、设计、施工、监理以及与工程建设有关的重要设备、材料等的采购达到下列标准之一的，必须招标： ① 施工单项合同估算价在400万元人民币以上； ② 重要设备、材料等货物的采购，单项合同估算价在200万元人民币以上； ③ 勘察、设计、监理等服务的采购，单项合同估算价在100万元人民币以上。 同一项目中可以合并进行的勘察、设计、施工、监理以及与工程建设有关的重要设备、材料等的采购，合同估算价合计达到前款规定标准的，必须招标
招标方式		概述	《招标投标法》第十条规定，招标分为公开招标和邀请招标
	公开招标	概念	《招标投标法》第十条规定，公开招标，是指招标人以招标公告的方式邀请不特定的法人或者其他组织投标
		招标公告	《招标投标法》第十六条规定，招标人采用公开招标方式的，应当发布招标公告。依法必须进行招标的项目的招标公告，应当通过国家指定的报刊、信息网络或者其他媒介发布。招标公告应当载明招标人的名称和地址、招标项目的性质、数量、实施地点和时间以及获取招标文件的办法等事项
	邀请招标	概念	《招标投标法》第十条规定，邀请招标，是指招标人以投标邀请书的方式邀请特定的法人或者其他组织投标
		投标邀请书	《招标投标法》第十七条规定，招标人采用邀请招标方式的，应当向3个以上具备承担招标项目的能力、资信良好的特定的法人或者其他组织发出投标邀请书。投标邀请书应当载明招标人的名称和地址、招标项目的性质、数量、实施地点和时间以及获取招标文件的办法等事项
		可以进行邀请招标的项目	《招标投标法》第十一条规定，国务院发展计划部门确定的国家重点项目和省、自治区、直辖市人民政府确定的地方重点项目不适宜公开招标的，经国务院发展计划部门或者省、自治区、直辖市人民政府批准，可以进行邀请招标

其他方式	不招标	《招标投标法》第六十六条规定，涉及国家安全、国家秘密、抢险救灾或者属于利用扶贫资金实行以工代赈、需要使用农民工等特殊情况，不适宜进行招标的项目，按照国家有关规定可以不进行招标。 《招标投标法实施条例》第九条规定，除招标投标法第六十六条规定的可以不进行招标的特殊情况外，有下列情形之一的，可以不进行招标： ① 需要采用不可替代的专利或者专有技术； ② 采购人依法能够自行建设、生产或者提供； ③ 已通过招标方式选定的特许经营项目投资人依法能够自行建设、生产或者提供； ④ 需要向原中标人采购工程、货物或者服务，否则将影响施工或者功能配套要求； ⑤ 国家规定的其他特殊情形
	重新招标	①《招标投标法实施条例》第十九条规定，通过资格预审的申请人少于3个的，应当重新招标。 ②《招标投标法实施条例》第二十三条规定，招标人编制的资格预审文件、招标文件的内容违反法律、行政法规的强制性规定，违反公开、公平、公正和诚实信用原则，影响资格预审结果或者潜在投标人投标的，依法必须进行招标的项目的招标人应当在修改资格预审文件或者招标文件后重新招标。 ③《招标投标法实施条例》第四十四条规定，招标人应当按照招标文件规定的时间、地点开标。投标人少于3个的，不得开标；招标人应当重新招标。 ④《招标投标法实施条例》第五十五条规定，国有资金占控股或者主导地位的依法必须进行招标的项目，招标人应当确定排名第一的中标候选人为中标人。排名第一的中标候选人放弃中标、因不可抗力不能履行合同、不按照招标文件要求提交履约保证金，或者被查实存在影响中标结果的违法行为等情形，不符合中标条件的，招标人可以按照评标委员会提出的中标候选人名单排序依次确定其他中标候选人为中标人，也可以重新招标。 ⑤《招标投标法实施条例》第八十一条规定，依法必须进行招标的项目的招标投标活动违反招标投标法和本条例的规定，对中标结果造成实质性影响，且不能采取补救措施予以纠正的，招标、投标、中标无效，应当依法重新招标或者评标。 ⑥《招标投标法》第四十二条规定，评标委员会经评审，认为所有投标都不符合招标文件要求的，可以否决所有投标。依法必须进行招标的项目的所有投标被否决的，招标人应当依照本法重新招标。 ⑦《招标投标法》第六十四条规定，依法必须进行招标的项目违反本法规定，中标无效的，应当依照本法规定的中标条件从其余投标人中重新确定中标人或者依照本法重新进行招标
	不再招标	**重新招标后投标人仍少于3个或者所有投标被否决的，属于必须审批或核准的工程建设项目，经原审批或核准部门批准后不再进行招标**
	两阶段进行招标	《招标投标法实施条例》第三十条规定，对技术复杂或者无法精确拟定技术规格的项目，招标人可以分两阶段进行招标。 **第一阶段**，投标人按照招标公告或者招标邀请书的要求提交不带报价的技术建议，招标人根据投标人提交的技术建议确定技术标准和要求，编制招标文件。 **第二阶段**，招标人向在第一阶段提交技术建议的投标人提供招标文件，投标人按照招标文件的要求提交包括最终技术方案和投标报价的投标文件。招标人要求投标人提交投标保证金的，应当在第二阶段提出

三、招标代理机构

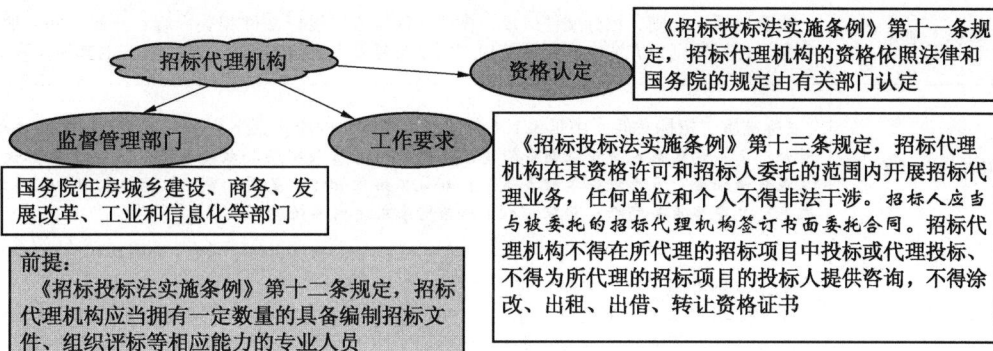

四、招标文件

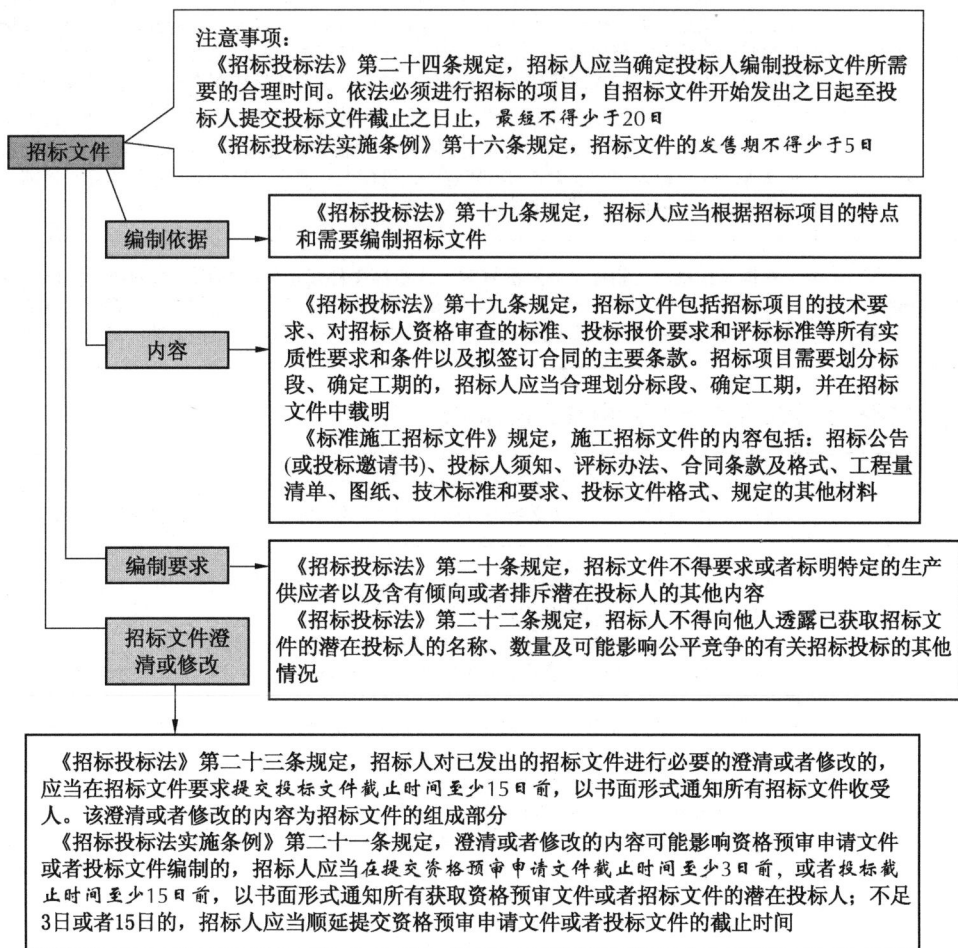

五、投标文件相关要点

投标人须知	内容包括：总则，招标文件组成，投标文件组成，投标文件相关内容，开标时间、地点、程序，评标原则、方法，合同授予相关内容及要求、纪律和监督、需要补充的其他内容
投标文件内容	《标准施工招标文件》中第3.1.1条规定，投标文件应包括下列内容：①投标函及投标函附录；②法定代表人身份证明或附有法定代表人身份证明的授权委托书；③联合体协议书；④投标保证金；⑤已标价工程量清单；⑥施工组织设计；⑦项目管理机构；⑧拟分包项目情况表；⑨资格审查资料；⑩投标人须知前附表规定的其他材料
编制	根据《标准施工招标文件》的规定： ① 投标文件应按"投标文件格式"进行编写，如有必要，可以增加附页，作为投标文件的组成部分。其中，投标函附录在满足招标文件实质性要求的基础上，可以提出比招标文件要求更有利于招标人的承诺。 ② 投标文件应当对招标文件有关工期、投标有效期、质量要求、技术标准和要求、招标范围等实质性内容做出响应。 ③ 投标文件应用不褪色的材料书写或打印，并由投标人的法定代表人或其委托代理人签字或盖单位章。委托代理人签字的，投标文件应附法定代表人签署的授权委托书。投标文件应尽量避免涂改、行间插字或删除。如果出现上述情况，改动之处应加盖单位章或由投标人的法定代表人或其授权的代理人签字确认。签字或盖章的具体要求见投标人须知前附表
递交	根据《标准施工招标文件》的规定，投标人应在招标文件规定的投标截止时间前递交投标文件。除投标人须知前附表另有规定外，投标人所递交的投标文件不予退还。逾期送达的或者未送达指定地点的投标文件，招标人不予受理
修改与撤回	根据《标准施工招标文件》的规定，在招标文件规定的投标截止时间前，投标人可以修改或撤回已递交的投标文件，但应以书面形式通知招标人。修改的内容为投标文件的组成部分。修改的投标文件应按照规定进行编制、密封、标记和递交，并标明"修改"字样

六、《招标投标法实施条例》中禁止投标限制

第二十四条	招标人对招标项目划分标段的，应当遵守招标投标法的有关规定，不得利用划分标段限制或者排斥潜在投标人。依法必须进行招标的项目的招标人不得利用划分标段规避招标
第三十二条	招标人不得以不合理的条件限制、排斥潜在投标人或者投标人。招标人有下列行为之一的，属于以不合理条件限制、排斥潜在投标人或者投标人： ① 就同一招标项目向潜在投标人或者投标人提供有差别的项目信息； ② 设定的资格、技术、商务条件与招标项目的具体特点和实际需要不相适应或者与合同履行无关； ③ 依法必须进行招标的项目以特定行政区域或者特定行业的业绩、奖项作为加分条件或者中标条件； ④ 对潜在投标人或者投标人采取不同的资格审查或者评标标准； ⑤ 限定或者指定特定的专利、商标、品牌、原产地或者供应商； ⑥ 依法必须进行招标的项目非法限定潜在投标人或者投标人的所有制形式或者组织形式； ⑦ 以其他不合理条件限制、排斥潜在投标人或者投标人

专家说

关于属招标人以不合理条件限制、排斥潜在投标人或者投标人的行为，考生应明确其含义所在，只有真正地理解，才能进行判断是否属于不合理。不合理主要体现在：差别对待、条件不适应、限定要求等，考生应从这几方面入手，进行判断。对于此类问题的考核，预计在以后的考试中还会出现

七、联合体投标

职责：联合体各方应当签订共同投标协议，明确约定各方拟承担的工作和责任，并将共同投标协议连同投标文件一并提交招标人。联合体中标的，联合体各方应当共同与招标人签订合同，就中标项目向招标人承担连带责任。招标人不得强制投标人组成联合体共同投标，不得限制投标人之间的竞争

联合体各方均应当具备承担招标项目的相应能力；国家有关规定或者招标文件对投标人资格条件有规定的，联合体各方均应当具备规定的相应资格条件。由同一专业的单位组成的联合体，按照资质等级较低的单位确定资质等级

联合体投标

资质等级

要求

记忆技巧
简单记忆为：资质取低(同一专业)，成本取高

招标人应当在资格预审公告、招标公告或者投标邀请书中载明是否接受联合体投标。招标人接受联合体投标并进行资格预审的，联合体应当在提交资格预审申请文件前组成。资格预审后联合体增减、更换成员的，其投标无效。联合体各方在同一招标项目中以自己名义单独投标或者参加其他联合体投标的，相关投标均属无效

专家把脉
明确概念：两个以上法人或者其他组织可以组成一个联合体，以一个投标人的身份共同投标。关于联合体投标，虽然在考试中出现频率不高，但是就目前的命题趋势来看，此处很有可能会再次出现考核，注意掌握联合体资质等级的确定及联合体各方的职责

【真题回顾】

（2017 年真题）背景资料：

国有资金投资依法必须公开招标的某公路工程建设项目，采用工程量清单计价方式进行施工招标，招标控制价为 3568 万元，其中暂列金额 280 万元。招标文件中规定：

（1）投标有效期为 90 d，投标保证金有效期与其一致。

（2）投标报价不得低于企业平均成本。

（3）近三年施工完成或在建的合同价超过 2000 万元的类似工程项目不少于 3 个。

（4）合同履行期间，综合单价在任何市场波动和政策变化下均不得调整。

（5）缺陷责任期为 3 年，期满后退还预留的质量保证金。

投标过程中，投标人 F 在开标前 1 h 口头告知招标人，撤回了已提交的投标文件，要求招标人 3 日内退还其投标保证金。

除 F 外还有 A、B、C、D、E 五个投标人参加了投标，其总报价（万元）分别为：3489、3470、3358、3209、3542。评标过程中，评标委员会发现投标人 B 的暂列金额按 260 万元计取，且对招标清单中的材料暂估单价均下调 5% 后计入报价；发现投标人 E 报价中混凝土梁的综合单价为 700 元/m³，招标清单工程量为 520 m³，合价为 36400 元。其他投标人的投标文件均符合要求。

招标文件中规定的评分标准如下：商务标中的总报价评分占 60 分，有效报价的算术平均数为评标基准价，报价等于评标基准价者得满分（60 分），在此基础上，报价比评标基准价每下降 1%，扣 1 分；每上升 1%，扣 2 分。

问题：

1. 请逐一分析招标文件中规定的（1）~（5）项内容是否妥当，并对不妥之处分别说明理由。

2. 请指出投标人 F 行为的不妥之处，并说明理由。

3. 针对投标人 B、投标人 E 的报价，评标委员会应分别如何处理？并说明理由。

4. 计算各有效报价投标人的总报价得分。（计算结果保留两位小数）

【答案】

问题 1：

招标文件中规定的（1）~（5）项内容是否妥当的判断及不妥之处的理由：

招标文件中第（1）项规定：妥当。

招标文件中第（2）项规定：不妥。

理由：投标报价不得低于投标企业的成本，但不是企业的平均成本。

招标文件中第（3）项规定：妥当。

招标文件中第（4）项规定：不妥。

理由：对于主要由市场价格波动导致的价格风险，如工程造价中的建筑材料、燃料等价格风险，发承包双方应当在招标文件中或在合同中对此类风险的范围和幅度予以明确约定，进行合理分摊。因国家法律、法规、规章和政策发生变化影响合同价款的风险，发承包双方应在合同中约定由发包人承担，承包人不应承担此类风险。

标文件中第（5）项规定：不妥。

理由：缺陷责任期最长不超过 24 个月，不是 3 年。期限届满后，扣除承包人未履行缺陷修复责任而支付的费用后，剩余的质量保证金应返还承包人。

问题 2：

出投标人 F 行为的不妥之处及理由：

(1) 不妥之处一：投标人 F 在开标前 1 h 口头告知招标人。

理由：投标人撤回已提交的投标文件，应当在投标截止时间前书面通知招标人。

(2) 不妥之处二：要求招标人 3 日内退还其投标保证金。

理由：投标人已收取投标保证金的，应当自收到投标人书面撤回通知之日起 5 日内退还。

问题 3：

(1) 针对投标人 B 的报价，评委应将其按照废标处理。

理由：投标人应按照招标人提供的暂列金额、材料暂估价进行投标报价，不得变动和更改。而投标人 B 的投标报价中，暂列金额、材料暂估价没有按照招标文件的要求填写，未在实质上响应招标文件，故投标人 B 的报价应作为废标处理。

(2) 针对投标人 E 的报价，评委应将其按照废标处理。

理由：投标人 E 的报价计算有误，评委应将投标人 E 的投标报价以单价为准修正总价，即混凝土梁按 $520 \times 700/10000$ 万元 = 36.4 万元修正，修正的价格经投标人书面确认后具有约束力；投标人不接受修正价格的，其投标无效。但是，E 投标人原报价3542 万元，混凝土梁价格修改后为 36.4 万元，则投标人 E 经修正后的报价 = 3542 万元 +

$(36.4 - 36400/10000)$ 万元 $= 3574.76$ 万元，超过招标控制价 3568 万元，故应按照废标处理。

问题 4：

有效投标人的报价：投标人 A（3489 万元）、投标人 C（3358 万元）、投标人 D（3209 万元）。

评标基准价 $= (3489 + 3358 + 3209) \div 3$ 万元 $= 3352$ 万元。

投标人 A：$3489 \div 3352 = 104.09\%$，得分 60 分 $- (104.09 - 100) \times 2$ 分 $= 51.82$ 分。

投标人 C：$3358 \div 3352 = 100.18\%$，得分 60 分 $- (100.18 - 100) \times 2$ 分 $= 59.64$ 分。

投标人 D：$3209 \div 3352 = 95.73\%$，得分 60 分 $- (100 - 95.73) \times 1$ 分 $= 55.73$ 分。

【解析】

1. 本案例问题 1 中，涉及投标有效期、否决投标的情况、投标人资格要求、综合单价的调整、缺陷责任期等内容的考查。

（1）根据《招标投标法实施条例》第二十六条规定，投标保证金的有效期应与投标有效期保持一致。

（2）《招标投标法实施条例》第五十一条规定，有下列情形之一的，评标委员会应当否决其投标：

① 投标文件未经投标单位盖章和单位负责人签字；

② 投标联合体没有提交共同投标协议；

③ 投标人不符合国家或者招标文件规定的资格条件；

④ 同一投标人提交两个以上不同的投标文件或者投标报价，但招标文件要求提交备选投标的除外；

⑤ 投标报价低于成本或者高于招标文件设定的最高投标限价；

⑥ 投标文件没有对招标文件的实质性要求和条件做出响应；

⑦ 投标人有串通投标、弄虚作假、行贿等违法行为。

注意：在工程造价案例分析考试中，有可能以任一一条在背景资料中出现，然后让考生对其分析判断。

（3）《招标投标法实施条例》第十九条规定，招标人应当根据招标项目的特点和需要编制招标文件。招标文件应当包括招标项目的技术要求、对投标人资格审查的标准、投标报价要求和评标标准等所有实质性要求和条件以及拟签订合同的主要条款。国家对招标项目的技术、标准有规定的，招标人应当按照其规定在招标文件中提出相应要求。招标项目需要划分标段、确定工期的，招标人应当合理划分标段、确定工期，并在招标文件中载明。

（4）招标文件中要求投标人承担的风险费用，投标人应考虑进入综合单价。在施工过程中，当出现的风险内容及其范围（幅度）在招标文件规定的范围（幅度）内时，综合单价不得变动，合同价款不做调整。

（5）《建设工程质量保证金管理办法》第二条规定，缺陷是指建设工程质量不符合工程建设强制性标准、设计文件，以及承包合同的约定。缺陷责任期一般为 1 年，最长不超过 2 年，由发、承包双方在合同中约定。第十条规定，缺陷责任期内，承包人认真履行合同约定的责任，到期后，承包人向发包人申请返还保证金。第十一条规定，发包人在接到承包人返还保证金申请后，应于14 d内会同承包人按照合同约定的内容进行核实。如无异议，发包人应当按照约定将保证金返还给承包人。对返还期限没有约定或者约定不明确的，发包人应当在核实后14 d内将保证金返还承包人，逾期未返还的，依法承担违约责任。发包人在接到承包人返还保证金申请后14 d内不予答复，经催告后14 d内仍不予答复，视同认可承包人的返还保证金申请。

2. 本案例问题2考查了投标的规定。《招标投标法实施条例》第三十五条规定，投标人撤回已提交的投标文件，应当在投标截止时间前书面通知招标人。招标人已收取投标保证金的，应当自收到投标人书面撤回通知之日起5日内退还。投标截止后投标人撤销投标文件的，招标人可以不退还投标保证金。

3. 本案例问题3考查了作废标处理的具体情形。《工程建设项目施工招标投标办法》（七部委30号令）第五十条规定，投标文件有下列情形之一的，招标人应当拒收：

（1）逾期送达；

（2）未按招标文件要求密封。

有下列情形之一的，评标委员会应当否决其投标：

（1）投标文件未经投标单位盖章和单位负责人签字；

（2）投标联合体没有提交共同投标协议；

（3）投标人不符合国家或者招标文件规定的资格条件；

（4）同一投标人提交两个以上不同的投标文件或者投标报价，但招标文件要求提交备选投标的除外；

（5）投标报价低于成本或者高于招标文件设定的最高投标限价；

（6）投标文件没有对招标文件的实质性要求和条件做出响应；

（7）投标人有串通投标、弄虚作假、行贿等违法行为。

4. 本案例问题4考查了各有效报价投标人的总报价得分的计算。考生要根据背景资料中给出的信息进行分析判断计算。

☞ 考点2　工程招标过程中投标准备要求 ★ ★

【考情分析】

该考点在多年工程造价案例分析考试中均有考核，可见此考点的重要性。关于资格审查、招标控制价、投标有效期，其内容较为简单，但是在工程造价案例分析考试中考点较为分散；考生要循序渐进，先了解，再掌握，在工程造价案例分析考试中灵活运用。

一、资格审查的形式

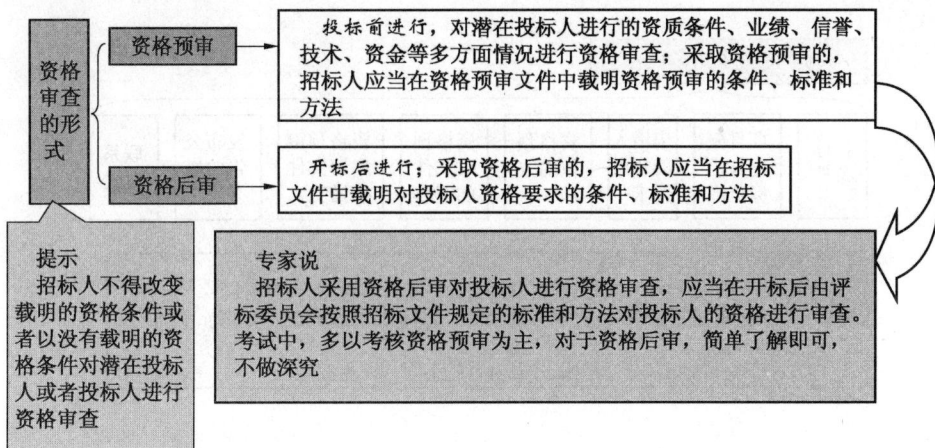

```
                    ┌─ 资格预审 ─┐   投标前进行，对潜在投标人进行的资质条件、业绩、信誉、
资格                                技术、资金等多方面情况进行资格审查；采取资格预审的，
审查                                招标人应当在资格预审文件中载明资格预审的条件、标准和
的形                                方法
式
                    └─ 资格后审 ─┐   开标后进行；采取资格后审的，招标人应当在招标
                                    文件中载明对投标人资格要求的条件、标准和方法
```

提示
招标人不得改变载明的资格条件或者以没有载明的资格条件对潜在投标人或者投标人进行资格审查

专家说
招标人采用资格后审对投标人进行资格审查，应当在开标后由评标委员会按照招标文件规定的标准和方法对投标人的资格进行审查。考试中，多以考核资格预审为主，对于资格后审，简单了解即可，不做深究

二、资格预审申请文件及资格审查内容

资格预审申请文件	《标准施工招标资格预审文件》第3.1.1条规定，资格预审申请文件应包括下列内容： ① 资格预审申请函； ② 法定代表人身份证明或附有法定代表人身份证明的授权委托书； ③ 联合体协议书； ④ 申请人基本情况表； ⑤ 近年财务状况表； ⑥ 近年完成的类似项目情况表； ⑦ 正在施工和新承接的项目情况表； ⑧ 近年发生的诉讼及仲裁情况； ⑨ 其他材料：见申请人须知前附表
资格审查内容	《工程建设项目施工招标投标办法》第二十条规定，资格审查应主要审查潜在投标人或者投标人是否符合下列条件： ① 具有独立订立合同的权利； ② 具有履行合同的能力，包括专业、技术资格和能力，资金、设备和其他物质设施状况，管理能力，经验、信誉和相应的从业人员； ③ 没有处于被责令停业，投标资格被取消，财产被接管、冻结、破产状态； ④ 在最近三年内没有骗取中标和严重违约重大工程质量问题； ⑤ 国家规定的其他资格条件。 资格审查时，招标人不得以不合理的条件限制、排斥潜在投标人或者投标人，不得对潜在投标人或者投标人实行歧视待遇。任何单位和个人不得以行政手段或者其他不合理方式限制投标人的数量

注意：
① 招标人采用资格后审对投标人进行资格审查，应当在开标后由评标委员会按照招标文件规定的标准和方法对投标人的资格进行审查。工程造价案例分析考试中，多以考核资格预审为主，对于资格后审，简单了解即可，不做深究。
② 《工程建设项目施工招标投标办法》（七部委30号令）第十八条规定，招标人不得改变载明的资格条件或者以没有载明的资格条件对潜在投标人或者投标人进行资格审查

三、资格预审公告的内容

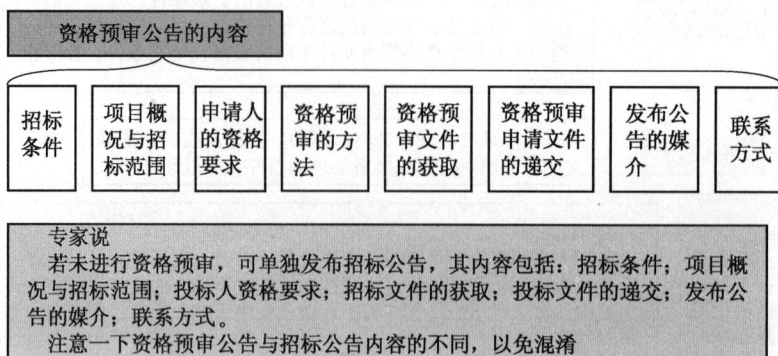

资格预审公告的内容

| 招标条件 | 项目概况与招标范围 | 申请人的资格要求 | 资格预审的方法 | 资格预审文件的获取 | 资格预审申请文件的递交 | 发布公告的媒介 | 联系方式 |

专家说
　　若未进行资格预审，可单独发布招标公告，其内容包括：招标条件；项目概况与招标范围；投标人资格要求；招标文件的获取；投标文件的递交；发布公告的媒介；联系方式。
　　注意一下资格预审公告与招标公告内容的不同，以免混淆

四、资格预审文件及要求

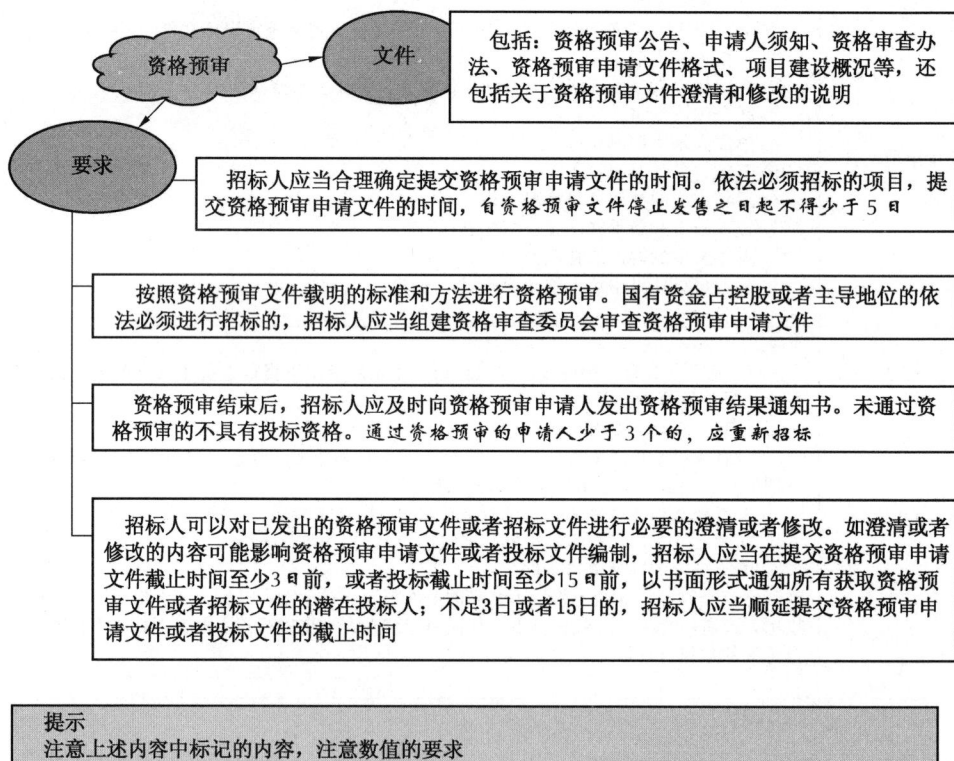

资格预审　→　文件
包括：资格预审公告、申请人须知、资格审查办法、资格预审申请文件格式、项目建设概况等，还包括关于资格预审文件澄清和修改的说明

要求

　　招标人应当合理确定提交资格预审申请文件的时间。依法必须招标的项目，提交资格预审申请文件的时间，自资格预审文件停止发售之日起不得少于5日

　　按照资格预审文件载明的标准和方法进行资格预审。国有资金占控股或者主导地位的依法必须进行招标的，招标人应当组建资格审查委员会审查资格预审申请文件

　　资格预审结束后，招标人应及时向资格预审申请人发出资格预审结果通知书。未通过资格预审的不具有投标资格。通过资格预审的申请人少于3个的，应重新招标

　　招标人可以对已发出的资格预审文件或者招标文件进行必要的澄清或者修改。如澄清或者修改的内容可能影响资格预审申请文件或者投标文件编制，招标人应当在提交资格预审申请文件截止时间至少3日前，或者投标截止时间至少15日前，以书面形式通知所有获取资格预审文件或者招标文件的潜在投标人；不足3日或者15日的，招标人应当顺延提交资格预审申请文件或者投标文件的截止时间

提示
注意上述内容中标记的内容，注意数值的要求

五、招标控制价的编制依据

招标控制价的编制依据

- 现行国家标准《建设工程工程量清单计价规范》与专业工程计量规范
- 国家或省级、行业建设主管部门颁发的计价定额和计价办法
- 建设工程设计文件及相关资料
- 拟定的招标文件及招标工程量清单
- 与建设项目相关的标准、规范、技术资料
- 施工现场情况、工程特点及常规施工方案
- 工程造价管理机构发布的工程造价信息，工程造价信息没有发布时，参照市场价
- 其他相关资料

记忆技巧

对于招标控制价的编制依据，条数较多，不便记忆，可以采取联想记忆的方法来进行学习。首先，需要招标的工程，必须是具有一定规模、符合国家招标规模要求的，所以其一定要符合国家的相关计价规范及办法；其次，招标控制价结合具体工程（设计文件、工程量清单、现场情况等）来进行编制。

任何一种方法都有其局限性所在，上述所讲只是一种思路，考生也可根据自己的学习特点进行总结、记忆，以期达到事半功倍的效果

六、招标控制价的编制要求

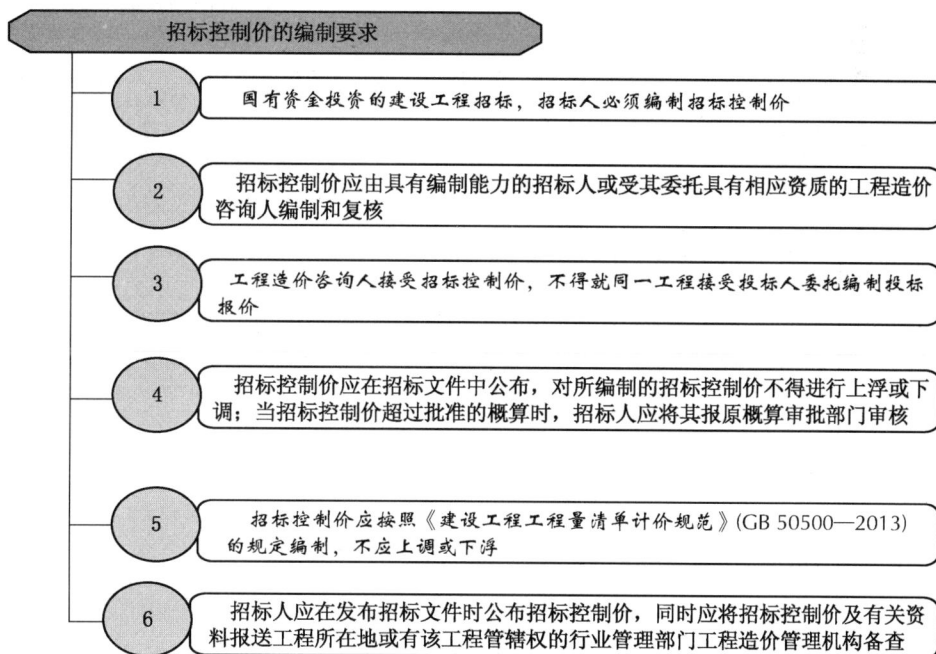

招标控制价的编制要求

1. 国有资金投资的建设工程招标，招标人必须编制招标控制价

2. 招标控制价应由具有编制能力的招标人或受其委托具有相应资质的工程造价咨询人编制和复核

3. 工程造价咨询人接受招标控制价，不得就同一工程接受投标人委托编制投标报价

4. 招标控制价应在招标文件中公布，对所编制的招标控制价不得进行上浮或下调；当招标控制价超过批准的概算时，招标人应将其报原概算审批部门审核

5. 招标控制价应按照《建设工程工程量清单计价规范》(GB 50500—2013) 的规定编制，不应上调或下浮

6. 招标人应在发布招标文件时公布招标控制价，同时应将招标控制价及有关资料报送工程所在地或有该工程管辖权的行业管理部门工程造价管理机构备查

七、招标控制价的编制内容

必须按国家或省级、行业建设主管部门的规定计算
税金 =(人工费 + 材料费 + 施工机具使用费 + 企业管理费 + 利润 + 规费) × 综合税率

规费和税金

招标控制价的编制内容

分部分项工程费

分部分项工程中的单价项目，应根据拟定的招标文件和招标工程量清单中特征描述及有关要求确定综合单价计算

措施项目费

工程量清单应采用综合单价计算；措施项目中的安全文明施工费必须按国家或省级、行业建设主管部门的规定计算，不得作为竞争性费用

其他项目费

包括：暂列金额(一般可以分部分项工程费的10％～15％为参考)、暂估价、计日工、总承包服务费

巧学妙记
部项措施，妻(其)归(规)谁(税)

八、投标的规定

投标的规定

《招标投标法》第二十七条规定，投标人应当按照招标文件的要求编制投标文件。投标文件应对招标文件提出的实质性要求和条件做出响应。招标项目属于建设施工的，投标文件内容应当包括拟派出的项目负责人与主要技术人员的简历、业绩和拟用于完成招标项目的机械设备等

《招标投标法》第二十九条规定，投标人在招标文件要求提交投标文件的截止时间前，可以补充、修改或者撤回已提交的投标文件，并书面通知招标人。补充、修改的内容为投标文件的组成部分。
《招标投标法实施条例》第三十五条规定，投标人撤回已提交的投标文件，应当在投标截止时间前书面通知招标人。招标人已收取投标保证金的，应当自收到投标人书面撤回通知之日起5日内退还。投标截止后投标人撤销投标文件的，招标人可以不退还投标保证金

《招标投标法实施条例》第三十四条规定，与招标人存在利害关系可能影响招标公正性的法人、其他组织或者个人，不得参加投标。单位负责人为同一人或者存在控股、管理关系的不同单位，不得参加同一标段投标或者未划分标段的同一招标项目投标。违反前两款规定的，相关投标均无效

《招标投标法实施条例》第三十六条规定，未通过资格预审的申请人提交、逾期送达或者不按照招标文件要求密封的投标文件，招标人应当拒收

《标准施工招标文件》中第3.1.1条规定，投标文件应包括下列内容：1.投标函及投标函附录；2.法定代表人身份证明或附有法定代表人身份证明的授权委托书；3.联合体协议书；4.投标保证金；5.已标价工程量清单；6.施工组织设计；7.项目管理机构；8.拟分包项目情况表；9.资格审查资料；10.投标人须知前附表规定的其他材料

注意：
关于投标这一知识点，考生应注意记忆、掌握，重复考核的可能性较大。若考生觉得单独记忆存在困难的话，可结合下述习题进行记忆，以检验自己的学习效果

九、投标有效期的相关要点

起算要求	《招标投标法实施条例》第二十五条规定，招标人应当在招标文件中载明投标有效期。投标有效期从提交投标文件的截止之日起算
时间要求	**一般项目投标有效期为 60~90 d。** 根据《招标投标法实施条例》第二十六条规定，投标保证金的有效期应与投标有效期保持一致
投标有效期的延长	根据《工程建设项目施工招标投标办法》（七部委 30 号令）第二十九条规定，招标文件应当规定一个适当的投标有效期，以保证招标人有足够的时间完成评标与中标人签订合同。投标有效期从投标人提交投标文件截止之日起计算。在原投标有效期结束前，出现特殊情况的，招标人可以书面形式要求所有投标人延长投标有效期。投标人同意延长的，不得要求或被允许修改其投标文件的实质性内容，但应当延长其投标保证金的有效期；投标人拒绝延长的，其投标失效，但投标人有权收回其投标保证金。因延长投标有效期造成投标人损失的，招标人应当给予补偿，但因不可抗力需要延长投标有效期的除外
其他规定	根据《工程建设项目施工招标投标办法》（七部委 30 号令）第六十二条规定，招标人和中标人应当在投标有效期内并在自中标通知书发出之日起 30 日内，按照招标文件和中标人的投标文件订立书面合同。 根据《房屋建筑和市政基础设施工程施工招标投标管理办法》第四十三条规定，招标人应当在投标有效期截止时限 30 日前确定中标人。投标有效期应当在招标文件中载明

【真题回顾】

（2018 年真题）背景资料：

某依法必须公开招标的国有资金投资建设项目，采用工程量清单计价方式进行施工招标，业主委托具有相应资质的某咨询企业编制了招标文件和最高投标限价。

招标文件部分规定或内容如下：

（1）投标有效期自投标人递交投标文件时开始计算。

（2）评标方法采用经评审的最低投标价法：招标人将在开标后公布可接受的项目最低投标报价或最低投标报价测算方法。

（3）投标人应当对招标人提供的工程量清单进行复核。

（4）招标工程量清单中给出的"计日工表（局部）"，见下表。

计 日 工 表（局 部）

工程名称：×××　　　　　　标段：×××　　　　　　第×页　共×页

项目名称	单　　位	暂定数量	实际数量	综合单价（元）	合价（元）	
					暂定	实际
一	人工					
1	建设与装饰工程普工	工日	1	120		
2	混凝土工、抹灰工、砌筑工	工日	1	160		
3	木工、模板工	工日	1	180		
4	钢筋工、架子工	工日	1	170		
	人工小计					
二	材料					
…	…	…				

在编制最高投标限价时，由于某分项工程使用了一种新型材料，定额及造价信息均无该材料消耗和价格的信息。编制人员按照理论计算法计算了材料净用量，并以此净用量乘以向材料生产厂家询价确认的材料出厂价格，得到该分项工程综合单价中新型材料的材料费。

在投标和评标过程中，发生了下列事件：

事件 1：投标人 A 发现分部分项工程量清单中某分项工程特征描述和图纸不符。

事件 2：投标人 B 的投标文件中，有一工程量较大的分部分项工程清单项目未填写单价与合价。

问题：

1. 分别指出招标文件中（1）~（4）项的规定或内容是否妥当？并说明理由。

2. 编制最高投标限价时，编制人员确定综合单价中新型材料费的方法是否正确？并说明理由。

3. 针对事件 1，投标人 A 应如何处理？

4. 针对事件 2，评标委员会是否可否决投标人 B 的投标，并说明理由。

【答案】

问题 1：

（1）招标文件中第（1）项内容，不妥。

理由：《招标投标法》第二十五条规定，招标人应当在招标文件中载明投标有效期。投标有效期从提交投标文件的截止之日起算。

（2）招标文件中第（2）项内容，不妥。

理由：《招标投标法》第二十七条第三款规定，招标人设有最高投标限价的，应当在招标文件中明确最高投标限价或者最高投标限价的计算方法。招标人不得规定最低投标限价。

（3）招标文件中第（3）项内容，妥当。

理由：工程量清单作为招标文件的组成部分，是由招标人提供的。工程量的大小是投标报价最直接的依据。复核工程量的准确程度，将影响承包商的经营行为。

（4）招标文件中第（4）项内容，不妥。

理由：计日工表的项目名称、暂定数量由招标人填写，编制招标控制价时单价是由招标人按有关计价规定确定，但是，投标时，单价由投标人自主报价。本题是招标工程量清单，不是招标控制价的编制，所以不应该由招标人填写。

问题 2：

（1）编制人员采用理论计算法确定材料的净用量是正确的。

理由：材料净用量的计算方法包括现场技术测定法、实验室试验法、现场统计法和理论计算法。

（2）以净用量乘以向材料生产厂家询价确认的材料出厂价格，得到该分项工程综合单价中新型材料的材料费不正确。

理由：应以材料净用量加上材料损耗量得到的材料消耗量乘以出厂价格加上其运杂费、运输损耗及采购保管费得到材料单价从而得到该分项工程综合单价中新型材料的材料费。

问题3：

针对事件1，在招标投标过程中，当出现招标工程量清单特征描述与设计图纸不符时，投标人A的处理如下：

（1）投标人A可以招标工程量清单的项目特征描述为准，确定投标报价的综合单价。

（2）投标人A可以向招标人书面提出质疑，要求招标人澄清。

问题4：

针对事件2，评标委员会不可以直接确定投标人B为无效标。

理由：《招标投标法》第十九条第一款规定，评标委员会可以书面方式要求投标人对投标文件中含义不明确、对同类问题表述不一致或者有明显文字和计算错误的内容做必要的澄清、说明或者补正。澄清、说明或者补正应以书面方式进行并不得超出投标文件的范围或者改变投标文件的实质性内容。

【解析】

1.本案例问题1根据《招标投标法》《建设工程工程量清单计价规范》的相关规定进行作答。

2.确定实体材料的净用量定额和材料损耗定额的计算数据，是通过现场技术测定、实验室试验、现场统计和理论计算等方法获得的。材料预算价格一般由材料原价、供销部门手续费、包装费、运杂费、采购及保管费组成。

3.根据《建设工程工程量清单计价规范》（GB 50500—2013）第5.2.3条的规定，分部分项工程和措施项目中的单价项目，应根据拟定的招标文件和招标工程量清单项目中的特征描述及有关要求确定综合单价计算。

根据《招标投标法》第二十三条规定，招标人对已发出的招标文件进行必要的澄清或者修改的，应当在招标文件要求提交投标文件截止时间至少15日前，以书面形式通知所有招标文件收受人。该澄清或者修改的内容为招标文件的组成部分。

4.本案例问题4考核的是否决投标的情形。考生根据背景资料中提供的信息及《招标投标法》进行分析判断。

🏃 冲刺训练 🏃

试题一背景资料：

某电气设备厂筹资新建一生产流水线，该工程设计已完成，施工图纸齐备，施工现场已完成"三通一平"工作，已具备开工条件。工程施工招标委托招标代理机构采用公开招标方式代理招标。

招标代理机构编制了标底（800万元）和招标文件。招标文件中要求工程总工期为365 d。按国家工期定额规定，该工程的工期应为460 d。

通过资格预审并参加投标的共有A、B、C、D、E 5家施工单位。开标会议由招标代理机构主持，开标结果是这5家投标单位的报价均高出标底近300万元，这一异常引起了业主的注意，为了避免招标失败，业主提出由招标代理机构重新复核和制定新的标底。招标代理机构复核标底后，确认是由于工作失误，漏算部分工程项目，使标底偏低。在修正错误后，招标代理机构重新确定了新的标底。A、B、C 3家投标单位认为新的标底不合理，向招标人要求撤回投标文件。

由于上述问题纠纷导致定标工作在原定的投标有效期内一直没有完成。

为早日开工，该业主更改了原定工期和工程结算方式等条件，指定了其中一家施工单位中标。

问题：

1. 根据该工程的具体条件，造价工程师应向业主推荐采用何种合同（按付款方式划分）？为什么？

2. 根据该工程的特点和业主的要求，在工程的标底中是否应含有赶工措施费？为什么？

3. 上述招标工作存在哪些问题？

4. A、B、C 3 家投标单位要求撤回投标文件的做法是否正确？为什么？

5. 如果招标失败，招标人可否另行招标？投标单位的损失是否应由招标人赔偿？为什么？

试题二背景资料：

某工业项目厂房设备安装工程的招标公告中规定，投标人必须为国有一级总承包企业，且近 3 年内至少获得过 1 项该项目所在省优质工程奖；若采用联合体形式投标，必须在投标文件中明确牵头人并提交联合投标协议，若某联合体中标，招标人将与该联合体牵头人订立合同。该项目的招标文件中规定，开标前投标人可修改或撤回投标文件，但开标后投标人不得撤回投标文件；采用固定总价合同，每月工程款在下月末支付；工期不得超过 12 个月，提前竣工奖为 30 万元/月，在竣工结算时支付。

承包商 C 准备参与该工程的投标。经造价工程师估算，总成本为 1000 万元，其中材料费占 60%。

预计在该工程施工过程中，安装材料涨价 10% 的概率为 0.3，涨价 5% 的概率为 0.5，不涨价的概率为 0.2。

假定每月完成的工程量相等，月利率按 1% 计算。

问题：

1. 该项目的招标活动中有哪些不妥之处？逐一说明理由。

2. 按预计发生的总成本计算，若希望中标后能实现 3% 的期望利润，不含税报价应为多少？该报价按承包商原估算总成本计算的利润率为多少？

3. 若承包商 C 以 1100 万元的报价中标，合同工期为 11 个月，合同工期内不考虑物价变化，承包商 C 工程款的现值为多少？

4. 若承包商 C 每月采取加速施工措施，可使工期缩短 1 个月，每月底需额外增加费用 4 万元，合同工期内不考虑物价变化，则承包商 C 工程款的现值为多少？承包商 C 是否应采取加速施工措施？

（问题 3 和问题 4 的计算结果均保留两位小数）

【答案】

试题一

1. 根据该工程的具体条件，造价工程师应向业主推荐采用总价合同。

因该工程施工图齐备，现场条件满足开工要求，工期为 1 年，风险较小。

2. 根据该工程的特点和业主的要求，在工程的标底中含有赶工措施费。

因该工程工期压缩率（460 – 365）d/460 d = 20.7% ＞20%

3. 上述招标工作存在以下问题：

（1）开标以后，又重新确定标底。

（2）在投标有效期内没有完成定标工作。

（3）更改招标文件的合同工期和工程结算条件。

（4）直接指定施工单位。

4. A、B、C 3 家投标单位要求撤回投标文件的做法不正确。

理由：投标是一种要约行为。

5. 如果招标失败，招标人可以重新组织招标。

投标单位的损失，招标人不应给予赔偿，因招标属于要约邀请。

试题二

1. 该项目的招标活动中的不妥之处及理由：

（1）不妥之处一：招标公告中要求投标人必须为国有一级总承包企业。

理由：根据相关规定，招标人不得以不合理的条件限制、排斥潜在投标人或者投标人。

（2）不妥之处二：要求投标人获得过项目所在省优质工程奖。

理由：根据相关规定，招标人不得对潜在投标人或者投标人实行歧视待遇。

（3）不妥之处三：规定若联合体中标，招标人与牵头人订立合同。

理由：根据相关规定，联合体各方应共同与招标人签订合同。

（4）不妥之处四：规定开标后投标人不得撤回投标文件。

理由：根据相关规定，提交投标文件截止时间后到招标文件规定的投标有效期终止之前不得撤回。

（5）不妥之处五：开标前投标人可修改或撤回投标文件。

理由：根据相关规定，在规定的投标截止时间前，投标人可以修改或撤回已递交的投标文件，但应以书面形式通知招标人。

2. 不含税报价与利润率的计算：

方法一：

设不含税报价为 x 万元，则

x – 1000 – 1000 ×60% ×10% ×0.3 – 1000 ×60% ×5% ×0.5 = 1000 ×3%

解得 x = 1063 万元

【或：（1000 + 1000 ×60% ×10% ×0.3 + 1000 ×60% ×5% ×0.5 + 1000 ×3%）万元 = 1063 万元】

相应的利润率为：（1063 – 1000）/1000 ×100% = 6.3%

方法二：

（1）材料不涨价时，不含税报价为：1000 ×（1 +3%）= 1030 万元

（2）材料涨价 10% 时，不含税报价为：1000 ×（1 +3%）万元 +1000 ×60% ×10% 万

元＝1090 万元

（3）材料涨价 5% 时，不含税报价为：$1000 \times (1 + 3\%) + 1000 \times 60\% \times 5\% = 1060$ 万元

综合确定不含税报价为：$(1030 \times 0.2 + 1090 \times 0.3 + 1060 \times 0.5)$ 万元 ＝1063 万元

相应利润率为：$(1063 - 1000)/1000 \times 100\% = 6.3\%$

3. 按合同工期施工，每月完成的工作量为 A ＝1100/11 万元 ＝100 万元，则

工程款的现值 $PV = 100(P/A, 1\%, 11)/(1 + 1\%)$

$$= 100 \text{万元} \times \{[(1 + 1\%)^{11} - 1]/[1\% \times (1 + 1\%)^{11}]\}/(1 + 1\%)$$

$$= 1026.50 \text{万元}$$

4. 加速施工条件下，工期为 10 个月，每月完成的工作量为 A′＝1100/10 万元 ＝110 万元，则工程款现值为：

$$PV' = 110(P/A, 1\%, 10)/(1 + 1\%) + 30/(1 + 1\%)^{11} - 4(P/A, 1\%, 10)$$

$$= (1031.53 + 26.89 - 37.89) \text{万元}$$

$$= 1020.53 \text{万元}$$

因为 $PV' < PV$，所以该承包商不宜采取加速施工措施。

第二节　工程评标与定标

☞ 考点 1　开标与评标 ★★★

【考情分析】

在历年工程造价案例分析考试中，本考点属于重点内容，一般不会单独出题进行考核。在进行考查时，本考点多以分析判断并说明理由的形式进行考查。预计在以后的工程造价案例分析考试中，多会在评标委员会、初步评审、详细评审等这些要点中出题进行考查。

一、开标的有关规定

项　目	内　容
开标时间、地点	《招标投标法》第三十四条规定，开标应当在招标文件确定的提交投标文件截止时间的同一时间公开进行；开标地点应当为招标文件中预先确定的地点。 《招标投标法实施条例》第四十四条规定，招标人应当按照招标文件规定的时间、地点开标。**投标人少于 3 个的，不得开标**；招标人应当重新招标。投标人对开标有异议的，应当在开标现场提出，招标人应当当场做出答复，并制作记录。 根据《标准施工招标文件》，招标人在规定的投标截止时间（开标时间）和投标人须知前附表规定的地点公开开标，并邀请所有投标人的法定代表人或其委托代理人准时参加
出席开标会议的规定	《招标投标法》第三十五条规定，开标由招标人主持，邀请所有投标人参加
开标时的其他规定	《招标投标法》第三十六条规定，开标时，由投标人或者其推选的代表检查投标文件的密封情况，也可以由招标人委托的公证机构检查并公证；经确认无误后，由工作人员当众拆封，宣读投标人名称、投标价格和投标文件的其他主要内容。招标人在招标文件要求提交投标文件的截止时间前收到的所有投标文件，开标时都应当众予以拆封、宣读。开标过程应当记录，并存档备查。 《招标投标法实施条例》第五十条规定，招标项目设有标底的，招标人应当在开标时公布。标底只能作为评标的参考，不得以投标报价是否接近标底作为中标条件，也不得以投标报价超过标底上下浮动范围作为否决投标的条件

项　目	内　　容
开标程序	根据《标准施工招标文件》，主持人按下列程序进行开标： ① 宣布开标纪律； ② 公布在投标截止时间前递交投标文件的投标人名称，并点名确认投标人是否派人到场； ③ 宣布开标人、唱标人、记录人、监标人等有关人员姓名； ④ 按照投标人须知前附表规定检查投标文件的密封情况； ⑤ 按照投标人须知前附表的规定确定并宣布投标文件开标顺序； ⑥ 设有标底的，公布标底； ⑦ 按照宣布的开标顺序当众开标，公布投标人名称、标段名称、投标保证金的递交情况、投标报价、质量目标、工期及其他内容，并记录在案； ⑧ 投标人代表、招标人代表、监标人、记录人等有关人员在开标记录上签字确认； ⑨ 开标结束
招标人不予受理的投标	《招标投标法实施条例》第三十六条规定，未通过资格预审的申请人提交的投标文件，以及逾期送达或者不按照招标文件要求密封的投标文件，招标人应当拒收

二、评标委员会及其组建

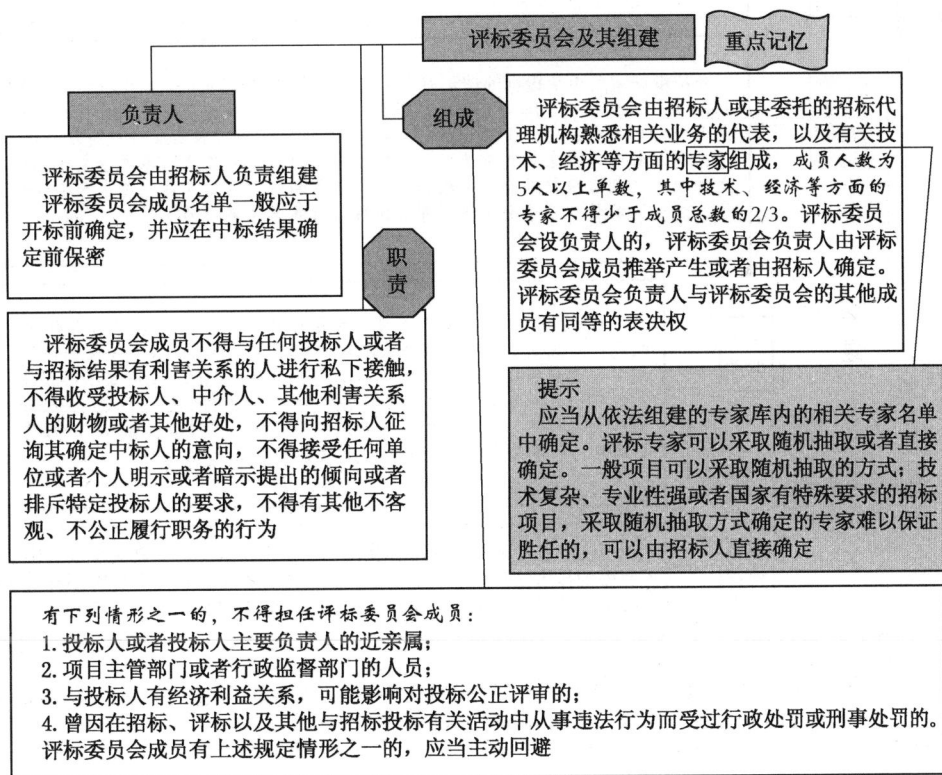

评标委员会及其组建 **重点记忆**

负责人

评标委员会由招标人负责组建评标委员会成员名单一般应于开标前确定，并应在中标结果确定前保密

组成

评标委员会由招标人或其委托的招标代理机构熟悉相关业务的代表，以及有关技术、经济等方面的专家组成，成员人数为5人以上单数，其中技术、经济等方面的专家不得少于成员总数的2/3。评标委员会设负责人的，评标委员会负责人由评标委员会成员推举产生或者由招标人确定。评标委员会负责人与评标委员会的其他成员有同等的表决权

职责

评标委员会成员不得与任何投标人或者与招标结果有利害关系的人进行私下接触，不得收受投标人、中介人、其他利害关系人的财物或者其他好处，不得向招标人征询其确定中标人的意向，不得接受任何单位或者个人明示或者暗示提出的倾向或者排斥特定投标人的要求，不得有其他不客观、不公正履行职务的行为

提示

应当从依法组建的专家库内的相关专家名单中确定。评标专家可以采取随机抽取或者直接确定。一般项目可以采取随机抽取的方式；技术复杂、专业性强或者国家有特殊要求的招标项目，采取随机抽取方式确定的专家难以保证胜任的，可以由招标人直接确定

有下列情形之一的，不得担任评标委员会成员：
1. 投标人或者投标人主要负责人的近亲属；
2. 项目主管部门或者行政监督部门的人员；
3. 与投标人有经济利益关系，可能影响对投标公正评审的；
4. 曾因在招标、评标以及其他与招标投标有关活动中从事违法行为而受过行政处罚或刑事处罚的。
评标委员会成员有上述规定情形之一的，应当主动回避

三、初步评审的相关内容

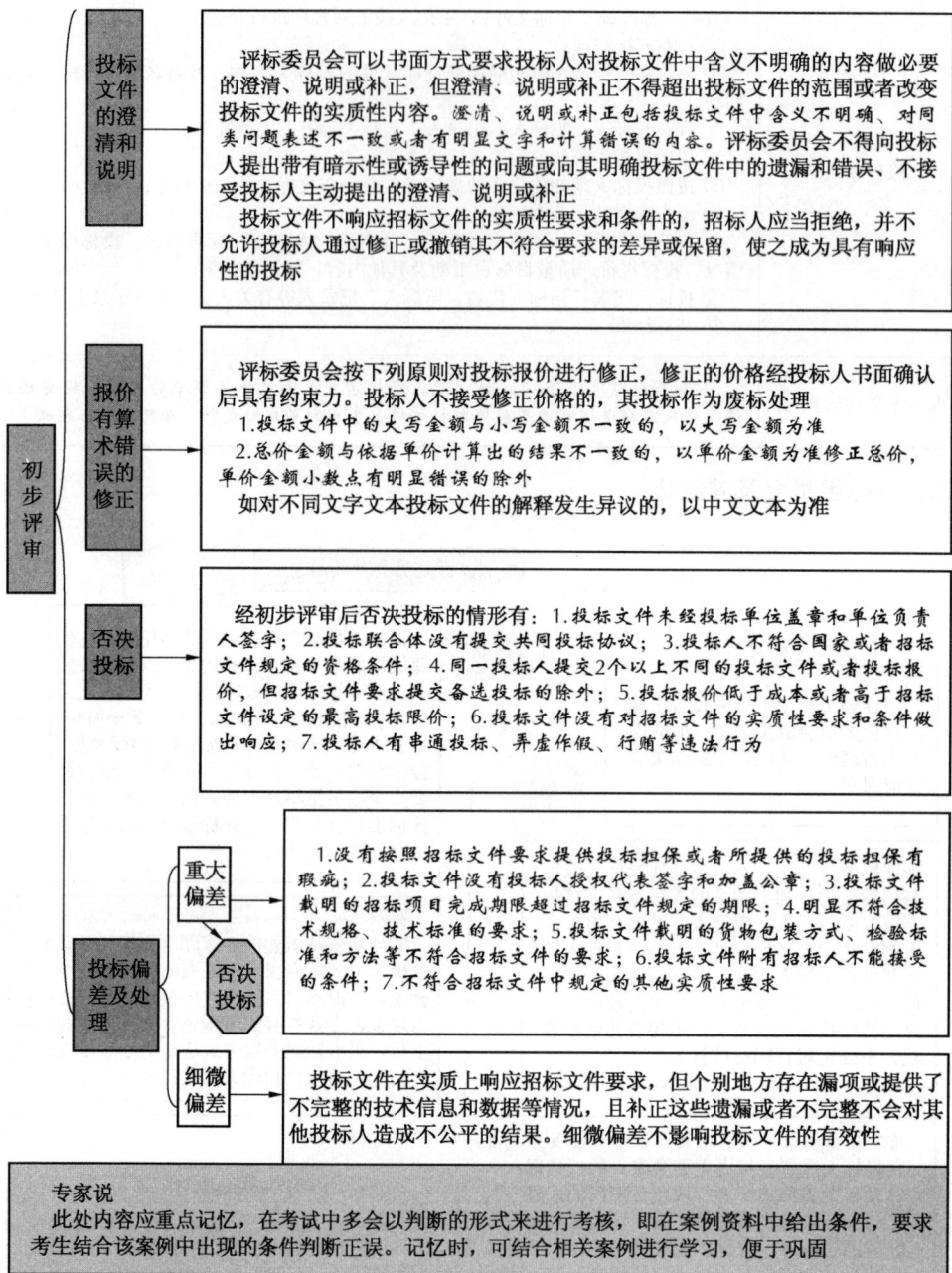

初步评审

投标文件的澄清和说明

评标委员会可以书面方式要求投标人对投标文件中含义不明确的内容做必要的澄清、说明或补正，但澄清、说明或补正不得超出投标文件的范围或者改变投标文件的实质性内容。澄清、说明或补正包括投标文件中含义不明确、对同类问题表述不一致或者有明显文字和计算错误的内容。评标委员会不得向投标人提出带有暗示性或诱导性的问题或向其明确投标文件中的遗漏和错误、不接受投标人主动提出的澄清、说明或补正

投标文件不响应招标文件的实质性要求和条件的，招标人应当拒绝，并不允许投标人通过修正或撤销其不符合要求的差异或保留，使之成为具有响应性的投标

报价有算术错误的修正

评标委员会按下列原则对投标报价进行修正，修正的价格经投标人书面确认后具有约束力。投标人不接受修正价格的，其投标作为废标处理

1.投标文件中的大写金额与小写金额不一致的，以大写金额为准

2.总价金额与依据单价计算出的结果不一致的，以单价金额为准修正总价，单价金额小数点有明显错误的除外

如对不同文字文本投标文件的解释发生异议的，以中文文本为准

否决投标

经初步评审后否决投标的情形有：1.投标文件未经投标单位盖章和单位负责人签字；2.投标联合体没有提交共同投标协议；3.投标人不符合国家或者招标文件规定的资格条件；4.同一招标项目提交2个以上不同的投标文件或者投标报价，但招标文件要求提交备选投标的除外；5.投标报价低于成本或者高于招标文件设定的最高投标限价；6.投标文件没有对招标文件的实质性要求和条件做出响应；7.投标人有串通投标、弄虚作假、行贿等违法行为

投标偏差及处理

重大偏差 → **否决投标**

1.没有按照招标文件要求提供投标担保或者所提供的投标担保有瑕疵；2.投标文件没有投标人授权代表签字和加盖公章；3.投标文件载明的招标项目完成期限超过招标文件规定的期限；4.明显不符合技术规格、技术标准的要求；5.投标文件载明的货物包装方式、检验标准和方法等不符合招标文件的要求；6.投标文件附有招标人不能接受的条件；7.不符合招标文件中规定的其他实质性要求

细微偏差

投标文件在实质上响应招标文件要求，但个别地方存在漏项或提供了不完整的技术信息和数据等情况，且补正这些遗漏或者不完整不会对其他投标人造成不公平的结果。细微偏差不影响投标文件的有效性

专家说

此处内容应重点记忆，在考试中多会以判断的形式来进行考核，即在案例资料中给出条件，要求考生结合该案例中出现的条件判断正误。记忆时，可结合相关案例进行学习，便于巩固

四、详细评审的相关内容

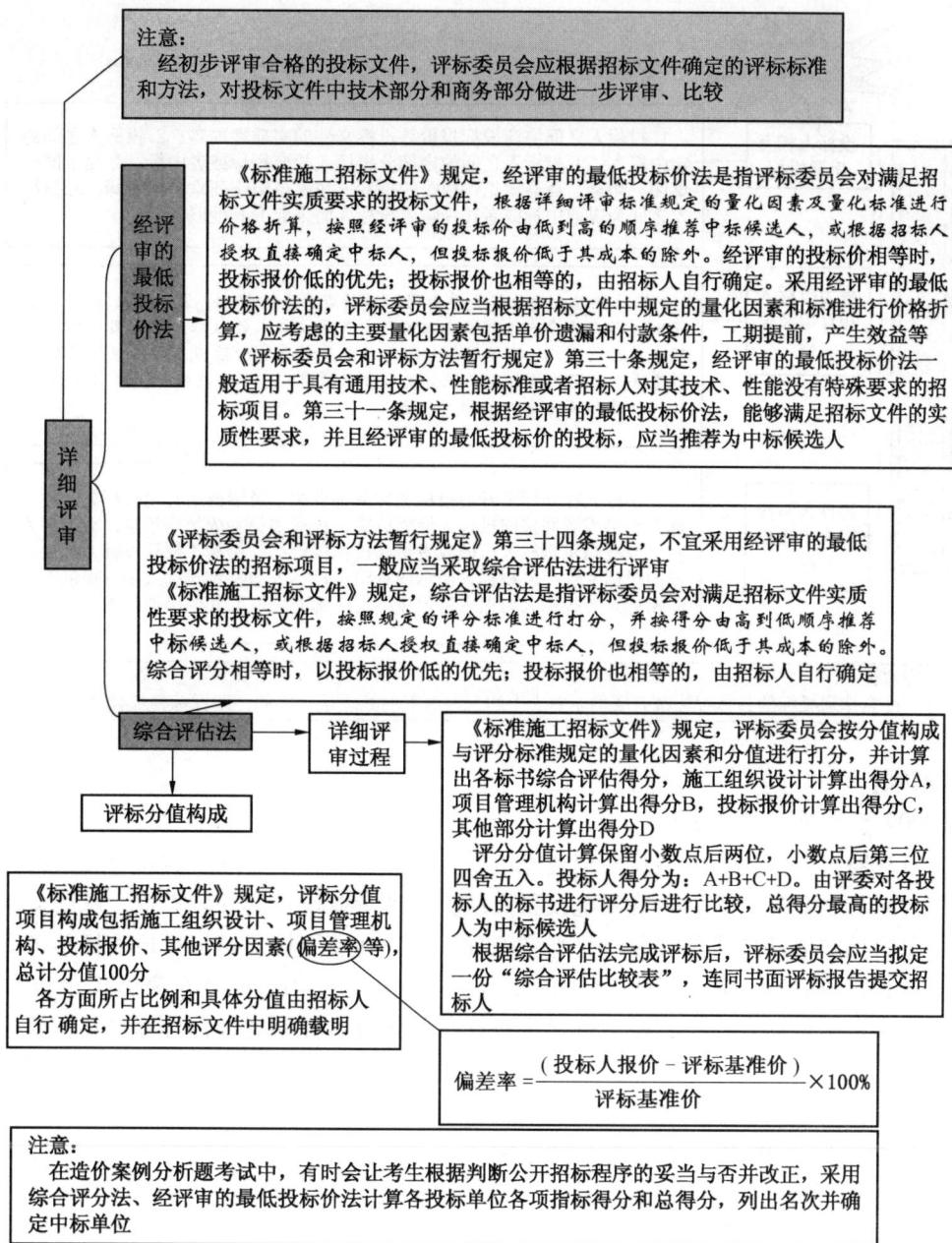

注意：
　　经初步评审合格的投标文件，评标委员会应根据招标文件确定的评标标准和方法，对投标文件中技术部分和商务部分做进一步评审、比较

经评审的最低投标价法

　　《标准施工招标文件》规定，经评审的最低投标价法是指评标委员会对满足招标文件实质要求的投标文件，根据详细评审标准规定的量化因素及量化标准进行价格折算，按照经评审的投标价由低到高的顺序推荐中标候选人，或根据招标人授权直接确定中标人，但投标报价低于其成本的除外。经评审的投标价相等时，投标报价低的优先；投标报价也相等的，由招标人自行确定。采用经评审的最低投标价法的，评标委员会应当根据招标文件中规定的量化因素和标准进行价格折算，应考虑的主要量化因素包括单价遗漏和付款条件，工期提前，产生效益等
　　《评标委员会和评标方法暂行规定》第三十条规定，经评审的最低投标价法一般适用于具有通用技术、性能标准或者招标人对其技术、性能没有特殊要求的招标项目。第三十一条规定，根据经评审的最低投标价法，能够满足招标文件的实质性要求，并且经评审的最低投标价的投标，应当推荐为中标候选人

详细评审

　　《评标委员会和评标方法暂行规定》第三十四条规定，不宜采用经评审的最低投标价法的招标项目，一般应当采取综合评估法进行评审
　　《标准施工招标文件》规定，综合评估法是指评标委员会对满足招标文件实质性要求的投标文件，按照规定的评分标准进行打分，并按得分由高到低顺序推荐中标候选人，或根据招标人授权直接确定中标人，但投标报价低于其成本的除外。综合评分相等时，以投标报价低的优先；投标报价也相等的，由招标人自行确定

综合评估法 → 详细评审过程

　　《标准施工招标文件》规定，评标委员会按分值构成与评分标准规定的量化因素和分值进行打分，并计算出各标书综合评估得分，施工组织设计计算出得分A，项目管理机构计算出得分B，投标报价计算出得分C，其他部分计算出得分D
　　评分分值计算保留小数点后两位，小数点后第三位四舍五入。投标人得分为：A+B+C+D。由评委对各投标人的标书进行评分后进行比较，总得分最高的投标人为中标候选人
　　根据综合评估法完成评标后，评标委员会应当拟定一份"综合评估比较表"，连同书面评标报告提交招标人

评标分值构成

　　《标准施工招标文件》规定，评标分值项目构成包括施工组织设计、项目管理机构、投标报价、其他评分因素(偏差率等)，总计分值100分
　　各方面所占比例和具体分值由招标人自行确定，并在招标文件中明确载明

$$偏差率 = \frac{（投标人报价－评标基准价）}{评标基准价} \times 100\%$$

注意：
　　在造价案例分析题考试中，有时会让考生根据判断公开招标程序的妥当与否并改正，采用综合评分法、经评审的最低投标价法计算各投标单位各项指标得分和总得分，列出名次并确定中标单位

五、串通投标

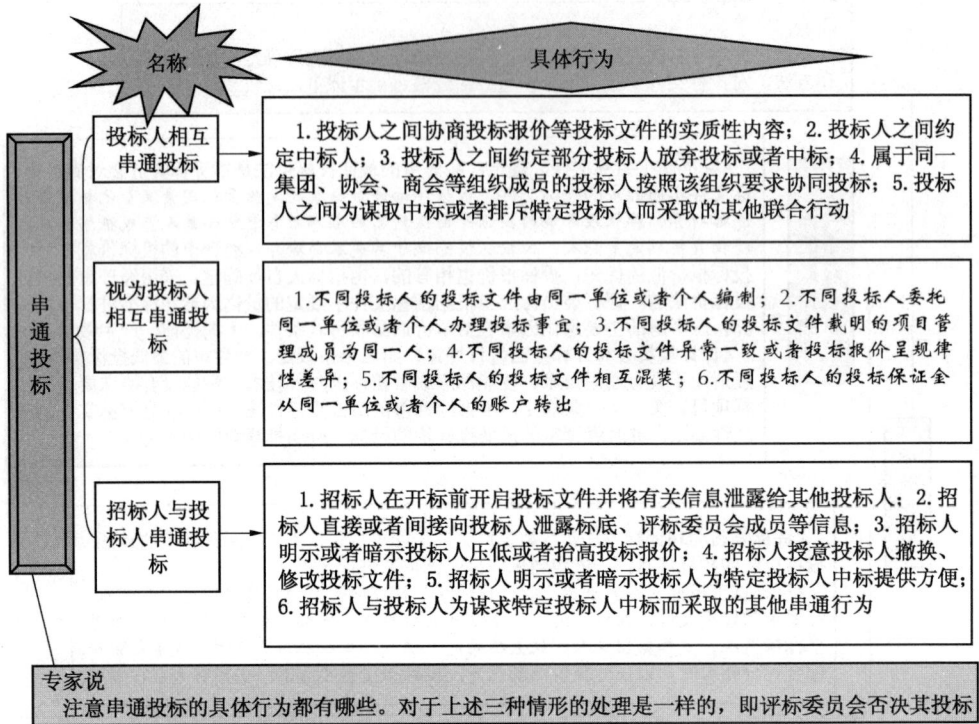

名称	具体行为

投标人相互串通投标
1.投标人之间协商投标报价等投标文件的实质性内容；2.投标人之间约定中标人；3.投标人之间约定部分投标人放弃投标或者中标；4.属于同一集团、协会、商会等组织成员的投标人按照该组织要求协同投标；5.投标人之间为谋取中标或者排斥特定投标人而采取的其他联合行动

视为投标人相互串通投标
1.不同投标人的投标文件由同一单位或者个人编制；2.不同投标人委托同一单位或者个人办理投标事宜；3.不同投标人的投标文件载明的项目管理成员为同一人；4.不同投标人的投标文件异常一致或者投标报价呈规律性差异；5.不同投标人的投标文件相互混装；6.不同投标人的投标保证金从同一单位或者个人的账户转出

招标人与投标人串通投标
1.招标人在开标前开启投标文件并将有关信息泄露给其他投标人；2.招标人直接或者间接向投标人泄露标底、评标委员会成员等信息；3.招标人明示或者暗示投标人压低或者抬高投标报价；4.招标人授意投标人撤换、修改投标文件；5.招标人明示或者暗示投标人为特定投标人中标提供方便；6.招标人与投标人为谋求特定投标人中标而采取的其他串通行为

专家说
注意串通投标的具体行为都有哪些。对于上述三种情形的处理是一样的，即评标委员会否决其投标

【真题回顾】

（2009年真题）背景资料：

某市政府拟投资建一大型垃圾焚烧发电站工程项目。该项目除厂房及有关设施的土建工程外，还有全套进口垃圾焚烧发电设备及垃圾处理专业设备的安装工程。厂房范围内地质勘察资料反映地基地质条件复杂，地基处理采用钻孔灌注桩。招标单位委托某咨询公司进行全过程投资管理。该项目厂房土建工程有 A、B、C、D、E 共 5 家施工单位参加投标，资格预审结果均合格。招标文件要求投标单位将技术标和商务标分别封装。评标原则及方法如下。

（1）采用综合评估法，按照得分高低排序，推荐三名合格的中标候选人。

（2）技术标共 40 分，其中施工方案 10 分，工程质量及保证措施 15 分，工期、业绩信誉、安全文明施工措施分别为 5 分。

（3）商务标共 60 分：①若最低报价低于次低报价 15% 以上（含 15%），最低报价的商务标得分为 30 分，且不再参加商务标基准价计算；②若最高报价高于次高报价 15% 以上（含 15%），最高报价的投标按废标处理；③人工、钢材、商品混凝土价格参照当地有关部门发布的工程造价信息，若低于该价格 10% 以上时，评标委员会应要求该投标单位做必要的澄清；④以符合要求的商务报价的算术平均数作为基准价（60 分），报价比基准价每下降 1% 扣 1 分，最多扣 10 分，报价比基准价每增加 1% 扣 2 分，扣分不保底。

各投标单位的技术标得分和商务报价的相关数据表信息如下。

各投标单位技术标得分汇总

投标单位	施工方案	工 期	质保措施	安全文明施工	业绩信誉
A	8.5	4	14.5	4.5	5
B	9.5	4.5	14	4	4
C	9.0	5	14.5	4.5	4
D	8.5	3.5	14	4	3.5
E	9.0	4	13.5	4	3.5

各投标单位报价汇总

投标单位	A	B	C	D	E
报价/万元	3900	3886	3600	3050	3784

评标过程中又发生 E 投标单位不按评标委员会要求进行澄清、说明、补正。

问题：

1. 该项目应采取何种招标方式？如果把该项目划分成若干个标段分别进行招标，划分时应当综合考虑的因素是什么？本项目可如何划分？

2. 按照评标办法，计算各投标单位商务标得分。

3. 按照评标办法，计算各投标单位综合得分，并把计算结果填入综合得分计算表中。

4. 推荐合格的中标候选人，并排序。

（计算结果均保留两位小数）

综 合 得 分 计 算 表

投标单位	施工方案	工 期	质保措施	安全文明施工	业绩信誉	商务得分	综合得分
A							
B							
C							
D							
E							

【答案】

问题 1：

该项目应采取公开招标方式。

如果把该项目划分成若干个标段分别进行招标，划分时应当综合考虑的因素是招标项目的专业要求、招标项目的管理要求、对工程投资的影响、工程各项工作的衔接等。

本项目可划分为地基处理工程（桩基工程）、厂房及有关设施的土建工程、垃圾焚烧发电设备及垃圾处理专业设备采购、安装工程（或将垃圾焚烧发电设备及垃圾处理专业设备和安装工程合并）等标段。

问题2：

（1）最低报价的 D 单位与次低报价的 C 单位相比 $\frac{|3050-3600|}{3600}=15.28\%>15\%$，因此，D 单位的商务标得分为 30 分，且不再参加商务标基准价计算。

（2）最高报价的 A 单位与次高报价的 B 单位相比：$\frac{3900-3886}{3886}=0.36\%<15\%$，因此，A 单位的商务标有效。

（3）E 单位没有按要求澄清、说明、补正，因此，E 单位的标书按废标处理。

（4）商务标基准价 $=\frac{3900+3886+3600}{3}$ 万元 $=3795.33$ 万元

（5）商务标得分：

A 单位商务标得分 $=60-\frac{3900-3795.33}{3795.33}\times100\times2$ 分 $=54.48$ 分

B 单位商务标得分 $=60-\frac{3886-3795.33}{3795.33}\times100\times2$ 分 $=55.22$ 分

C 单位商务标得分 $=60-\frac{3795.33-3600}{3795.33}\times100\times1$ 分 $=54.85$ 分

D 单位商务标得分 $=30$ 分

问题3：

计算各投标单位综合得分，计算结果见下表。

综 合 得 分 计 算 表

投标单位	施工方案	工 期	质保措施	安全文明施工	业绩信誉	商务得分	综合得分
A	8.50	4.00	14.50	4.50	5.00	54.48	90.98
B	9.50	4.50	14.00	4.00	4.00	55.22	91.22
C	9.00	5.00	14.50	4.50	4.00	54.85	91.85
D	8.50	3.50	14.00	4.00	3.50	30.00	63.50
E	9.00	4.00	13.50	4.00	3.50	0.00	废标

问题4：

推荐的中标候选人排名：第一名 C 单位，第二名 B 单位，第三名 A 单位。

【解析】

1. 本案例问题1考核的是招标方式。判断工程项目是采用公开招标还是邀请招标方式进行招标应按照相关法规的规定来判断。

2. 本案例问题2考核的是综合评估法。《评标委员会和评标方法暂行规定》第二十九条规定，详细评审方法包括经评审的最低投标价法、综合评估法或者法律、行政法规允许的其他评标方法。

3. 本案例问题3中的各投标单位综合得分计算，应为各项评分值之和。

4. 本案例问题4根据《工程建设项目施工招标投标办法》（七部委30号令）进行作答。

☞ **考点 2　中标与定标★★**

【考情分析】

该考点内容篇幅不多，但重复考核的可能性比较大，但分值所占比重不大，记忆即可，不做深究。关于中标与定标，考生应重点掌握的是有关数值的要求，如履约保证金的比例、合同的签订时间等。

一、中标人的确定

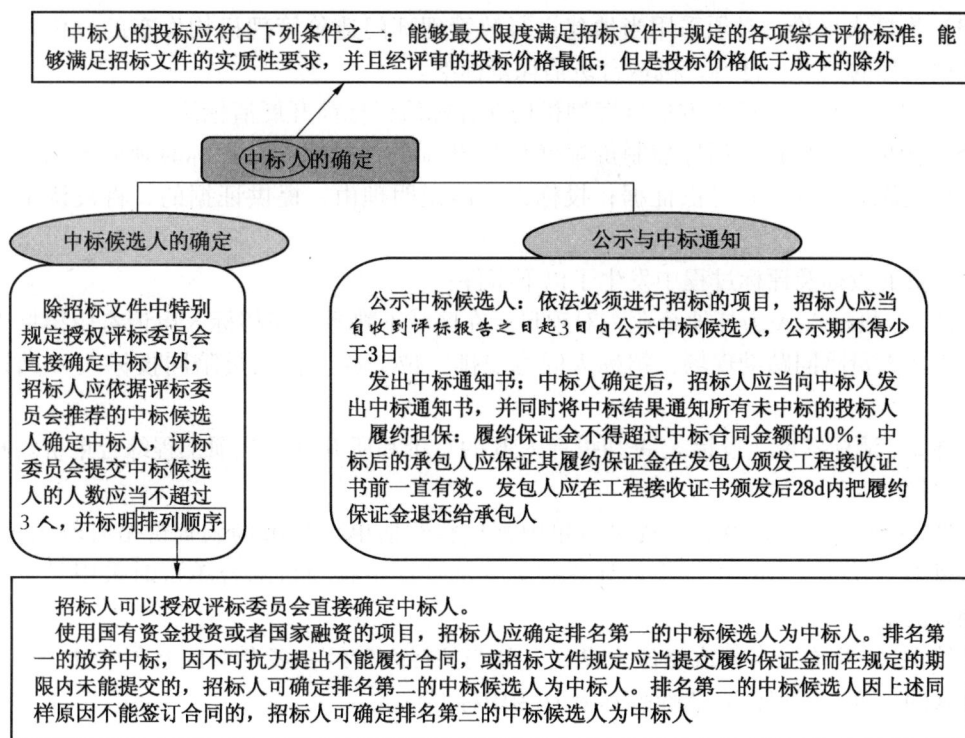

中标人的投标应符合下列条件之一：能够最大限度满足招标文件中规定的各项综合评价标准；能够满足招标文件的实质性要求，并且经评审的投标价格最低；但是投标价格低于成本的除外

中标人的确定

中标候选人的确定

除招标文件中特别规定授权评标委员会直接确定中标人外，招标人应依据评标委员会推荐的中标候选人确定中标人，评标委员会提交中标候选人的人数应当不超过3人，并标明排列顺序

公示与中标通知

公示中标候选人：依法必须进行招标的项目，招标人应当自收到评标报告之日起3日内公示中标候选人，公示期不得少于3日

发出中标通知书：中标人确定后，招标人应当向中标人发出中标通知书，并同时将中标结果通知所有未中标的投标人

履约担保：履约保证金不得超过中标合同金额的10%；中标后的承包人应保证其履约保证金在发包人颁发工程接收证书前一直有效。发包人应在工程接收证书颁发后28d内把履约保证金退还给承包人

招标人可以授权评标委员会直接确定中标人。

使用国有资金投资或者国家融资的项目，招标人应确定排名第一的中标候选人为中标人。排名第一的放弃中标，因不可抗力提出不能履行合同，或招标文件规定应当提交履约保证金而在规定的期限内未能提交的，招标人可确定排名第二的中标候选人为中标人。排名第二的中标候选人因上述同样原因不能签订合同的，招标人可确定排名第三的中标候选人为中标人

二、定标

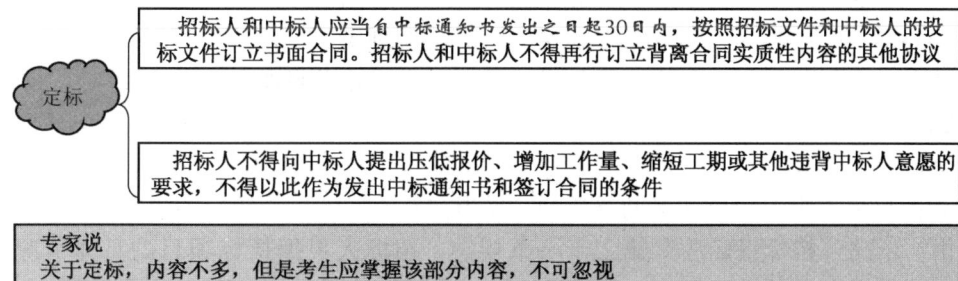

定标

招标人和中标人应当自中标通知书发出之日起30日内，按照招标文件和中标人的投标文件订立书面合同。招标人和中标人不得再行订立背离合同实质性内容的其他协议

招标人不得向中标人提出压低报价、增加工作量、缩短工期或其他违背中标人意愿的要求，不得以此作为发出中标通知书和签订合同的条件

专家说
关于定标，内容不多，但是考生应掌握该部分内容，不可忽视

【真题回顾】

（2016 年真题）背景资料：

某国有资金投资建设项目，采用公开招标方式进行施工招标，业主委托具有相应招标代理和造价咨询资质的中介机构编制了招标文件和招标控制价。

该项目招标文件包括如下规定：

（1）招标人不组织项目现场勘查活动。

（2）投标人对招标文件有异议的，应当在投标截止时间 10 日前提出，否则招标人将拒绝回复。

（3）投标人报价时必须采用当地建设行政管理部门造价管理机构发布的计价定额中分部分项工程的人工、材料、机械台班消耗量标准。

（4）招标人将聘请第三方造价咨询机构在开标后评标前开展清标活动。

（5）投标人报价低于招标控制价幅度超过 30% 的，投标人在评标时须向评标委员会说明报价较低的理由，并提供证据；投标人不能说明理由、提供证据的，将被认定为废标。

在项目的投标及评标过程中发生了以下事件：

事件 1：投标人 A 为外地企业，对项目所在区域不熟悉，向招标人申请希望招标人安排一名工作人员陪同踏勘现场，招标人同意安排一位普通工作人员陪同投标人 A 踏勘现场。

事件 2：清标发现，投标人 A 和投标人 B 的总价和所有分部分项工程综合单价均相差相同的比例。

事件 3：通过市场调查，工程量清单中某材料暂估单价与市场调查价格有较大偏差，为规避风险，投标人 C 在投标报价计算相关分部分项工程项目综合单价时采用了该材料市场调查的实际价格。

事件 4：评标委员会某成员认为投标人 D 与招标人曾经在多个项目上合作过，从有利于招标人的角度，建议优先选择投标人 D 为中标候选人。

问题：

1. 请逐一分析项目招标文件包括的（1）~（5）项规定是否妥当，并分别说明理由。

2. 事件 1 中，招标人的做法是否妥当？并说明理由。

3. 针对事件 2，评标委员会应该如何处理？并说明理由。

4. 事件 3 中，投标人 C 的做法是否妥当？并说明理由。

5. 事件 4 中，该评标委员会成员的做法是否妥当？并说明理由。

【答案】

问题 1：

（1）招标人不组织项目现场勘查活动，妥当。

理由：依据《招标投标法》第二十一条规定，招标人根据招标项目的具体情况，可以组织潜在投标人踏勘项目现场。因此招标人可以不组织项目现场勘查活动。

（2）投标人对招标文件有异议的，应当在投标截止时间 10 日前提出，否则招标人将拒绝回复，妥当。

　　理由：依据《招标投标法实施条例》第二十二条规定，潜在投标人或者其他利害关系人对资格预审文件有异议的，应当在提交资格预审申请文件截止时间2日前提出；对招标文件有异议的，应当在投标截止时间10日前提出。招标人应当自收到异议之日起3日内做出答复；做出答复前，应当暂停招标投标活动。

　　（3）投标人报价时必须采用当地建设行政管理部门造价管理机构发布的计价定额中分部分项工程的人工、材料、机械台班消耗量标准，不妥。

　　理由：投标人可以依据本企业定额、招标文件或其招标工程量清单自主确定报价成本。

　　（4）招标人将聘请第三方造价咨询机构在开标后评标前开展清标活动，妥当。

　　理由：招标人可以聘请第三方造价咨询机构在开标后评标前开展清标活动以减少评标工作。

　　（5）投标人报价低于招标控制价幅度超过30%的，投标人在评标时须向评标委员会说明报价较低的理由，并提供证据；投标人不能说明理由、提供证据的，将被认定为废标，不妥。

　　理由：不能将因为低于招标控制价一定比例且不能说明理由作为废标的条件。依据《评标委员会和评标方法暂行规定》（七部委第12号令）第二十一条规定，在评标过程中，评标委员会发现投标人的报价明显低于其他投标报价或者在设有标底时明显低于标底，使得其投标报价可能低于其个别成本的，应当要求该投标人做出书面说明并提供相关证明材料。投标人不能合理说明或者不能提供相关证明材料的，由评标委员会认定该投标人以低于成本报价竞标，应当否决其投标。

　　问题2：

　　事件1中，招标人的做法不妥。

　　理由：依据《招标投标法实施条例》第二十八条规定，招标人不得组织单个或者部分潜在投标人踏勘项目现场。因此招标人不能安排一名工作人员陪同勘查现场。

　　问题3：

　　针对事件2，评标委员会应该将投标人A和投标人B的投标文件作为废标处理。

　　理由：依据《招标投标法实施条例》第四十条的规定，不同投标人的投标文件异常一致或者投标报价呈规律性差异，视为投标人相互串通投标。因此应该将投标人A和投标人B的投标文件作为废标处理。

　　问题4：

　　事件3中，投标人C的做法不妥。

　　理由：依据相关规定，招标工程量清单中提供了暂估单价的材料和工程设备，按照暂估的单价计入综合单价。

　　问题5：

　　事件4中，该评标委员会成员的做法不妥。

　　理由：依据《招标投标法实施条例》第四十九条规定，评标委员会成员应当依照招标投标法和本条例的规定，按照招标文件规定的评标标准和方法，客观、公正地对投标文件提出评审意见。招标文件没有规定的评标标准和方法不得作为评标的依据。评标委员会成员不得私下接触投标人，不得收受投标人给予的财物或者其他好处，不得向招标人征询确定中标人的意向，不得接受任何单位或者个人明示或者暗示提出的倾向或者排斥特定投标人的要求，不得有其他不客观、不公正履行职务的行为。

【解析】

1. 本案例问题 1 根据《招标投标法》《招标投标法实施条例》《评标委员会和评标方法暂行规定》（七部委第 12 号令）的相关规定进行作答。

2. 本案例问题 2 依据《招标投标法实施条例》第二十八条进行作答。

3. 本案例问题 3 考核的是串通投标。《招标投标法实施条例》第四十条规定，有下列情形之一的，视为投标人相互串通投标：

（1）不同投标人的投标文件由同一单位或者个人编制；

（2）不同投标人委托同一单位或者个人办理投标事宜；

（3）不同投标人的投标文件载明的项目管理成员为同一人；

（4）不同投标人的投标文件异常一致或者投标报价呈规律性差异；

（5）不同投标人的投标文件相互混装；

（6）不同投标人的投标保证金从同一单位或者个人的账户转出。

4. 本案例问题 4 考核的是招标控制价的编制。依据《建设工程工程量清单计价规范》（GB 50500—2013）第 5.2.5 条规定，其他项目应按下列规定计价：

（1）暂列金额应按招标工程量清单中列出的金额填写；

（2）暂估价中的材料、工程设备单价应按招标工程量清单中列出的单价计入综合单价；

（3）暂估价中的专业工程金额应按招标工程量清单中列出的金额填写；

（4）计日工应按招标工程量清单中列出的项目根据工程特点和有关计价依据确定综合单价计算；

（5）总承包服务费应根据招标工程量清单列出的内容和要求估算。

5. 本案例问题 5 依据《招标投标法实施条例》第四十九条规定作答。

冲刺训练

试题一背景资料：

某省属高校投资建设一幢建筑面积为 30000 m² 的普通教学楼，拟采用工程量清单以公开招标方式进行施工招标。业主委托具有相应招标代理和造价咨询资质的某咨询企业编制招标文件和最高投标限价（该项目的最高投标限价为 5000 万元）。

咨询企业编制招标文件和最高投标限价过程中，发生如下事件：

事件 1：为了响应业主对潜在投标人择优选择的高要求，咨询企业的项目经理在招标文件中设置了以下几项内容：

（1）投标人资格条件之一为：投标人近 5 年必须承担过高校教学楼工程；

（2）投标人近 5 年获得过鲁班奖、本省省级质量奖等奖项作为加分条件；

（3）项目的投标保证金为 75 万元，且投标保证金必须从投标企业基本账户转出；

（4）中标人履约保证金为最高投标限价的 10%。

事件2：项目经理认为招标文件中的合同条款是基本的粗略条款，只需将政府有关管理部门出台的施工合同示范文本添加项目基本信息后附在招标文件中即可。

事件3：在招标文件编制人员研究本项目的评标办法时，项目经理认为所在咨询企业以往代理的招标项目更常采用综合评估法，遂要求编制人员采用综合评估法。

事件4：该咨询企业技术负责人在审核项目成果文件时发现项目工程量清单中存在漏项，要求做出修改。项目经理解释认为第二天需要向委托人提交成果文件且合同条款中已有关于漏项的处理约定，故不用修改。

事件5：该咨询企业负责人认为最高投标限价不需保密，因此，又接受了某拟投标人的委托，为其提供该项目的投标报价咨询。

事件6：为控制投标报价的价格水平，咨询企业和业主商定，以代表省内先进水平的A施工企业的企业定额为依据，编制了本项目的最高投标限价。

问题：

1. 针对事件1，逐一指出咨询企业项目经理为响应业主要求提出的（1）~（4）项内容是否妥当，并说明理由。

2. 针对事件2~6，分别指出相关人员的行为或观点是否正确或妥当，并说明理由。

试题二背景资料：

某国有资金投资的水利枢纽工程项目，建设单位采用工程量清单公开招标方式进行施工招标。

建设单位委托具有相应资质的招标代理机构编制了招标文件，招标文件包括如下规定：

（1）招标人设有最高投标限价和最低投标限价，高于最高投标限价或低于最低投标限价的投标人报价均按废标处理。

（2）投标人应对工程量清单进行复核，招标人不对工程量清单的准确性和完整性负责。

（3）招标人将在投标截止日后的90日内完成评标和公布中标候选人工作。

投标和评标过程中发生如下事件。

事件1：投标人A对工程量清单中某分项工程工程量的准确性有异议，并于投标截止时间15日前向招标人书面提出了澄清申请。

事件2：投标人B在投标截止时间前10 min以书面形式通知招标人撤回已递交的投标文件，并要求招标人5日内退还已递交的投标保证金。

事件3：在评标过程中，投标人D主动对自己的投标文件向评标委员会提出了书面澄清、说明。

事件4：在评标过程中，评标委员会发现投标人E和投标人F的投标文件中载明的项目管理成员中有一人为同一人。

问题：

1. 招标文件中，除了投标人须知、图纸、技术标准和要求、投标文件格式外，还应包括哪些内容？

2. 分析招标代理机构编制的招标文件中（1）~（3）项规定是否妥当，并分别说明理由。

3. 针对事件 1 和事件 2，招标人应如何处理？

4. 针对事件 3 和事件 4，评标委员会应如何处理？

【答案】

试题一

1. 针对事件 1，咨询企业项目经理为响应业主要求提出的（1）～（4）项内容是否妥当的判断及理由：

（1）不妥当。

理由：根据《招标投标法》的规定，招标人不得以不合理条件限制或排斥投标人。招标人不得以不合理的条件限制或者排斥潜在投标人，不得对潜在投标人实行歧视待遇。

（2）不妥当。

理由：根据《招标投标法》的规定，以本省省级质量奖项作为加分条件属于不合理条件限制或排斥投标人。依法必须进行招标的项目，其招标投标活动不受地区或者部门的限制。任何单位和个人不得违法限制或者排斥本地区、本系统以外的法人或者其他组织参加投标，不得以任何方式非法干涉招标投标活动。

（3）妥当。

理由：根据《招标投标法实施条例》的规定，招标人在招标文件中要求投标人提交投标保证金，投标保证金不得超过招标项目估算价的 2%，且投标保证金必须从投标人的基本账户转出。投标保证金有效期应当与投标有效期一致。

（4）不妥当。

理由：根据《招标投标法实施条例》的规定，招标文件要求中标人提交履约保证金的，中标人应当按照招标文件的要求提交，履约保证金不得超过中标合同价的 10%。

2.（1）事件 2 中项目经理的观点错误。

理由：根据《招标投标法》的规定，招标文件应当包括招标项目的技术要求、对投标人资格审查的标准、投标报价要求和评标标准等所有实质性要求和条件以及拟签订合同的主要条款。招标文件的合同条款将作为合同的重要组成部分。

（2）事件 3 中项目经理的观点不妥当。

理由：项目采用何种评标方法，应根据项目的特点及目标要求等条件确定，任何人不得干涉和改变。

（3）事件 4 中企业技术负责人的观点妥当。

理由：《建设工程工程量清单计价规范》（GB 50500—2013）规定，招标工程量清单必须作为招标文件的组成部分，其准确性和完整性应由招标人负责。

（4）事件 4 中项目经理的做法不妥当。

理由：根据《招投标法》的规定，工程量清单作为投标人编制投标文件的依据，如存在漏项，应及时做出修改。招标工程量清单必须作为招标文件的组成部分，其准确性和完整性由招标人负责。因此，招标工程量清单是否准确和完整，其责任应当由提供工程量清单的发包人负责，作为投标人的承包人不应承担因工程量清单的缺项、漏项以及计算错误带来的风险与损失。

（5）事件 5 中企业技术负责人的行为错误。

理由：《建设工程工程量清单计价规范》（GB 50500—2013）规定，工程造价咨询人接受招标人委托编制招标控制价，不得再就同一工程接受投标人委托编制投标报价。

（6）事件 6 中咨询企业和业主的行为不妥。

理由：《建设工程工程量清单计价规范》（GB 50500—2013）规定，编制最高投标限价应依据国家或省级、行业建设主管部门颁发的计价定额和计价办法，而不应当根据 A 企业定额编制。

试题二

1. 招标文件中，除了投标人须知、图纸、技术标准和要求、投标文件格式外，还应包括的内容有：工程量清单、评标标准和方法、施工合同条款。

2. 招标文件中（1）项规定妥当与否的判定及理由如下：

①"招标人设有最高投标限价，高于最高投标限价的投标人报价按废标处理"妥当。

理由：《招标投标法实施条例》规定，招标人可以设定最高投标限价；《建设工程工程量清单计价规范》（GB 50500—2013）规定，国有资金投资建设项目必须编制招标控制价（最高投标限价），高于招标控制价的投标人报价按废标处理。

②"招标人设有最低投标限价"不妥。

理由：《招标投标法实施条例》规定，招标人不得规定最低投标限价。

招标文件中（2）项规定妥当与否的判定及理由如下。

①"投标人应对工程量清单进行复核"妥当。

理由：投标人复核招标人提供的工程量清单的准确性和完整性是投标人科学投标的基础。

②"招标人不对工程量清单的准确性和完整性负责"不妥。

理由：《建设工程工程量清单计价规范》（GB 50500—2013）规定，工程量清单必须作为招标文件的组成部分，其准确性和完整性应由招标人负责。

招标文件中（3）项规定妥当与否的判定及理由如下。

"招标人将在投标截止日后的 90 日内完成评标和公布中标候选人工作"妥当。

理由：《招标投标法实施条例》规定，招标人应当根据项目规模和技术复杂程度等因素合理确定评标时间。本题未违反相关规定。

3. 针对事件 1，招标人的处理：招标人应当受理投标人 A 的书面澄清申请，在复核工程量后做出书面回复，并将书面回复送达所有投标人。

针对事件 2，招标人的处理：招标人应当允许投标人 B 撤回投标文件，并在收到投标人书面撤回投标文件的通知之日起 5 日内退还其投标保证金。

4. 针对事件 3，评标委员会的处理：评标委员会不得暗示或诱导投标人 D 做出澄清、说明，不得接受投标人 D 主动对自己的投标文件向评标委员会提出的书面澄清、说明。

针对事件 4，评标委员会的处理：视同投标人 E 和投标人 F 属于串通投标，均按废标处理。

第三节 工程投标策略与方法

☞ **考点 投标报价的策略与方法★**

【考情分析】

在工程造价案例分析考试中，关于工程投标策略与方法的考查，属于偶尔考查范畴，考生也要将相关内容进行掌握。

一、投标报价

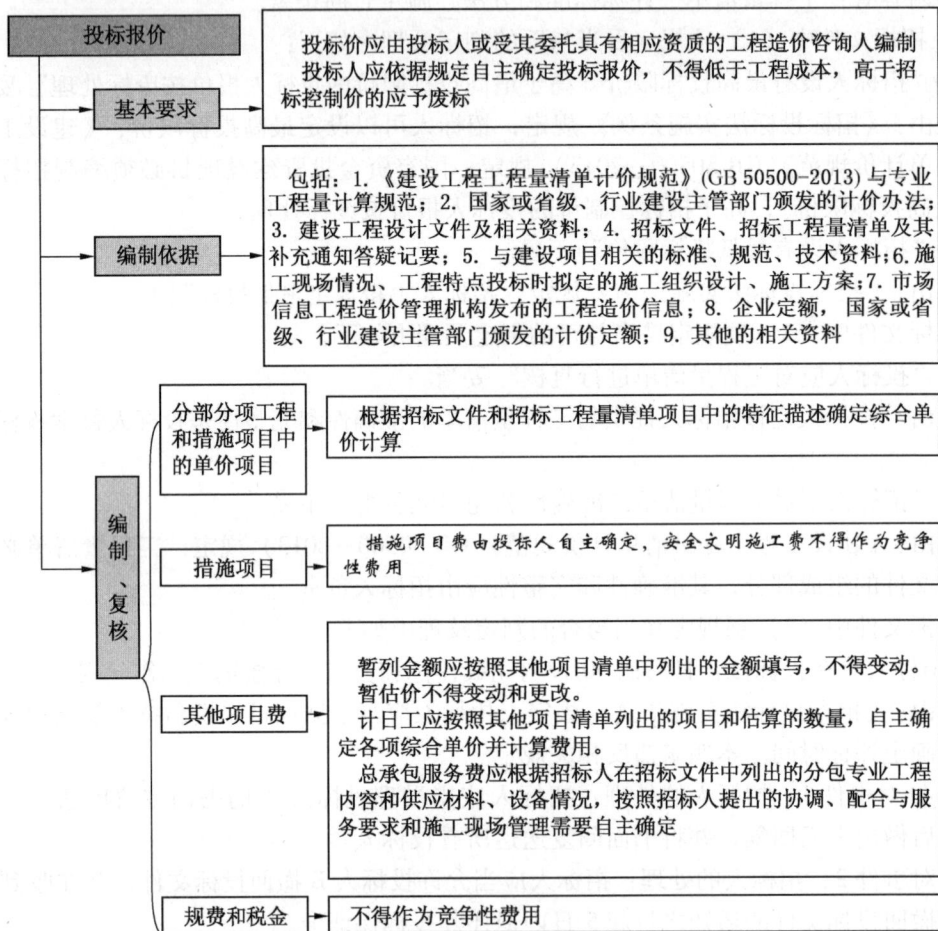

| 投标报价 | 基本要求 | 投标价应由投标人或受其委托具有相应资质的工程造价咨询人编制 投标人应依据规定自主确定投标报价，不得低于工程成本，高于招标控制价的应予废标 |

编制依据：包括：1.《建设工程工程量清单计价规范》(GB 50500-2013) 与专业工程量计算规范；2. 国家或省级、行业建设主管部门颁发的计价办法；3. 建设工程设计文件及相关资料；4. 招标文件、招标工程量清单及其补充通知答疑记要；5. 与建设项目相关的标准、规范、技术资料；6. 施工现场情况、工程特点投标时拟定的施工组织设计、施工方案；7. 市场信息工程造价管理机构发布的工程造价信息；8. 企业定额，国家或省级、行业建设主管部门颁发的计价定额；9. 其他的相关资料

编制、复核：

分部分项工程和措施项目中的单价项目：根据招标文件和招标工程量清单项目中的特征描述确定综合单价计算

措施项目：措施项目费由投标人自主确定，安全文明施工费不得作为竞争性费用

其他项目费：暂列金额应按照其他项目清单中列出的金额填写，不得变动。暂估价不得变动和更改。计日工应按照其他项目清单列出的项目和估算的数量，自主确定各项综合单价并计算费用。总承包服务费应根据招标人在招标文件中列出的分包专业工程内容和供应材料、设备情况，按照招标人提出的协调、配合与服务要求和施工现场管理需要自主确定

规费和税金：不得作为竞争性费用

二、投标报价的方法

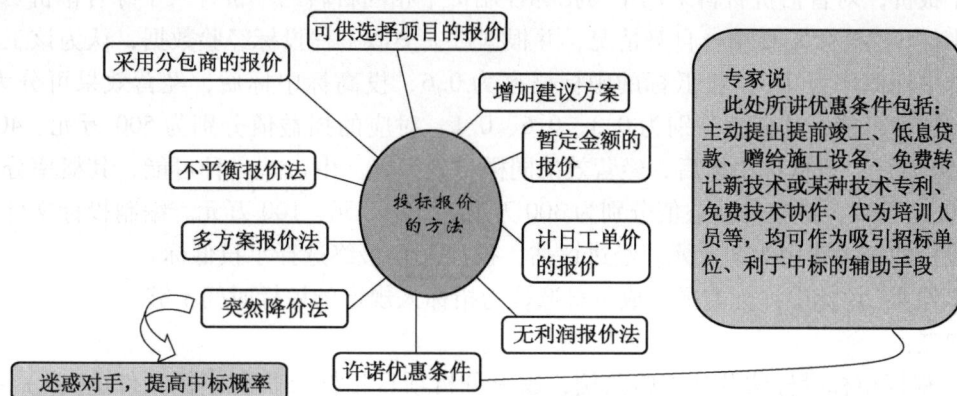

- 可供选择项目的报价
- 采用分包商的报价
- 增加建议方案
- 暂定金额的报价
- 不平衡报价法
- 投标报价的方法
- 多方案报价法
- 计日工单价的报价
- 突然降价法
- 无利润报价法
- 迷惑对手，提高中标概率
- 许诺优惠条件

专家说
此处所讲优惠条件包括：主动提出提前竣工、低息贷款、赠给施工设备、免费转让新技术或某种技术专利、免费技术协作、代为培训人员等，均可作为吸引招标单位、利于中标的辅助手段

三、投标报价的策略

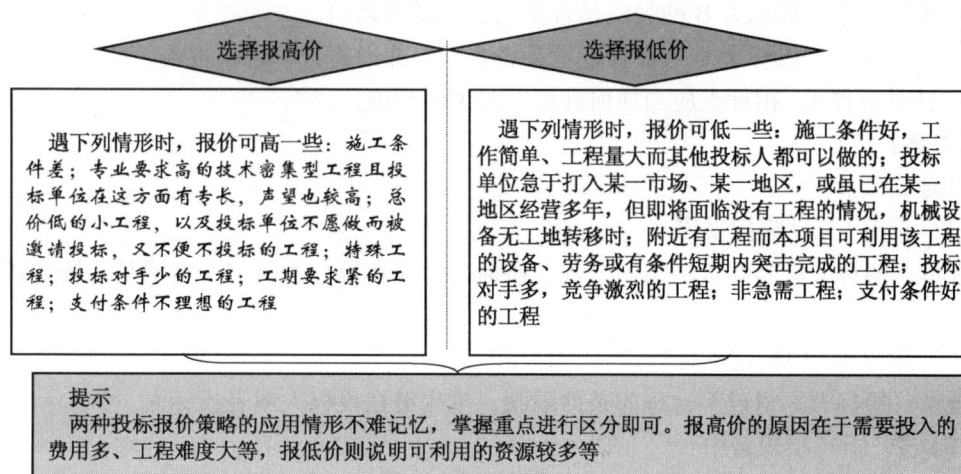

选择报高价

遇下列情形时，报价可高一些：施工条件差；专业要求高的技术密集型工程且投标单位在这方面有专长，声望也较高；总价低的小工程，以及投标单位不愿做而被邀请投标，又不便不投标的工程；特殊工程；投标对手少的工程；工期要求紧的工程；支付条件不理想的工程

选择报低价

遇下列情形时，报价可低一些：施工条件好，工作简单、工程量大而其他投标人都可以做的；投标单位急于打入某一市场、某一地区，或虽已在某一地区经营多年，但即将面临没有工程的情况，机械设备无工地转移时；附近有工程而本项目可利用该工程的设备、劳务或有条件短期内突击完成的工程；投标对手多，竞争激烈的工程；非急需工程；支付条件好的工程

提示
两种投标报价策略的应用情形不难记忆，掌握重点进行区分即可。报高价的原因在于需要投入的费用多、工程难度大等，报低价则说明可利用的资源较多等

【真题回顾】

（2014 年真题）背景资料：

某开发区国有资金投资办公楼建设项目，业主委托具有相应招标代理和造价咨询资质的机构编制了招标文件和招标控制价，并采用公开招标方式进行项目施工招标。

该项目招标公告和招标文件中的部分规定如下：

（1）招标人不接受联合体投标。

（2）投标人必须是国有企业或进入开发区合格承包商信息库的企业。

（3）投标人报价高于最高投标限价和低于最低投标限价的，均按废标处理。

（4）投标保证金的有效期应当超出投标有效期30 d。

在项目投标及评标过程中发生了以下事件：

事件1：投标人 A 在对设计图纸和工程量清单复核时发现分部分项工程量清单中某分项工程的特征描述与设计图纸不符。

事件2：投标人B采用不平衡报价的策略，对前期工程和工程量可能减少的工程适度提高了报价；对暂估价材料采用了与招标控制价中相同材料的单价计入了综合单价。

事件3：投标人C结合自身情况，并根据过去类似工程投标经验数据，认为该工程投高标的中标概率为0.3，投低标的中标概率为0.6，投高标中标后，经营效果可分为好、中、差三种可能，其概率分别为0.3、0.6、0.1，对应的损益值分别为500万元、400万元、250万元，投低标中标后，经营效果同样可分为好、中、差三种可能，其概率分别为0.2、0.6、0.2，对应的损益值分别为300万元、200万元、100万元。编制投标文件以及参加投标的相关费用为3万元。经过评估，投标人C最终选择了投低标。

事件4：评标中评标委员会成员普遍认为招标人规定的评标时间不够。

问题：

1. 根据招标投标法及其实施条例，逐一分析项目招标公告和招标文件中（1）~（4）项规定是否妥当？并分别说明理由。

2. 事件1中，投标人A应当如何处理？

3. 事件2中，投标人B的做法是否妥当？并说明理由。

4. 事件3中，投标人C选择投低标是否合理？并通过计算说明理由。

5. 针对事件4，招标人应当如何处理？并说明理由。

【答案】

问题1：

（1）第（1）项规定妥当。

理由：招标人应当在资格预审公告、招标公告或者投标邀请书中载明是否接受联合体投标。

（2）第（2）项规定不妥当。

理由：招标人不得以不合理的条件限制、排斥潜在投标人或者投标人。

（3）第（3）项规定中：

① 投标人报价高于最高投标限价的，按废标处理，妥当。

理由：投标报价高于投标文件设定的最高投标限价的，评标委员会应当否决其投标。

② 投标人报价低于最低投标限价的，按废标处理，不妥当。

理由：招标人不得规定最低投标限价。

（4）第（4）项规定妥当。

理由：《工程建设项目施工招标投标办法》规定，投标保证金有效期应当超出投标有效期30 d。《招标投标法实施条例》规定，投标保证金有效期应当与投标有效期一致。《招标投标法实施条例》的效力高于《工程建设项目施工招标投标办法》，因此，该规定妥当。

问题2：

事件1中，投标人A的处理：投标人A可在规定时间内以书面形式要求招标人澄清；如果招标人未按时向投标人澄清或招标人不予澄清或者修改，投标人应以招标文件中该分部分项工程量清单的项目特征描述为准，确定投标报价的综合单价。

问题3：

事件2中，投标人B的做法妥当与否的判断及理由：

（1）投标人B对前期工程适度提高了报价妥当，理由：根据资金时间价值理论，前期工程提高报价，有助于提前收回工程价款。

（2）投标人B对工程量可能减少的工程适度提高了报价不妥当，理由：按照不平衡报价策略，估计今后增加工程量的项目，单价可提高些；反之，估计工程量将会减少的项目单价可降低些。

（3）投标人B对暂估价材料采用了与招标控制价中相同材料的单价计入了综合单价是妥当的，理由：因为暂估价中的材料、设备暂估价必须按照招标人提供的暂估单价计入清单项目的综合单价。

问题4：

投标人C选择投低标不合理。

投高标收益期望值 $= 0.3 \times (0.3 \times 500 + 0.6 \times 400 + 0.1 \times 250)$ 万元 $- 0.7 \times 3$ 万元 $= 122.4$ 万元

投低标收益期望值 $= 0.6 \times (0.2 \times 300 + 0.6 \times 200 + 0.2 \times 100)$ 万元 $- 0.4 \times 3$ 万元 $= 118.8$ 万元

投高标收益期望值大于投低标收益期望值，所以不应该投低标，应该选择投高标。

问题5：

针对事件4，招标人应当适当延长评标时间。

理由：《招标投标法实施条例》规定，招标人应当根据工程规模和技术复杂程度等因素合理评定评标时间。超过1/3的评标委员会成员认为评标时间不够的，招标人应当适当延长。本题中评标委员会成员普遍（人数应该超过了1/3的评标文员会成员）认为招标人规定的评标时间不够，应延长评标时间。

【解析】

1. 最高投标限价的内容在2013年、2014年、2015年、2018年工程造价案例分析考试中进行了考查。《招标投标法实施条例》第二十七条规定，招标人可以自行决定是否编制标底。一个招标项目只能有一个标底。标底必须保密。接受委托编制标底的中介机构不得参加受托编制标底项目的投标，也不得为该项目的投标人编制投标文件或者提供咨询。招标人设有最高投标限价的，应当在招标文件中明确最高投标限价或者最高投标限价的计算方法。招标人不得规定最低投标限价。

2. 本案例问题2根据《招标投标法实施条例》《建设工程工程量清单计价规范》（GB 50500—2013）的规定进行作答。

3. 本案例问题3考查的是投标报价的策略。报高价的原因在于需要投入的费用多、工程难度大等，报低价则说明可利用的资源较多等。

4. 本案例问题4考查了投标报价收益期望值的计算，考生要注意数值计算的准确性。

5. 本案例问题5考查了评标时间的规定。《招标投标法实施条例》第四十八条规定，招标人应当向评标委员会提供评标所必需的信息，但不得明示或者暗示其倾向或者排斥特定投标人。招标人应当根据项目规模和技术复杂程度等因素合理确定评标时间。超过1/3

的评标委员会成员认为评标时间不够的，招标人应当适当延长。评标过程中，评标委员会成员有回避事由、擅离职守或者因健康等原因不能继续评标的，应当及时更换。被更换的评标委员会成员做出的评审结论无效，由更换后的评标委员会成员重新进行评审。

冲刺训练

背景资料：

某国有资金投资某沿海港口工程建设项目，业主委托某具有相应招标代理和造价咨询资质的招标代理机构编制该项目的招标控制价，并采用公开招标方式进行项目施工招标。

招标投标过程中发生以下事件。

事件1：招标代理人确定的自招标文件出售之日起至停止出售之日止的时间为10个工作日；投标有效期自开始发售招标文件之日起计算，招标文件确定的投标有效期为30 d。

事件2：为了加大竞争，以减少可能的围标而导致竞争不足，招标人（业主）要求招标代理人对已根据计价规范和行业主管部门颁发的计价定额、工程量清单，工程造价管理机构发布的造价信息或市场造价信息等资料编制好的招标控制价再下浮10%，并仅公布了招标控制价总价。

事件3：招标人（业主）要求招标代理人在编制招标文件中的合同条款时不得有针对市场价格波动的调价条款，以便减少未来施工过程中的变更，控制工程造价。

事件4：应潜在投标人的请求，招标人组织最具竞争力的一个潜在投标人踏勘项目现场，并在现场口头解答了该潜在投标人提出的疑问。

事件5：评标中，评标委员会发现某投标人的报价明显低于其他投标人的报价。

问题：

1. 指出事件1中的不妥之处，并说明理由。

2. 指出事件2中招标人行为的不妥之处，并说明理由。

3. 指出事件3中招标人行为的不妥之处，并说明理由。

4. 指出事件4中招标人行为的不妥之处，并说明理由。

5. 针对事件5，评标委员会应如何处理？

【答案】

1. 事件1中的不妥之处及理由：

（1）不妥之处：投标有效期自开始发售招标文件之日起计算。

理由：投标有效期应从投标人提交投标文件截止之日起计算。

（2）不妥之处：招标文件确定的投标有效期为30 d。

理由：确定投标有效期应考虑评标所需时间，确定中标人所需时间和签订合同所需时间，一般项目投标有效期为60~90 d。

2. 事件2中招标人行为的不妥之处及理由：

（1）不妥之处：招标人要求招标控制价下浮10%。

理由：根据《建设工程工程量清单计价规范》（GB 50500—2013）的规定，招标控制价应在招标时公布，不应上调或下浮。

（2）不妥之处：仅公布招标控制价总价。

理由：招标人在公布招标控制价时，应公布招标控制价各组成部分的详细内容，不得只公布招标控制价总价。

3. 事件3中招标人行为的不妥之处及理由：

不妥之处：招标人要求合同条款中不得有针对市场价格波动的调价条款。

理由：根据《建设工程工程量清单计价规范》（GB 50500—2013）的规定，合同条款应有针对市场价格波动的调价条款，以合理分摊市场价格波动的风险。投标人宜承担5%以内的材料价格风险以及10%以内的施工机械使用费的风险，超过该幅度的风险应由招标人承担。

4. 事件4中招标人行为的不妥之处及理由：

（1）不妥之处：招标人组织最具竞争力的一个潜在投标人踏勘项目现场。

理由：招标人不得单独或者分别组织任何一个投标人进行现场踏勘。

（2）不妥之处：招标人在现场口头解答了潜在投标人提出的疑问。

理由：招标人应以书面形式进行解答，或通过投标预备会进行解答，并以书面形式同时送达所有获得招标文件的投标人。

5. 对事件5，评标委员会的处理：

（1）评标委员会应当要求该投标人做出书面说明并提供相关证明材料。

（2）投标人不能合理说明或者不能提供相关证明材料的，由评标委员会认定该投标人以低于成本报价竞标，其投标应作为废标处理。

第五章 工程合同价款管理

知识架构与考频研究

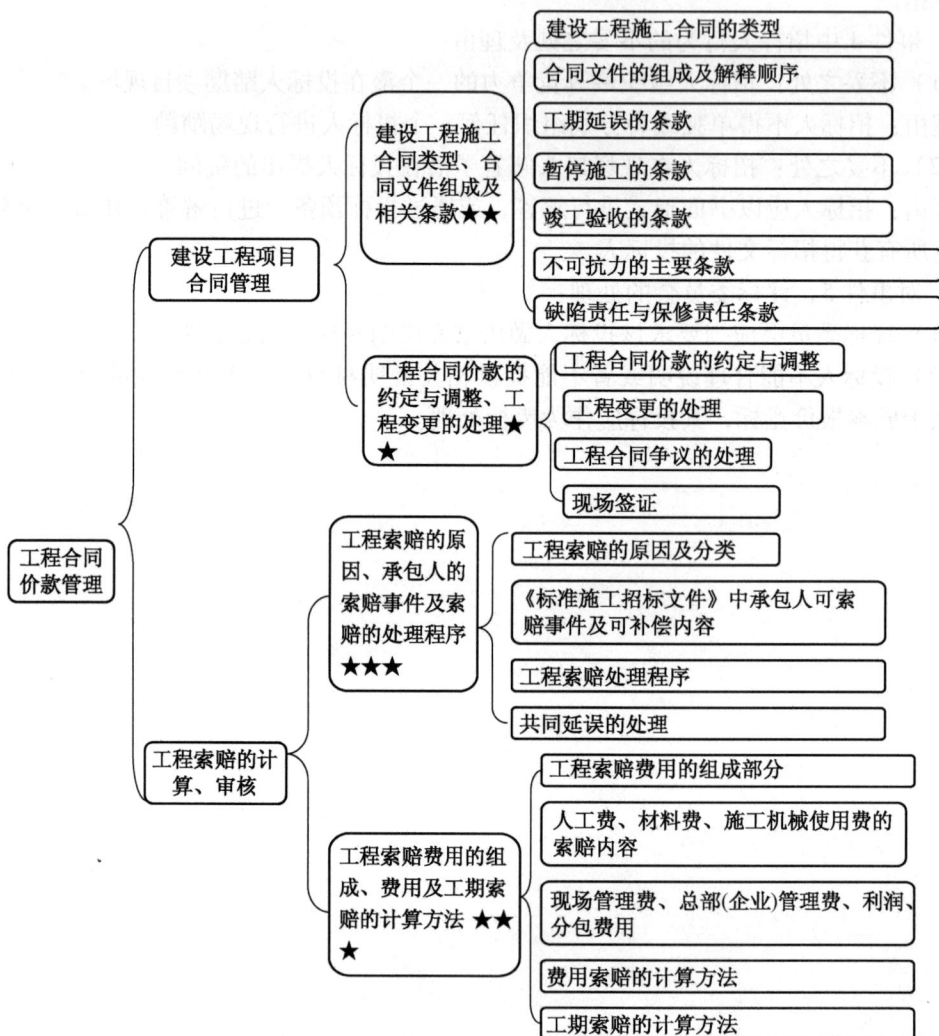

```
                                          ┌─ 建设工程施工合同的类型
                                          ├─ 合同文件的组成及解释顺序
                         建设工程施工       ├─ 工期延误的条款
                         合同类型、合同      ├─ 暂停施工的条款
                         文件组成及          ├─ 竣工验收的条款
                         相关条款★★        ├─ 不可抗力的主要条款
            建设工程项目                     └─ 缺陷责任与保修责任条款
            合同管理
                                          ┌─ 工程合同价款的约定与调整
                         工程合同价款的       ├─ 工程变更的处理
                         约定与调整、工       ├─ 工程合同争议的处理
                         程变更的处理★        └─ 现场签证
工程合同                  ★
价款管理
                                          ┌─ 工程索赔的原因及分类
                         工程索赔的原        ├─ 《标准施工招标文件》中承包人可索
                         因、承包人的          赔事件及可补偿内容
                         索赔事件及索        ├─ 工程索赔处理程序
                         赔的处理程序        └─ 共同延误的处理
                         ★★★
            工程索赔的计
            算、审核
                                          ┌─ 工程索赔费用的组成部分
                         工程索赔费用的       ├─ 人工费、材料费、施工机械使用费的
                         组成、费用及工期索      索赔内容
                         赔的计算方法 ★★      ├─ 现场管理费、总部(企业)管理费、利润、
                         ★                    分包费用
                                          ├─ 费用索赔的计算方法
                                          └─ 工期索赔的计算方法
```

第一节　建设工程项目合同管理

☞ **考点1　建设工程施工合同类型、合同文件组成及相关条款★★**

【考情分析】

　　在近几年工程造价案例分析考试中，该部分内容中考试的侧重点在于合同类型、合同条款、相关条款的相关要点，此部分内容的命题内容会与《合同法》《建设工程工程量清单计价规范》《建设工程施工合同（示范文本）》等法规有关，出题形式一般是判别正确与错误、简答题型、分析与判断相结合。考生在答题时，应根据需要掌握的法规及相关要点进行分析与作答。

一、建设工程施工合同的类型

提示
对于建设工程施工合同类型，需根据工程项目的复杂程度、工程项目的设计深度、施工技术的先进程度、施工工期的紧迫程度进行选择

特点

合同类型

按计价方式分类		应用范围	建设单位造价控制	施工承包单位风险
总价合同	适用于工程量不太大且有详细全面的设计图纸、工期较短、技术不太复杂、风险不大的项目	广泛	易	大
	固定总价：工程合同价款总额确定，实施中不因物价上涨而变化，承包人承担较大的风险			
	可调总价：工程合同价款总额在实施期间可随价格变化而调整，发包人承担通货膨胀的风险，承包人承担其他风险			
单价合同	适用于施工图纸不太全面、工期较长、工程量不明确、采用标准设计的项目		较易	小
	固定单价：合同确定的各项单价在工程实施期间不因价格变化而调整，以实际完成的工程量结算			
	可调单价：合同确定的各项单价在工程实施期间可因价格变化而调整，以实际完成的工程量结算			

按计价方式分类			应用范围	建设单位造价控制	施工承包单位风险
以实际完成的工程量结算					
成本加酬金合同	适用于需要立即开展工作的项目，新型工程项目、对工程内容及技术指标未确定的项目，风险很大的项目	百分比酬金	有局限性	最难	基本没有
		固定酬金		难	
		浮动酬金		不易	不大
		目标成本加奖罚	酌情	有可能	有

> **专家说**
> 每种合同计价的方式，各有利弊，对于实行工程量清单计价的，鼓励发、承包双方采用单价方式确定合同价款；建设规模较小，技术难度较低，工期较短的，可采用总价方式确定合同价款；紧急抢险、救灾以及施工技术特别复杂的，可采用成本加酬金方式确定合同价款

二、合同文件的组成及解释顺序

根据《建设工程施工合同（示范文本）》（GF—2017—0201），组成合同的各项文件应互相解释，互为说明。除专用合同条款另有约定外，解释合同文件的优先顺序如下：

①合同协议书；②中标通知书（如果有）；③投标函及其附录（如果有）；④专用合同条款及其附件；⑤通用合同条款；⑥技术标准和要求；⑦图纸；⑧已标价工程量清单或预算书；⑨其他合同文件。

上述各项合同文件包括合同当事人就该项合同文件所作出的补充和修改，属于同一类内容的文件，应以最新签署的为准。

在合同订立及履行过程中形成的与合同有关的文件均构成合同文件组成部分，并根据其性质确定优先解释顺序

三、工期延误的条款

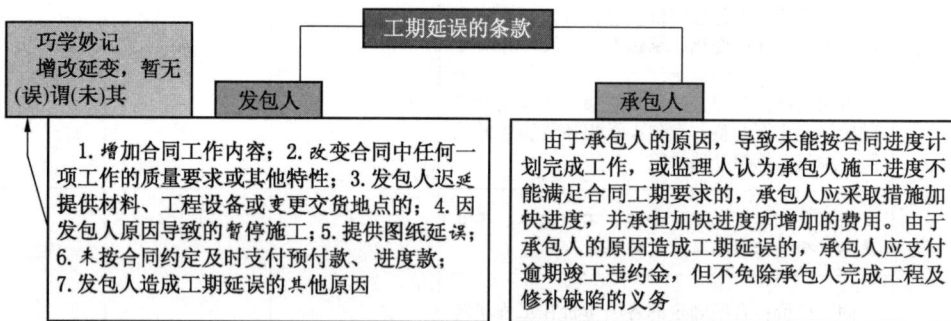

```
                        工期延误的条款
巧学妙记
增改延变，暂无         发包人              承包人
(误)谓(未)其
```

发包人： 1.增加合同工作内容；2.改变合同中任何一项工作的质量要求或其他特性；3.发包人迟延提供材料、工程设备或更改交货地点的；4.因发包人原因导致的暂停施工；5.提供图纸延误；6.未按合同约定及时支付预付款、进度款；7.发包人造成工期延误的其他原因

承包人： 由于承包人的原因，导致未能按合同进度计划完成工作，或监理人认为承包人施工进度不能满足合同工期要求的，承包人应采取措施加快进度，并承担加快进度所增加的费用。由于承包人的原因造成工期延误的，承包人应支付逾期竣工违约金，但不免除承包人完成工程及修补缺陷的义务

四、暂停施工的条款

```
暂停施工的条款
```

承包人　　　　　　　　　　　　发包人

因下列原因暂停施工所增加的费用和(或)工期延误由承包人承担：1.承包人违约引起的暂停施工；2.由于承包人原因为工程合理施工和安全保障所必需的暂停施工；3.承包人擅自暂停施工；4.承包人其他原因引起的暂停施工；5.专用合同条款约定由承包人承担的其他暂停施工

因发包人的原因引起的暂停施工造成工期延误的，承包人有权要求发包人延长工期和(或)增加费用，并支付合理利润

专家说

除发生不可抗力事件或其他客观原因必须暂停施工外，工程施工过程中当一方违约使另一方受到严重损失的，受损方有权要求暂停施工。此处也会涉及到工程索赔，分清责任归属，才能进行下一步的工作。考试中的易考点，注意掌握

五、竣工验收的条款

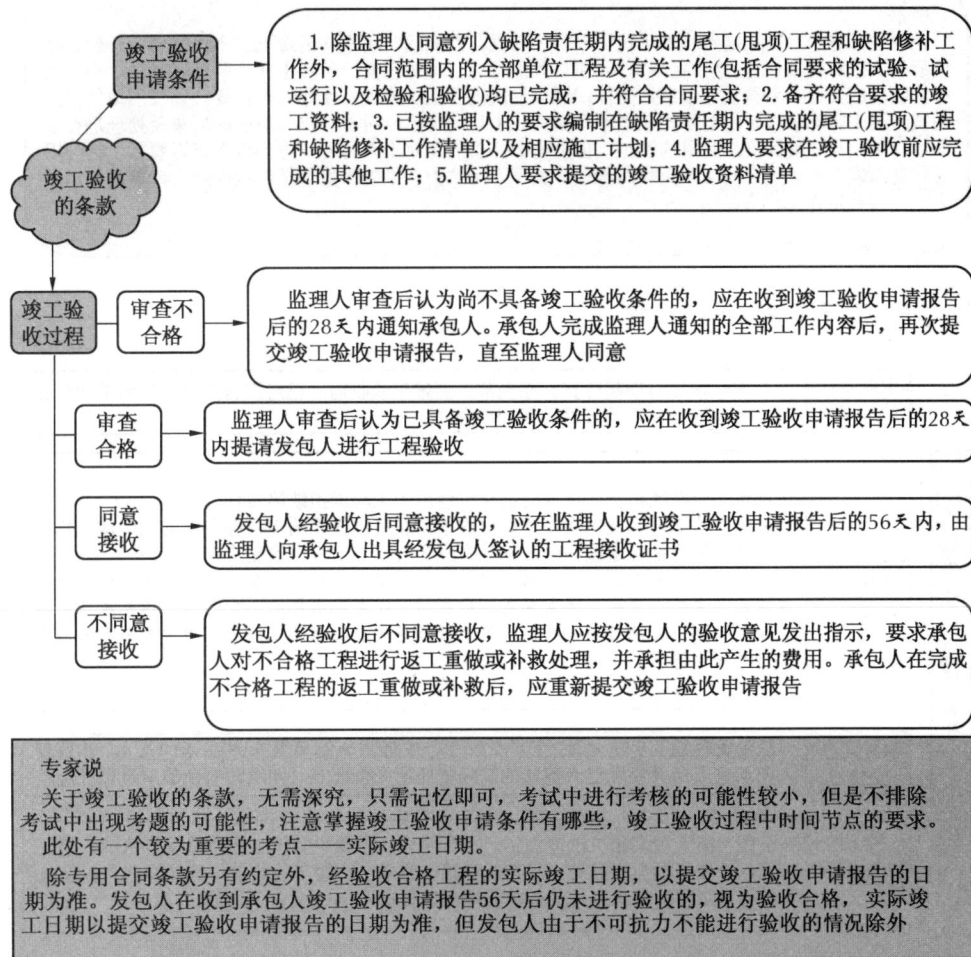

竹工验收申请条件

1.除监理人同意列入缺陷责任期内完成的尾工(甩项)工程和缺陷修补工作外，合同范围内的全部单位工程及有关工作(包括合同要求的试验、试运行以及检验和验收)均已完成，并符合合同要求；2.备齐符合要求的竣工资料；3.已按监理人的要求编制在缺陷责任期内完成的尾工(甩项)工程和缺陷修补工作清单以及相应施工计划；4.监理人要求在竣工验收前应完成的其他工作；5.监理人要求提交的竣工验收资料清单

竣工验收的条款

竣工验收过程

审查不合格

监理人审查后认为尚不具备竣工验收条件的，应在收到竣工验收申请报告后的28天内通知承包人。承包人完成监理人通知的全部工作内容后，再次提交竣工验收申请报告，直至监理人同意

审查合格

监理人审查后认为已具备竣工验收条件的，应在收到竣工验收申请报告后的28天内提请发包人进行工程验收

同意接收

发包人经验收后同意接收的，应在监理人收到竣工验收申请报告后的56天内，由监理人向承包人出具经发包人签认的工程接收证书

不同意接收

发包人经验收后不同意接收，监理人应按发包人的验收意见发出指示，要求承包人对不合格工程进行返工重做或补救处理，并承担由此产生的费用。承包人在完成不合格工程的返工重做或补救后，应重新提交竣工验收申请报告

专家说

关于竣工验收的条款，无需深究，只需记忆即可，考试中进行考核的可能性较小，但是不排除考试中出现考题的可能性，注意掌握竣工验收申请条件有哪些，竣工验收过程中时间节点的要求。此处有一个较为重要的考点——实际竣工日期。

除专用合同条款另有约定外，经验收合格工程的实际竣工日期，以提交竣工验收申请报告的日期为准。发包人在收到承包人竣工验收申请报告56天后仍未进行验收的，视为验收合格，实际竣工日期以提交竣工验收申请报告的日期为准，但发包人由于不可抗力不能进行验收的情况除外

六、不可抗力的主要条款

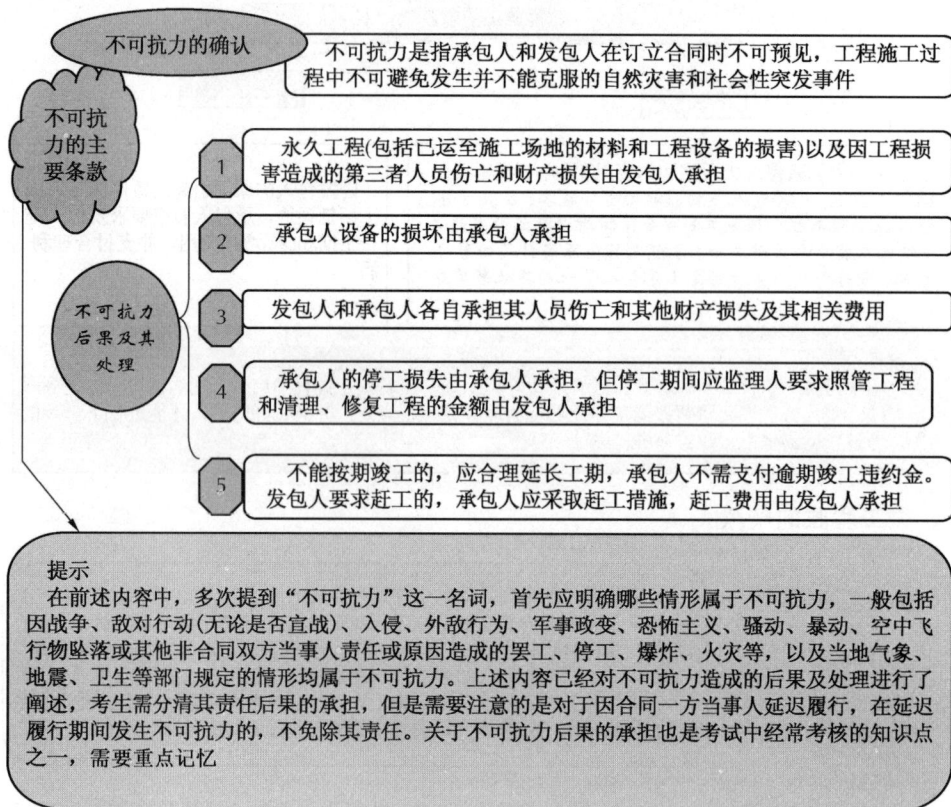

不可抗力的确认 —— 不可抗力是指承包人和发包人在订立合同时不可预见，工程施工过程中不可避免发生并不能克服的自然灾害和社会性突发事件

不可抗力的主要条款

不可抗力后果及其处理

1 永久工程(包括已运至施工场地的材料和工程设备的损害)以及因工程损害造成的第三者人员伤亡和财产损失由发包人承担

2 承包人设备的损坏由承包人承担

3 发包人和承包人各自承担其人员伤亡和其他财产损失及其相关费用

4 承包人的停工损失由承包人承担，但停工期间应监理人要求照管工程和清理、修复工程的金额由发包人承担

5 不能按期竣工的，应合理延长工期，承包人不需支付逾期竣工违约金。发包人要求赶工的，承包人应采取赶工措施，赶工费用由发包人承担

提示

在前述内容中，多次提到"不可抗力"这一名词，首先应明确哪些情形属于不可抗力，一般包括因战争、敌对行动(无论是否宣战)、入侵、外敌行为、军事政变、恐怖主义、骚动、暴动、空中飞行物坠落或其他非合同双方当事人责任或原因造成的罢工、停工、爆炸、火灾等，以及当地气象、地震、卫生等部门规定的情形均属于不可抗力。上述内容已经对不可抗力造成的后果及处理进行了阐述，考生需分清其责任后果的承担，但是需要注意的是对于因合同一方当事人延迟履行，在延迟履行期间发生不可抗力的，不免除其责任。关于不可抗力后果的承担也是考试中经常考核的知识点之一，需要重点记忆

七、缺陷责任与保修责任条款

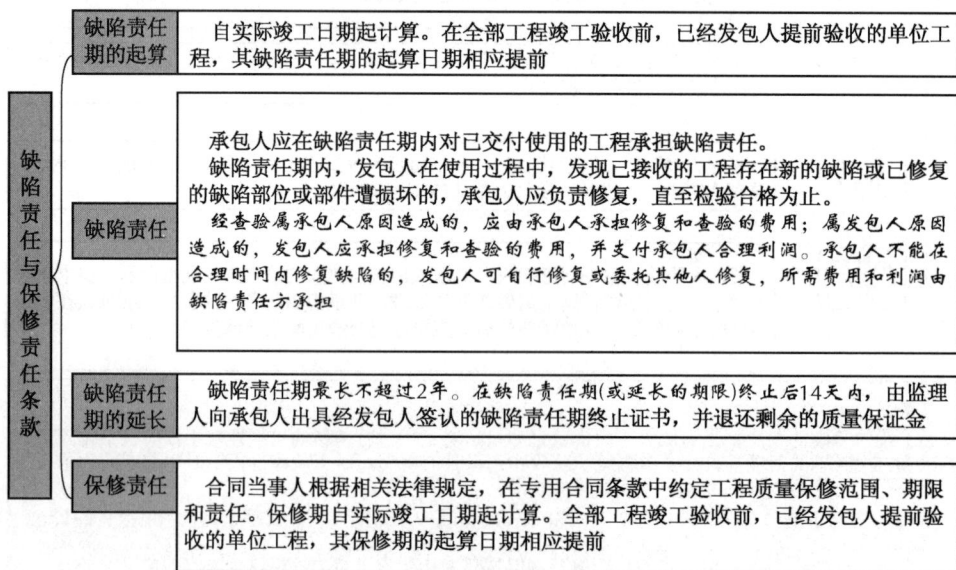

缺陷责任期的起算 —— 自实际竣工日期起计算。在全部工程竣工验收前，已经发包人提前验收的单位工程，其缺陷责任期的起算日期相应提前

缺陷责任与保修责任条款

缺陷责任 —— 承包人应在缺陷责任期内对已交付使用的工程承担缺陷责任。

缺陷责任期内，发包人在使用过程中，发现已接收的工程存在新的缺陷或已修复的缺陷部位或部件遭损坏的，承包人应负责修复，直至检验合格为止。

经查验属承包人原因造成的，应由承包人承担修复和查验的费用；属发包人原因造成的，发包人应承担修复和查验的费用，并支付承包人合理利润。承包人不能在合理时间内修复缺陷的，发包人可自行修复或委托其他人修复，所需费用和利润由缺陷责任方承担

缺陷责任期的延长 —— 缺陷责任期最长不超过2年。在缺陷责任期(或延长的期限)终止后14天内，由监理人向承包人出具经发包人签认的缺陷责任期终止证书，并退还剩余的质量保证金

保修责任 —— 合同当事人根据相关法律规定，在专用合同条款中约定工程质量保修范围、期限和责任。保修期自实际竣工日期起计算。全部工程竣工验收前，已经发包人提前验收的单位工程，其保修期的起算日期相应提前

【真题回顾】

（2018 年真题）背景资料：

某工程项目，发包人和承包人按工程量清单计价方式和《建设工程施工合同（示范文本）》（GF—2017—0201）签订了施工合同，合同工期180 天。合同约定：措施费按分部分项工程费的25% 计取；管理费和利润为人材机费用之和的16% ，规费和税金为人材机费用、管理费与利润之和的13% 。

开工前，承包人编制并经项目监理机构批准的施工网络进度计划如下图所示。

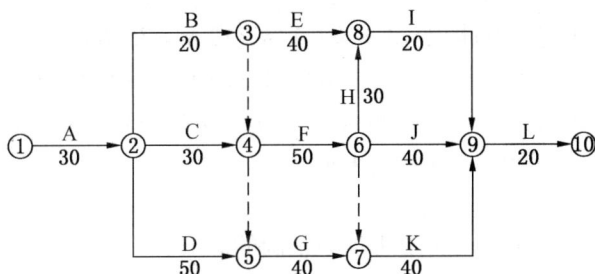

施工网络进度计划（单位：d）

过程中发生了如下事件：

事件1：基坑开挖（A 工作）施工过程中，承包人发现基坑开挖部位有一处地勘资料中未标出的地下砖砌废井构筑物，经发包人与有关单位确认，该井内没有任何杂物，已经废弃。发包人、承包人和监理单位共同确认，废井外围尺寸为：长×宽×深 = 3 m×2.1 m×12 m，井壁厚度为0.49 m，无底、无盖，井口简易覆盖（不计覆盖物工程量）。该构筑物位于基底标高以上部位，拆除不会对地基构成影响，三方签署了《现场签证单》。基坑开挖工期延长5 天。

事件2：发包人负责采购的部分装配式混凝土构件提前一个月运抵合同约定的施工现场，承包人会同监理单位共同清点验收后存放施工现场。为了节约施工场地，承包人将上述构件集中堆放，由于堆放层数过多，致使下层部分构件产生裂缝。两个月后，发包人在承包人准备安装该批构件时知悉此事，遂要求承包人对构件进行检测并赔偿构件损坏的损失。承包人提出，部分构件损坏是由于发包人提前运抵现场占用施工场地所致，不同意进行检测和承担损失，而要求发包人额外增加支付两个月的构件保管费用。发包人仅同意额外增加支付一个月的保管费用。

事件3：原设计 J 工作分项估算工程量为400 m³，由于发包人提出新的使用功能要求，进行了设计变更。该变更增加了该分项工程量200 m³。已知 J 工作人材机费用为360 元/m³，合同约定超过原估算工程量15% 以上部分综合单价调整系数为0.9；变更前后 J 工作的施工方法和施工效率保持不变。

问题：

1. 事件1 中，若基坑开挖土方的综合单价为28 元/m³，砖砌废井拆除人材机单价169 元/m³（包括拆除、控制现场扬尘、清理、弃渣场内外运输），其他计价原则按原合同约定执行。计算承包人可向发包人主张的工程索赔款。

2. 事件2中，分别指出承包人不同意进行检测和承担损失的做法是否正确，并说明理由。发包人仅同意额外增加支付一个月的构件保管费是否正确？并说明理由。

3. 事件3中，计算承包人可以索赔的工程款为多少元？

4. 承包人可以得到的工期索赔合计为多少天（写出分析过程）？

（计算结果保留两位小数）

【答案】

问题1：

（1）因废井减少开挖土方体积 $= 3 \text{ m} \times 2.1 \text{ m} \times 12 \text{ m} = 75.6 \text{ m}^3$

（2）废井拆除体积 $= 75.6 \text{ m}^3 - (3 - 0.49 \times 2) \text{ m} \times (2.1 - 0.49 \times 2) \text{ m} \times 12 \text{ m} = 48.45 \text{ m}^3$

（3）工程索赔 $= 169 \text{ 元/m}^3 \times 48.45 \text{ m}^3 \times (1 + 16\%) \times (1 + 13\%) \times (1 + 25\%) - 28 \text{ 元/m}^3 \times 75.6 \text{ m}^3 \times (1 + 13\%) \times (1 + 25\%) = 10426.14 \text{ 元}$

问题2：

（1）承包人不同意进行检测的做法是不正确的。

理由：承包人会同监理单位共同清点验收后存放施工现场。为了节约施工场地，承包人将上述构件集中堆放，由于堆放层数过多，致使下层部分构件产生裂缝。施工场地下层部分构件产生裂缝是由于承包人存储不当造成的，并且双方签订的合同价中包括了检验试验费，因此承包人应当同意进行检测。

（2）承包人不同意承担损失的做法是不正确的。

理由：由于承包人存储不当造成施工场地下层部分构件产生裂缝，是承包人原因导致的构建破损，因此承包人承担对应的损失。

事件2中，发包人仅同意额外增加支付一个月的构件保管费是正确的。

理由：发包人负责采购的混凝土构件提前一个月运抵施工现场，承包人多承担了一个月的保管费用，因此仅支付一个月的保管费即可。

问题3：

J工作增加了该分项工程量 200 m^3，工程量变动率 $= 200/400 \times 100\% = 50\% > 15\%$，超出部分的综合单价应进行调整。

可以索赔的工程款 $= [400 \times 15\% \times 360 + (200 - 400 \times 15\%) \times 360 \times 0.9] \text{ 元} \times (1 + 16\%) \times (1 + 13\%) \times (1 + 25\%) = 109713.96 \text{ 元}$

【或：可以索赔的工程款 $= [400 \times (1 + 15\%) \times 360 + (200 - 400 \times 15\%) \times 360 \times 0.9] \text{ 元} \times (1 + 16\%) \times (1 + 13\%) \times (1 + 25\%) - [360 \times (1 + 16\%) \times 400 \times (1 + 13\%) \times (1 + 25\%)] \text{ 元} = 109713.96 \text{ 元}$】

问题4：

承包人可以得到的工期索赔合计为15 d。

事件1中：基坑开挖（A工作）在关键线路，且承包人发现的废井是在基坑开挖部位，地勘资料未标明的构筑物，属于发包人原因造成的，是发包人应承担的责任，因此工期延长5 d，索赔成立。

事件3中：原关键线路是 A→D→G→K→L，J工作有10 d的总时差。按原合同，J

工作工程量400 m³，工期是40 d；变更前后 J 工作的施工方法和施工效率保持不变。则 J 工作增加工程量200 m³，所需的工期是 20 d[200 m³/(400 m³/40 d)]，超过了 J 工作的总时差10 d，则 J 工作可索赔的工期 = (20 − 10)d = 10 d。

故承包人可以得到的工期索赔合计：(10 + 5)d = 15 d。

【解析】

本案例是以清单计价形式的工程索赔，涉及施工条件不充分、材料保护不当造成的索赔，多方责任事件同时发生情况责任分析，工期索赔、费用索赔等要点内容。考生要注意相关事件的分析、判断，并结合考试题目中给出的相关数据信息进行答题，因此考生要注意理论与实际的联系。

☞ 考点2　工程合同价款的约定与调整、工程变更的处理★★

【考情分析】

该考点在工程造价案例分析考试中经常出现考核的知识点就是关于工程合同价款的调整与不可抗力的相关内容，考生应重视对于这两点内容的学习，掌握相关知识。除此之外，关于合同变更的内容，考生也应简单了解下。

一、工程合同价款的约定与调整

工程合同价款的约定	《建筑工程施工发包与承包计价管理办法》规定，实行工程量清单计价的建筑工程，鼓励发承包双方采用单价方式确定合同价款；建设规模较小，技术难度较低，工期较短的建设工程，发承包双方可以采用总价方式确定合同价款；紧急抢险、救灾以及施工技术特别复杂的建设工程，发承包双方可以采用成本加酬金方式确定合同价款
	《标准施工招标文件》规定，招标人和中标人应当自中标通知书发出之日起30 d内，根据招标文件和中标人的投标文件订立书面合同。中标人无正当理由拒签合同的，招标人取消其中标资格，其投标保证金不予退还；给招标人造成的损失超过投标保证金数额的，中标人还应当对超过部分予以赔偿。发出中标通知书后，招标人无正当理由拒签合同的，招标人向中标人退还投标保证金；给中标人造成损失的，还应当赔偿损失
	《标准设计施工总承包招标文件》规定，合同协议书中称合同价格为"签约合同价"，即指中标通知书明确的并在签订合同时于合同协议书中写明的，包括了暂列金额、暂估价的合同总金额。而"合同价格"是指承包人按合同约定完成了包括缺陷责任期内的全部承包工作后，发包人应付给承包人的金额，包括在履行合同过程中按合同约定进行的变更和调整
	《建设工程工程量清单计价规范》(GB 50500—2013) 规定： (1) 实行招标的工程合同价款应在**中标通知书发出之日起30 d内**，由发、承包双方依据招标文件和中标人的投标文件在书面合同中约定。合同约定不得违背招标、投标文件中关于工期、造价、质量等方面的实质性内容。招标文件与中标人投标文件不一致的地方，应以投标文件为准。 (2) 不实行招标的工程合同价款，应在发、承包双方认可的工程价款基础上，由**发、承包双方在合同中约定**。 (3) 实行工程量清单计价的工程，应采用单价合同；建设规模较小，技术难度较低，工期较短，且施工图设计已审查批准的建设工程可采用总价合同；紧急抢险、救灾以及施工技术特别复杂的建设工程可采用成本加酬金合同。

工程合同价款的约定	（4）发承包双方应在合同条款中对下列事项进行约定：预付工程款的数额、支付时间及抵扣方式；安全文明施工措施的支付计划，使用要求等；工程计量与支付工程进度款的方式、数额及时间；工程价款的调整因素、方法、程序、支付及时间；施工索赔与现场签证的程序、金额确认与支付时间；承担计价风险的内容、范围以及超出约定内容、范围的调整办法；工程竣工价款结算编制与核对、支付及时间；工程质量保证金的数额、预留方式及时间；违约责任以及发生合同价款争议的解决方法及时间；与履行合同、支付价款有关的其他事项等
	《建筑工程施工发包与承包计价管理办法》规定，发承包双方应当在合同中约定，发生下列情形时合同价款的调整方法：法律、法规、规章或者国家有关政策变化影响合同价款的；工程造价管理机构发布价格调整信息的；经批准变更设计的；发包方更改经审定批准的施工组织设计造成费用增加的；双方约定的其他因素
	《标准设计施工总承包招标文件》规定： （1）合同价格包括签约合同价以及按照合同约定进行的调整。 （2）合同价格包括承包人依据法律规定或合同约定应支付的规费和税金。 （3）价格清单列出的任何数量仅为估算的工作量，不得将其视为要求承包人实施的工程的实际或准确的工作量。在价格清单中列出的任何工作量和价格数据应仅限用于变更和支付的参考资料，而不能用于其他目的。 　　合同约定工程的某部分按照实际完成的工程量进行支付的，应按照专用合同条款的约定进行计量和估价，并据此调整合同价格
工程合同价款的调整范围及内容	《建设工程工程量清单计价规范》（GB 50500—2013）规定： （1）下列事项（但不限于）发生，发承包双方应当按照合同约定调整合同价款：法律、法规变化；工程变更；项目特征不符；工程量清单缺项；工程量偏差；计日工；物价变化；暂估价；不可抗力；提前竣工（赶工补偿）；误期赔偿；索赔；现场签证；暂列金额；发承包双方约定的其他调整事项。 （2）出现合同价款调增事项（不含工程量偏差、计日工、现场签证、索赔）后的 14 d 内，承包人应向发包人提交合同价款调增报告并附上相关资料；承包人在 14 d 内未提交合同价款调增报告的，应视为承包人对该事项不存在调整价款请求。 （3）出现合同价款调减事项（不含工程量偏差、索赔）后的 14 d 内，发包人应向承包人提交合同价款调减报告并附相关资料；发包人在 14 d 内未提交合同价款调减报告的，应视为发包人对该事项不存在调整价款请求。 （4）发（承）包人应在收到承（发）包人合同价款调增（减）报告及相关资料之日起 14 d 内对其核实，予以确认的应书面通知承（发）包人。当有疑问时，应向承（发）包人提出协商意见。发（承）包人在收到合同价款调增（减）报告之日起 14 d 内未确认也未提出协商意见的，应视为承（发）包人提交的合同价款调增（减）报告已被发（承）包人认可。发（承）包人提出协商意见的，承（发）包人应在收到协商意见后的 14 d 内对其核实，予以确认的应书面通知发（承）包人。承（发）包人在收到发（承）包人的协商意见后 14 d 内既不确认也未提出不同意见的，应视为发（承）包人提出的意见已被承（发）包人认可。 （5）发包人与承包人对合同价款调整的不同意见不能达成一致的，只要对发承包双方履约不产生实质影响，双方应继续履行合同义务，直到其按照合同约定的争议解决方式得到处理。 （6）经发承包双方确认调整的合同价款，作为追加（减）合同价款，应与工程进度款或结算款同期支付

二、工程变更的处理

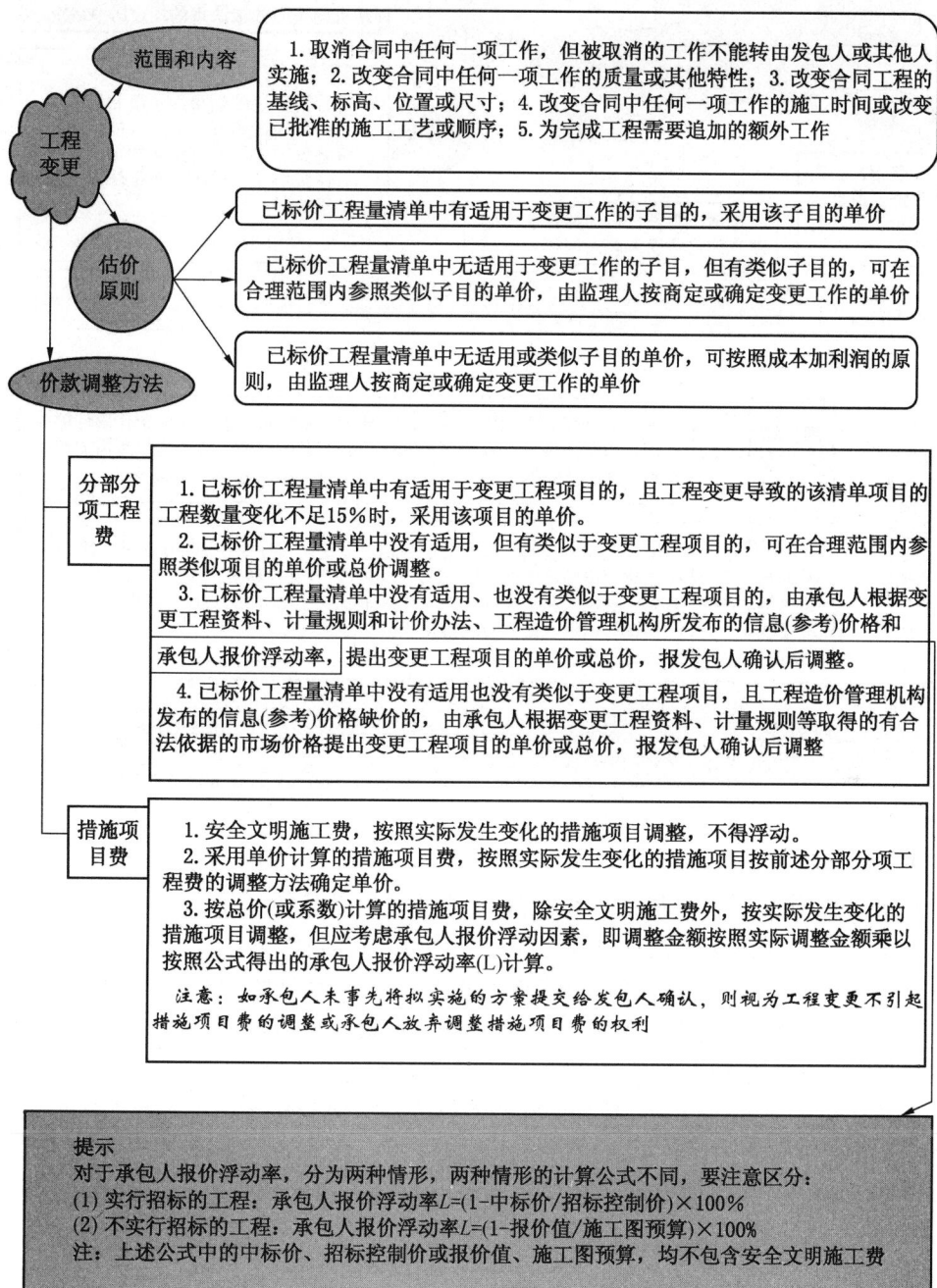

工程变更

范围和内容
　　1.取消合同中任何一项工作，但被取消的工作不能转由发包人或其他人实施；2.改变合同中任何一项工作的质量或其他特性；3.改变合同工程的基线、标高、位置或尺寸；4.改变合同中任何一项工作的施工时间或改变已批准的施工工艺或顺序；5.为完成工程需要追加的额外工作

估价原则
　　已标价工程量清单中有适用于变更工作的子目的，采用该子目的单价

　　已标价工程量清单中无适用于变更工作的子目，但有类似子目的，可在合理范围内参照类似子目的单价，由监理人按商定或确定变更工作的单价

　　已标价工程量清单中无适用或类似子目的单价，可按照成本加利润的原则，由监理人按商定或确定变更工作的单价

价款调整方法

分部分项工程费
　　1.已标价工程量清单中有适用于变更工程项目的，且工程变更导致的该清单项目的工程数量变化不足15%时，采用该项目的单价。
　　2.已标价工程量清单中没有适用，但有类似于变更工程项目的，可在合理范围内参照类似项目的单价或总价调整。
　　3.已标价工程量清单中没有适用、也没有类似于变更工程项目的，由承包人根据变更工程资料、计量规则和计价办法、工程造价管理机构所发布的信息(参考)价格和承包人报价浮动率，提出变更工程项目的单价或总价，报发包人确认后调整。
　　4.已标价工程量清单中没有适用也没有类似于变更工程项目，且工程造价管理机构发布的信息(参考)价格缺价的，由承包人根据变更工程资料、计量规则等取得的有合法依据的市场价格提出变更工程项目的单价或总价，报发包人确认后调整

措施项目费
　　1.安全文明施工费，按照实际发生变化的措施项目调整，不得浮动。
　　2.采用单价计算的措施项目费，按照实际发生变化的措施项目按前述分部分项工程费的调整方法确定单价。
　　3.按总价(或系数)计算的措施项目费，除安全文明施工费外，按实际发生变化的措施项目调整，但应考虑承包人报价浮动因素，即调整金额按照实际调整金额乘以按照公式得出的承包人报价浮动率(L)计算。
　　注意：如承包人未事先将拟实施的方案提交给发包人确认，则视为工程变更不引起措施项目费的调整或承包人放弃调整措施项目费的权利

提示
对于承包人报价浮动率，分为两种情形，两种情形的计算公式不同，要注意区分：
(1) 实行招标的工程：承包人报价浮动率$L=(1-中标价/招标控制价)\times100\%$
(2) 不实行招标的工程：承包人报价浮动率$L=(1-报价值/施工图预算)\times100\%$
注：上述公式中的中标价、招标控制价或报价值、施工图预算，均不包含安全文明施工费

三、工程合同争议的处理

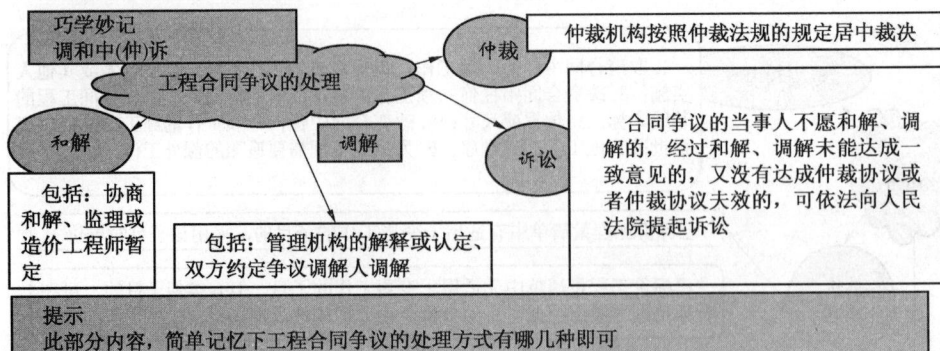

巧学妙记
调和中(仲)诉

工程合同争议的处理

仲裁
仲裁机构按照仲裁法规的规定居中裁决

和解

调解

诉讼

合同争议的当事人不愿和解、调解的，经过和解、调解未能达成一致意见的，又没有达成仲裁协议或者仲裁协议失效的，可依法向人民法院提起诉讼

包括：协商和解、监理或造价工程师暂定

包括：管理机构的解释或认定、双方约定争议调解人调解

提示
此部分内容，简单记忆下工程合同争议的处理方式有哪几种即可

四、现场签证

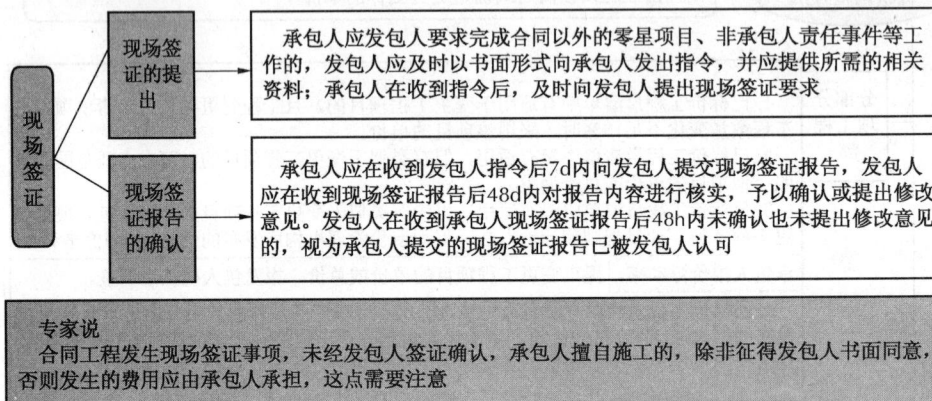

现场签证

现场签证的提出

承包人应发包人要求完成合同以外的零星项目、非承包人责任事件等工作的，发包人应及时以书面形式向承包人发出指令，并应提供所需的相关资料；承包人在收到指令后，及时向发包人提出现场签证要求

现场签证报告的确认

承包人应在收到发包人指令后7d内向发包人提交现场签证报告，发包人应在收到现场签证报告后48d内对报告内容进行核实，予以确认或提出修改意见。发包人在收到承包人现场签证报告后48h内未确认也未提出修改意见的，视为承包人提交的现场签证报告已被发包人认可

专家说
合同工程发生现场签证事项，未经发包人签证确认，承包人擅自施工的，除非征得发包人书面同意，否则发生的费用应由承包人承担，这点需要注意

【真题回顾】

（2017 年真题）背景资料：

某建筑工程项目，业主和施工单位按工程量清单计价方式和《建设工程施工合同（示范文本）》签订了施工合同，合同工期为 15 个月。合同约定：管理费按人材机费用之和的 10% 计取，利润按人材机费用和管理费之和的 6% 计取，规费按人材机费用、管理费和利润之和的 4% 计取，增值税税率为 11%；施工机械台班单价为 1500 元/台班，施工机械闲置补偿按施工机械台班单价的 60% 计取，人员窝工补偿为 50 元/工日，人工窝工补偿、施工待用材料损失补偿、机械闲置补偿不计取管理费和利润；措施费按分部分项工程费的 25% 计取。（各费用项目价格均不包含增值税可抵扣进项税额）

施工前，施工单位向项目监理机构提交并经确认的施工网络进度计划，如下图所示（每月按 30 d 计）：

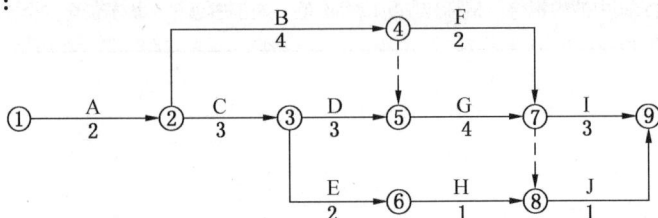

施工网络进度计划（单位：月）

该工程施工过程中发生如下事件：

事件1：基坑开挖工作（A工作）施工过程中，遇到了持续10 d的季节性大雨，在第11 d，大雨引发了附近的山体滑坡和泥石流。受此影响，施工现场的施工机械、施工材料、已开挖的基坑及围护支撑结构、施工办公设施等受损，部分施工人员受伤。

经施工单位和项目监理机构共同核实，该事件中，季节性大雨造成施工单位人员窝工180工日，机械闲置60个台班，山体滑坡和泥石流事件使A工作停工30 d，造成施工机械损失8万元，施工待用材料损失24万元，基坑及围护支撑结构损失30万元，施工办公设施损失3万元，施工人员受伤损失2万元。修复工作发生人材机费用共21万元。灾后，施工单位及时向项目监理机构提出费用索赔和工期延期40 d的要求。

事件2：基坑开挖工作（A工作）完成后验槽时，发现基坑底部部分土质与地质勘察报告不符。地勘复查后，设计单位修改了基础工程设计，由此造成施工单位人员窝工150工日，机械闲置20个台班，修改后的基础分部工程增加人材机费用25万元。监理工程师批准A工作增加工期30 d。

事件3：E工作施工前，业主变更设计增加了一项K工作，K工作持续时间为2个月。根据施工工艺关系，K工作为E工作的紧后工作，为I、J工作的紧前工作。因K工作与原工程工作的内容和性质均不同，在已标价的工程量清单中没有适用也没有类似的项目，监理工程师编制了K工作的结算综合单价，经业主确认后，提交给施工单位作为结算的依据。

事件4：考虑到上述1~3项事件对工期的影响，业主与施工单位约定，工程项目仍按原合同工期15个月完成，实际工期比原合同工期每提前1个月，奖励施工单位30万元。施工单位对进度计划进行了调整，将D、G、I工作的顺序施工组织方式改变为流水作业组织方式以缩短施工工期。组织流水作业的流水节拍见下表。

流 水 节 拍　　　　　　　　　　　　　　单位：月

施工过程	流 水 段		
	①	②	③
D	1	1	1
G	1	2	1
I	1	1	1

问题：

1. 针对事件1，确定施工单位和业主在山体滑坡和泥石流事件中各自应承担损失的内容；列式计算施工单位可以获得的费用补偿数额；确定项目监理机构应批准的工期延期天数，并说明理由。

2. 事件2中，应给施工单位的窝工补偿费用为多少万元？修改后的基础分部工程增加的工程造价为多少万元。

3. 针对事件3，绘制批准A工作工期索赔和增加K工作后的施工网络进度计划；指出监理工程师做法的不妥之处，说明理由并写出正确做法。

4. 事件 4 中，在施工网络进度计划中，D、G、I 工作的流水工期为多少个月？施工单位可获得的工期提前奖励金额为多少万元？

（计算结果保留两位小数）

【答案】

问题 1：

（1）针对事件 1，确定施工单位和业主在山体滑坡和泥石流事件中各自应承担损失的内容如下：

① 施工单位在山体滑坡和泥石流事件中应承担损失的内容：季节性大雨造成施工单位人员窝工 180 工日，机械闲置 60 个台班；施工机械损失 8 万元；施工办公设施损失 3 万元；施工人员受伤损失 2 万元。

② 业主在山体滑坡和泥石流事件中应承担损失的内容：山体滑坡和泥石流事件使 A 工作停工 30 d；施工待用材料损失 24 万元；修复工作发生人材机费用共 21 万元；基坑及围护支撑结构损失 30 万元。

（2）施工单位可以获得的费用补偿 = ［24 + 30 + 21 × （1 + 10%）× （1 + 6%）］万元 × （1 + 4%）× （1 + 11%）= 90.60 万元

（3）项目监理机构应批准的工期延期天数为 30 d。

理由：遇到了持续 10 d 的季节性大雨属于有经验的承包商事前能够合理预见的，索赔不成立。山体滑坡和泥石流事件属于不可抗力事件，且 A 是关键工作，工期损失 30 d 应当顺延。

问题 2：

事件 2 中，应给施工单位的窝工补偿费用 = （150 × 50 + 20 × 1500 × 60%）元 × （1 + 4%）× （1 + 11%）= 29437.2 元 = 2.94 万元

修改后的基础分部工程增加的工程造价 = ［25 × （1 + 10%）× （1 + 6%）］万元 × （1 + 25%）× （1 + 4%）× （1 + 11%）= 42.06 万元

问题 3：

（1）针对事件 3，批准 A 工作工期索赔和增加 K 工作后的施工网络进度计划，如下图所示。

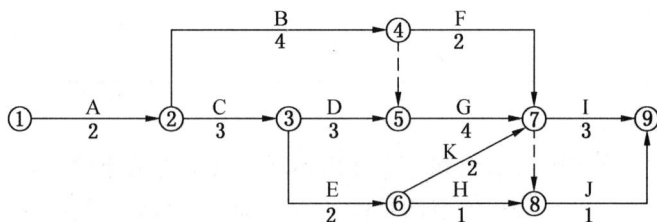

批准后的施工网络进度计划（单位：月）

（2）监理工程师做法的不妥之处、理由及正确做法：

不妥之处：监理工程师编制了 K 工作的结算综合单价。

理由：新增工作综合单价的确定，应有发承包双方协商确定。

正确做法：已标价工程量清单中没有适用也没有类似于变更工程项目的，应根据变更工程资料、计量规则、计价办法、工程造价管理机构发布的信息价格和承包人报价浮动率，或通过市场调查等取得有合法依据的市场价格，由承包人提出变更工程项目的单价，报监理人审核，审核通过后报发包人确认调整。涉及措施费变化的也应相应调整。

问题4：

（1）确定流水步距：大差法（累加斜减法）

$$
\begin{array}{r}
1\ 2\ 3\ \ \ \ \\
-)\ \ \ 1\ 3\ 4\ \\
\hline
1\ 1\ 0\ -4
\end{array}
\qquad
\begin{array}{r}
1\ 3\ 4\ \ \ \ \\
-)\ \ \ 1\ 2\ 3\ \\
\hline
1\ 2\ 2\ -3
\end{array}
$$

施工过程 D、G 流水步距 $K_{D,G} = \max\{1, 1, 0, -4\}$ 个月 = 1 个月

施工过程 G、I 流水步距 $K_{G,I} = \max\{1, 2, 2, -3\}$ 个月 = 2 个月

在施工网络进度计划和流水步距可知，I 工作为 D、G 工作的紧后工作，其步距共计（1 + 2）个月 = 3 个月。又根据施工工艺关系，I 工作也是 E、K 工作的紧后工作，其步距共计（2 + 2）个月 = 4 个月。因 D、E 工作同时施工，因此 I 工作与 D、E 工作的步距取最大值 4 个月，即 G、I 工作有技术间隙 = 1 个月。

流水工期 T = [（1 + 2）+（1 + 1 + 1）+ 1 + 0 − 0]个月 = 7 个月。

（2）D、G、I 工作改成流水作业组织方式后，进度计划的关键线路是 A → C → E → K → I。

实际工期 = [（4 + 3 + 2 + 2 + 3）× 30 + 10]d = 430 d，而合同工期为 15 个月，所以实际施工工期提前的天数 =（15 × 30 − 430）d = 20 d。

工期提前奖励标准为 30 万元/月，即 1 万元/d，施工单位共获奖励 = 1 万元/d × 20 d = 20 万元。

【解析】

1. 本案例是工程价款计算与工程索赔相结合的案例，属于工程索赔类型题目中的难点题型，还涉及增值税的计算，这些在工程造价案例分析考试中考生要都注意。

2. 工期索赔、费用索赔计算时，考生要注意背景资料中责任事件的判定，判断是否是应当索赔的内容。

3. 流水施工的内容不是常考点，考生只要了解即可。

冲刺训练

试题一背景资料：

某工程合同工期为 37 d，合同价为 360 万元，采用清单计价模式下的单价合同，分部分项工程量清单项目单价、措施项目单价均采用承包商的报价，规费为人材机费和管理费与利润之和的 3.3%，增值税销项税率为 9%。业主草拟的部分施工合同条款内容如下。

1. 当分部分项工程量清单项目中工程量的变化幅度在 10% 以上时，可以调整综合单价。调整方法是：由监理工程师提出新的综合单价，经业主批准后调整合同价格。

2. 安全文明施工措施费根据分部分项工程量清单项目工程量的变化幅度按比例调整，

专业工程措施费不予调整。

3. 材料实际购买价格与招标文件中列出的材料暂估价相比，变化幅度不超过 10% 时，价格不予调整，超过 10% 时，可以按实际价格调整。

4. 如果施工过程中发生极其恶劣的不利自然条件，工期可以顺延，损失费用均由承包商承担。

在工程开工前，承包商提交了施工网络进度计划，如下图所示，并得到监理工程师的批准。

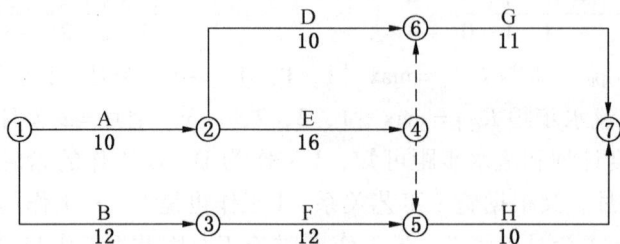

施工网络进度计划（时间单位：d）

施工过程中发生了如下事件：

事件 1：清单中工作 D 的综合单价为 450 元/m^3。在工作 D 开始之前，设计单位修改了设计，工作 D 的工程量由清单工程量 4000 m^3 增加到 4800 m^3，工作 D 工程量的增加导致相应措施费用增加 2500 元。

事件 2：在工作 E 施工中，承包商采购了业主推荐的某设备制造厂生产的工程设备，设备到场后检验发现缺少一关键配件，使该设备无法正常安装，导致工作 E 作业时间拖延 2 d，窝工人工费损失 2000 元，窝工机械费损失 1500 元。

事件 3：工作 H 是一项装饰工程，其饰面石材由业主从外地采购，由石材厂家供货至现场。但因石材厂所在地连续多天遭遇季节性大雨，使得石材运至现场的时间拖延，造成工作 H 晚开始 5 d，窝工人工费损失 8000 元，窝工机械费损失 3000 元。

问题：

1. 该施工网络进度计划的关键工作有哪些？工作 H 的总时差为几天？

2. 指出业主草拟的合同条款中有哪些不妥之处，简要说明如何修改。

3. 对于事件 1，经业主与承包商协商确定，工作 D 全部工程量按综合单价 430 元/m^3 结算。承包商可增加的工程价款是多少？可增加的工期是多少？

4. 对于事件 2，承包商是否可向业主进行工期和费用索赔？为什么？若可以索赔，工期和费用索赔各是多少？

5. 对于事件 3，承包商是否可向业主进行工期和费用索赔？为什么？若可以索赔，工期和费用索赔各是多少？

（计算结果保留两位小数）

试题二背景资料：

某公路工程项目，经有关部门批准采取公开招标的方式确定了中标单位并签订合同。

1. 该工程合同条款中部分规定如下：

（1）由于设计未完成，承包范围内待实施的工程虽然性质明确，但工程量还难以确定，双方商定拟采用总价合同形式签订施工合同，以减少双方的风险。

（2）施工单位按建设单位代表批准的施工组织设计（或施工方案）组织施工，施工单位不承担因此引起的工期延误和费用增加的责任。

（3）建设单位向施工单位提供场地的工程地质和地下主要管网线路资料，供施工单位参考使用。

（4）施工单位不能将工程转包，但允许分包，也允许分包单位将分包的工程再次分包给其他施工单位。

2. 在施工招标文件中，按工期定额计算，该工程工期为 573 d。但在施工合同中，双方约定：开工日期为 2016 年 12 月 15 日，竣工日期为 2018 年 7 月 25 日，日历天数为 586 d。

3. 在工程实际实施过程中，出现了下列情况：

（1）工程进行到第 6 个月时，国务院有关部门发出通知，指令压缩国家基建投资，要求某些建设项目暂停施工。该工程项目属于指令停工下马项目，因此，业主向承包商提出暂时中止合同实施的通知。承包商按要求暂停施工。

（2）复工后在工程后期，工地遭遇当地百年罕见的台风的袭击，工程被迫暂停施工，部分已完工程受损，现场场地遭到破坏，最终使工期拖延了 2 个月。

问题：

1. 该工程合同条款中约定的总价合同形式是否恰当？并说明原因。

2. 该工程合同条款中除合同价形式的约定外，有哪些条款存在不妥之处，指出并说明理由。

3. 本工程的合同工期应为多少天？为什么？

4. 在工程实施过程中，出现的国务院通知和台风袭击引起的暂停施工问题应如何处理？

【答案】

试题一

1. 通过计算各线路的持续时间之和可知，关键线路为①→②→④→⑥→⑦，关键工作为 A、E、G；工作 H 的总时差 $= (37 - 36)d = 1 d$。

2. 业主草拟的合同条款中的不妥之处及其修改如下：

（1）不妥之处一：当分部分项工程量清单项目中工程量的变化幅度在 10% 以上时，可以调整综合单价。

修改：根据《建设工程工程量清单计价规范》规定，当分部分项工程量清单项目中工程量的变化幅度在 15% 以上时，可以调整综合单价。

（2）不妥之处二：由监理工程师提出新的综合单价，经业主批准后调整合同价格。

修改：根据《建设工程工程量清单计价规范》规定，当分部分项工程量清单项目中工程量的变化幅度在 15% 以上时，超出幅度以上的工程量，由发承包双方按照合理成本加合理利润的原则，通过协商可以确定综合单价。

（3）不妥之处三：专业工程措施费不予调整。

修改：根据《建设工程工程量清单计价规范》规定，与分部分项工程相关的专业工程措施费应按专业工程量的变化比例调整。调房方法：原措施费中已有的措施项目，按原措施费的组价方法调整；原措施费中没有的措施项目，由承包人根据措施项目变更情况，提出适当的措施费变更，经发包人确认后调整。

（4）不妥之处四：材料实际购买价格与材料暂估价相比，变化幅度不超过10%时，价格不予调整，超过10%时，可以按实际价格调整。

修改：结算时，暂估价的材料按照发承包方最终认可的价格计入相应的综合单价。

（5）不妥之处五：损失费用均由承包商承担。

修改：根据《建设工程工程量清单计价规范》规定，不可抗力造成损失应执行风险分担的原则。

3. 承包商可增加的工程价款 = $(4800 \times 430 - 4000 \times 450 + 2500) \times (1 + 3.3\%) \times (1 + 9\%)$ 元 = 300071.00 元

增加工期为0，即不能增加工期。

理由：工作 D 延长的时间 = $(4800 - 4000) \mathrm{m}^3 / (4000/10) \mathrm{m}^3/\mathrm{d} = 2 \mathrm{d}$，工作 D 的总时差 = $(37 - 31) \mathrm{d} = 6 \mathrm{d}$，由于工作 D 延长的时间小于工作 D 的总时差，且工作 D 为非关键工作，因此不增加工期。

4. 对于事件2，承包商不可以向业主进行工期和费用索赔。

理由：业主只是推荐设备制造厂，采购设备的合同是由承包商和设备制造厂签订，并承担相应风险。因此，设备出现问题的责任应由承包商承担。

5. 对于事件3，承包商可向业主进行工期和费用索赔。

理由：业主供应的材料拖延的责任应该由业主承担。

工期索赔额 = 延误的时间 - 总时差 = $5 \mathrm{d} - (37 - 36) \mathrm{d} = 4 \mathrm{d}$

费用索赔额 = $(8000 + 3000)$ 元 $\times (1 + 3.3\%) \times (1 + 9\%)$ = 12385.67 元

试题二

1. 该工程合同条款中约定采用总价合同形式不恰当。

原因：因为项目工程量难以确定，双方风险较大，故不应采用总价合同。

2. 该合同条款中存在的不妥之处和理由如下：

（1）不妥之处：建设单位向施工单位提供场地的工程地质和地下主要管网线路资料供施工单位参考使用。

理由：建设单位应向施工单位提供保证资料真实、准确的工程地质和地下主要管网线路资料，作为施工单位现场施工的依据。

（2）不妥之处：允许分包单位将分包的工程再次分包给其他施工单位。

理由：《建筑法》规定，禁止分包单位将分包的工程再次分包。

3. 本工程的合同工期应为586 d。

原因：根据施工合同文件的解释顺序，协议条款应先于招标文件来解释施工中的矛盾。

4. 对国务院指令暂时停工的处理：

由于国家指令性计划有重大修改或政策上原因强制工程停工，造成合同的执行暂时中止，属于法律上、事实上不能履行合同的除外责任，这不属于业主违约和单方面中止合同，故业主不承担违约责任和经济损失赔偿责任。

对不可抗力的暂时停工的处理：承包商因遭遇不可抗力被迫停工，根据合同法规定可以不向业主承担工期拖延的经济责任，业主应给予工期顺延。

第二节　工程索赔的计算、审核

☞ 考点1　工程索赔的原因、承包人的索赔事件及索赔的处理程序 ★★★

【考情分析】

关于工程索赔的考核，几乎是每年考试的必考点，考生应重点掌握，并熟练运用。预计在以后的工程造价案例分析考试中还会对工程索赔的原因进行考核，考生应注意分清哪些原因是可以进行索赔的，哪些原因是不可以进行索赔的。对于工程索赔处理程序，考生应掌握的内容较为简单，只需记忆一些时间节点的要求即可。

一、工程索赔的原因及分类

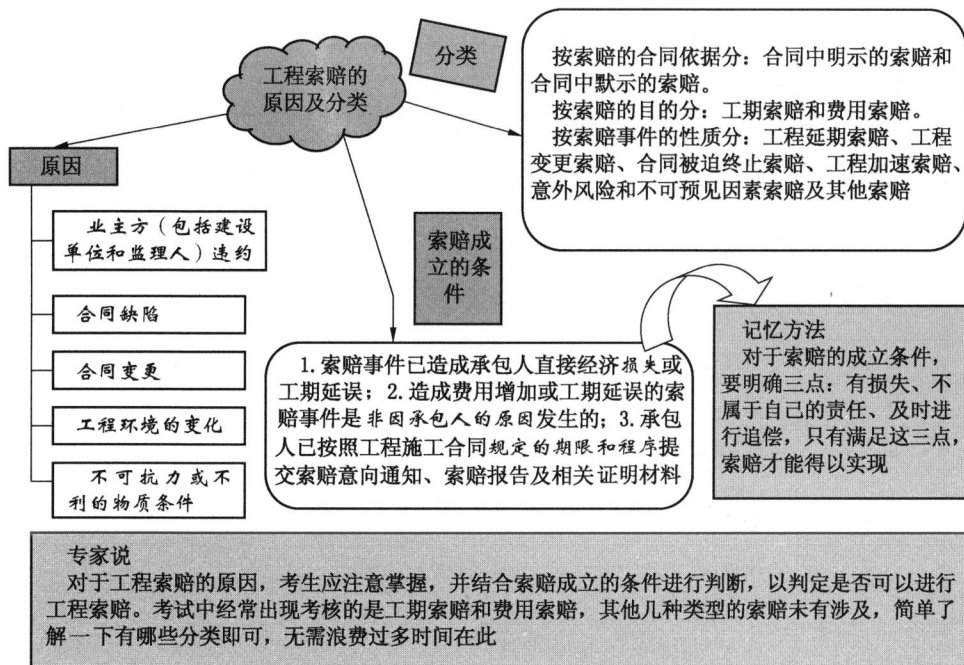

分类
　按索赔的合同依据分：合同中明示的索赔和合同中默示的索赔。
　按索赔的目的分：工期索赔和费用索赔。
　按索赔事件的性质分：工程延期索赔、工程变更索赔、合同被迫终止索赔、工程加速索赔、意外风险和不可预见因素索赔及其他索赔

原因
业主方（包括建设单位和监理人）违约
合同缺陷
合同变更
工程环境的变化
不可抗力或不利的物质条件

索赔成立的条件
1.索赔事件已造成承包人直接经济损失或工期延误；2.造成费用增加或工期延误的索赔事件是非因承包人的原因发生的；3.承包人已按照工程施工合同规定的期限和程序提交索赔意向通知、索赔报告及相关证明材料

记忆方法
　对于索赔的成立条件，要明确三点：有损失、不属于自己的责任、及时进行追偿，只有满足这三点，索赔才能得以实现

专家说
　对于工程索赔的原因，考生应注意掌握，并结合索赔成立的条件进行判断，以判定是否可以进行工程索赔。考试中经常出现考核的是工期索赔和费用索赔，其他几种类型的索赔未有涉及，简单了解一下有哪些分类即可，无需浪费过多时间在此

二、《标准施工招标文件》中承包人可索赔事件及可补偿内容

序号	条款号	可索赔事件	可补偿内容		
			工期	费用	利润
1	1.6.1	迟延提供图纸	√	√	√
2	1.10.1	施工中发现文物、古迹	√	√	
3	2.3	延迟提供施工场地	√	√	√
4	4.11	施工中遇到不利物质条件	√	√	
5	5.2.4	提前向承包人提供材料、工程设备		√	
6	5.2.6	发包人提供材料、工程设备不合格或迟延提供或变更交货地点	√	√	√
7	8.3	承包人依据发包人提供的错误资料导致测量放线错误	√	√	√
8	9.2.6	因发包人原因造成承包人人员工伤事故		√	
9	11.3	因发包人原因造成工期延误	√	√	√
10	11.4	异常恶劣的气候条件导致工期延误	√		
11	11.6	承包人提前竣工		√	
12	12.2	发包人暂停施工造成工期延误	√	√	√
13	12.4.2	工程暂停后因发包人原因无法按时复工	√	√	√
14	13.1.3	因发包人原因导致承包人工程返工	√	√	√
15	13.5.3	监理人对已经覆盖的隐蔽工程要求重新检查且检查结果合格	√	√	√
16	13.6.2	因发包人提供的材料、工程设备造成工程不合格	√	√	√
17	14.1.3	承包人应监理人要求对材料、工程设备和工程重新检验且检验结果合格	√	√	√
18	16.2	基准日后法规的变化		√	
19	18.4.2	发包人在工程竣工前提前占用工程	√	√	√
20	18.6.2	因发包人的原因导致工程试运行失败	√	√	√
21	19.2.3	工程移交后因发包人原因出现新的缺陷或损坏的修复		√	√
22	19.4	工程移交后因发包人原因出现的缺陷修复后的试验和试运行		√	
23	21.3.1 (4)	因不可抗力停工期间应监理人要求照管、清理、修复工程		√	
24	21.3.1 (4)	因不可抗力造成工期延误	√		
25	22.2.2	因发包人违约导致承包人暂停施工	√	√	√

提示

对于上述内容，考生应注意掌握，做到可区分不同情形下可索赔的内容有哪些

三、工程索赔处理程序

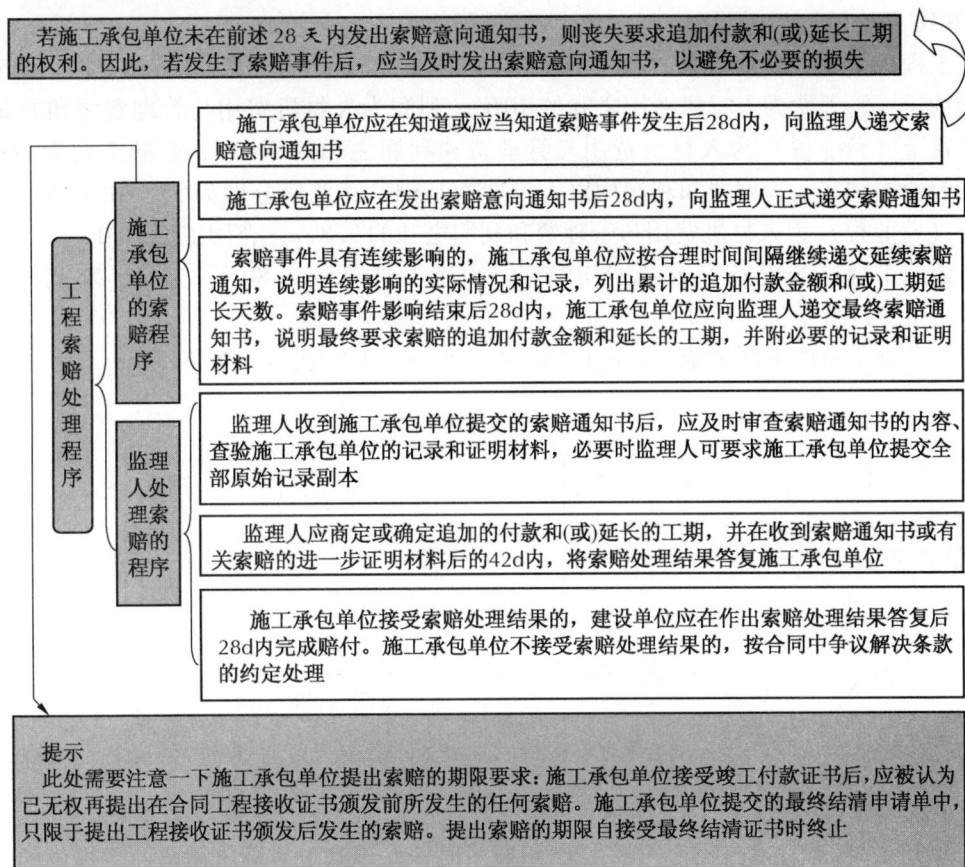

若施工承包单位未在前述 28 天内发出索赔意向通知书，则丧失要求追加付款和(或)延长工期的权利。因此，若发生了索赔事件后，应当及时发出索赔意向通知书，以避免不必要的损失

工程索赔处理程序

施工承包单位的索赔程序

施工承包单位应在知道或应当知道索赔事件发生后28d内，向监理人递交索赔意向通知书

施工承包单位应在发出索赔意向通知书后28d内，向监理人正式递交索赔通知书

索赔事件具有连续影响的，施工承包单位应按合理时间间隔继续递交延续索赔通知，说明连续影响的实际情况和记录，列出累计的追加付款金额和(或)工期延长天数。索赔事件影响结束后28d内，施工承包单位应向监理人递交最终索赔通知书，说明最终要求索赔的追加付款金额和延长的工期，并附必要的记录和证明材料

监理人处理索赔的程序

监理人收到施工承包单位提交的索赔通知书后，应及时审查索赔通知书的内容、查验施工承包单位的记录和证明材料，必要时监理人可要求施工承包单位提交全部原始记录副本

监理人应商定或确定追加的付款和(或)延长的工期，并在收到索赔通知书或有关索赔的进一步证明材料后的42d内，将索赔处理结果答复施工承包单位

施工承包单位接受索赔处理结果的，建设单位应在作出索赔处理结果答复后28d内完成赔付。施工承包单位不接受索赔处理结果的，按合同中争议解决条款的约定处理

提示
此处需要注意一下施工承包单位提出索赔的期限要求：施工承包单位接受竣工付款证书后，应被认为已无权再提出在合同工程接收证书颁发前所发生的任何索赔。施工承包单位提交的最终结清申请单中，只限于提出工程接收证书颁发后发生的索赔。提出索赔的期限自接受最终结清证书时终止

四、共同延误的处理

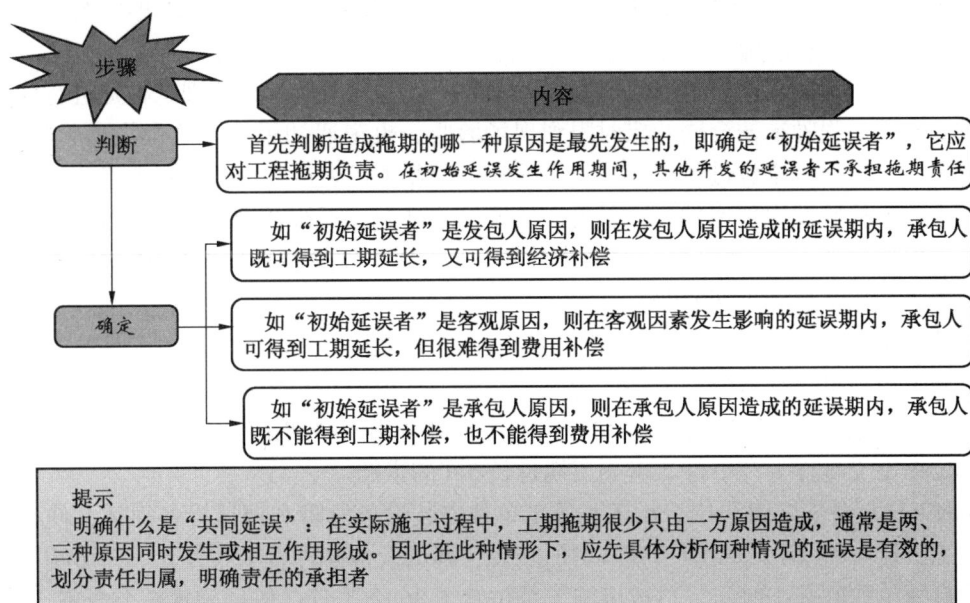

步骤

内容

判断

首先判断造成拖期的哪一种原因是最先发生的，即确定"初始延误者"，它应对工程拖期负责。在初始延误发生作用期间，其他并发的延误者不承担拖期责任

确定

如"初始延误者"是发包人原因，则在发包人原因造成的延误期内，承包人既可得到工期延长，又可得到经济补偿

如"初始延误者"是客观原因，则在客观因素发生影响的延误期内，承包人可得到工期延长，但很难得到费用补偿

如"初始延误者"是承包人原因，则在承包人原因造成的延误期内，承包人既不能得到工期补偿，也不能得到费用补偿

提示
明确什么是"共同延误"：在实际施工过程中，工期拖期很少只由一方原因造成，通常是两、三种原因同时发生或相互作用形成。因此在此种情形下，应先具体分析何种情况的延误是有效的，划分责任归属，明确责任的承担者

【真题回顾】

（2016年真题）背景资料：

某工程项目业主分别与甲、乙施工单位签订了土建施工合同和设备安装合同，土建施工合同约定：管理费为人材机费用之和的10%，利润为人材机费用与管理费之和的6%，规费和税金（营业税）为人材机费用与管理费和利润之和的9.8%，合同工期为100 d。设备安装合同约定：管理费和利润均以人工费为基础，其费率分别为55%和45%，规费和税金（营业税）为人材机费用与管理费和利润之和的9.8%，合同工期20 d。

土建施工合同与设备安装合同均约定：人工工日单价为80元/工日，窝工补偿按70%计；机械台班单价为500元/台班，闲置补偿按80%计。

甲、乙施工单位编制了施工进度计划，获得监理工程师批准，如下图所示。

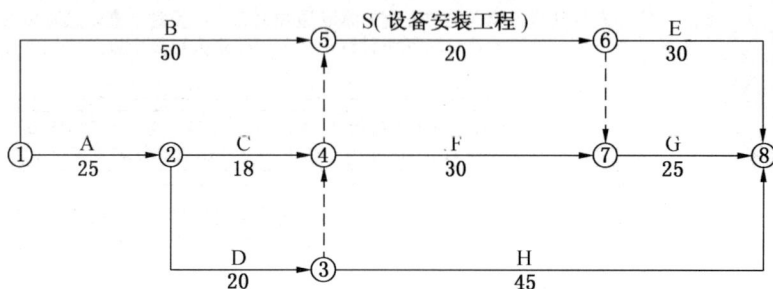

甲、乙施工单位施工进度计划（单位：d）

该工程实施过程中发生如下事件：

事件1：基础工程A工作施工完毕组织验槽时，发现基坑实际土质与业主提供的工程地质资料不符，为此，设计单位修改设计加大了基础埋深，该基础加深处理使甲施工单位增加用工50个工日，增加机械10个台班，A工作时间延长3 d，甲施工单位及时向业主提出费用索赔和工期索赔。

事件2：设备基础D工作的预埋件施工完毕后，甲施工单位报监理工程师进行隐蔽工程验收。监理工程师未按合同约定时限到现场验收，也未通知甲施工单位推迟验收时间，在此情况下，甲施工单位进行了隐蔽工序的施工。业主代表得知该情况后要求施工单位剥露重新检验，检验发现预埋件尺寸不足、位置偏差过大，不符合设计要求。该重新检验导致甲施工单位增加人工30工日，材料费1.2万元，D工作时间延长2 d，甲施工单位及时向业主提出费用索赔和工期索赔。

事件3：设备安装S工作开始后，乙施工单位发现由业主采购的设备配件缺失，业主要求乙施工单位自行采购缺失配件。为此，乙施工单位发生材料费2.5万元、人工费0.5万元，S工作时间延长2 d。乙施工单位向业主提出费用索赔和工期延长2 d的索赔，向甲施工单位提出受事件1和事件2影响工期延长5 d的索赔。

事件4：设备安装过程中，由于乙施工单位安装设备故障和调试设备损坏，使S工作延长施工工期6 d，窝工24个工日。增加安装、调试设备修理费1.6万元。并影响了甲施工单位后续工作的开工时间，造成甲施工单位窝工36个工日、机械闲置6个台班。为此，甲施工单位分别向业主和乙施工单位及时提出了费用和工期索赔。

问题：

1. 分别指出事件 1～事件 4 中甲施工单位和乙施工单位的费用索赔和工期索赔是否成立？并分别说明理由。

2. 事件 2 中，业主代表的做法是否妥当？说明理由。

3. 事件 1～事件 4 发生后，背景资料所示图中 E 工作和 G 工作实际开始工作时间分别为第几天？说明理由。

4. 计算业主应补偿甲、乙施工单位的费用分别为少元？可批准延长的工期分别为多少天？

（计算结果保留两位小数）

【答案】

问题 1：

（1）事件 1 中，甲施工单位向业主提出费用索赔和工期索赔均成立。

理由：因为基坑土质与业主提供的工程地质资料不符，属于业主应该承担的风险范围，且 A 工作为关键线路，故有此事件导致的费用和工期增加都可以索赔。

（2）事件 2 中，甲施工单位向业主提出费用索赔和工期索赔均不成立。

理由：因为剥露重新检验，检验发现预埋件尺寸不足、位置偏差过大，不符合设计要求，施工单位对施工质量直接负责，所以属于施工单位应当承担的责任，因此费用索赔和工期索赔均不成立。

（3）事件 3 中，乙施工单位向业主提出费用索赔和工期索赔均成立。

理由：因为 S 工作属于关键工作且发生延误是因为业主采购的设备配件缺失造成，属于发包方原因，且 S 工作的时间延长超过其合同工期，所以可向业主提出费用索赔和工期索赔。

乙施工单位向甲施工单位提出的工期索赔不成立。

理由：因为事件 1 和事件 2 对乙施工单位的工期没有影响，且甲、乙没有直接的合同关系，所以乙施工单位不能向甲施工单位索赔工期。

（4）事件 4 中，乙施工单位向业主索赔工期和费用不成立。

理由：由于乙施工单位安装设备故障和调试设备损坏，属于乙施工单位应承担的责任，所以不能向业主提出工期和费用索赔。

甲施工单位向业主索赔工期和费用成立。

理由：由于乙施工单位安装设备故障和调试设备损坏，属于乙施工单位应承担的责任，但是由于甲乙没有直接的合同关系，所以甲施工单位可以提出工期和甲施工单位的窝工和机械闲置费用索赔。

甲施工单位向乙施工单位提出工期和费用索赔不成立。

理由：甲、乙没有直接的合同关系，但是甲施工单位可以向业主索赔，业主再向乙施工单位索赔。

问题 2：

事件 2 中，业主代表的做法妥当。

理由：经监理人检查质量合格或监理人未按约定的时间进行检查的，承包人覆盖工程隐蔽部位后，监理人对质量有疑问的，可要求承包人对已覆盖的部位进行钻孔探测或揭开重新检验，承包人应遵照执行，并在检验后重新覆盖恢复原状。

问题3：

（1）E 工作的实际开始时间为第 79 天上班时刻（第 78 天末）。

理由：因为 B、S、H 为最后的关键线路，B 工作 50 d，S 工作 28 d，所以 E 工作的最早开始时间为第 $(50 + 28 + 1) = 79$ d。

（2）G 工作的实际开始时间为第 81 天上班时刻（第 80 天末）。

理由：因为 G 工作的紧前工作有 S、F，工作 S 的最早完成时间为第 78 天，工作 F 的最早完成时间为第 80 天，因此 G 工作的最早开始时间是第 81 天。

问题4：

（1）业主应补偿甲施工单位的费用：

事件1：$(50 \times 80 + 10 \times 500)$ 元 $\times (1 + 10\%) \times (1 + 6\%) \times (1 + 9.8\%) = 11522.41$ 元

事件4：$(36 \times 80 \times 70\% + 6 \times 500 \times 80\%)$ 元 $\times (1 + 9.8\%) = 4848.77$ 元

合计：11522.41 元 $+ 4848.77$ 元 $= 16371.18$ 元

（2）业主应补偿乙施工单位的费用：

事件3：$[25000 + 5000 \times (1 + 55\% + 45\%)]$ 元 $\times (1 + 9.8\%) = 38430.00$ 元

事件4： -4848.77 元

合计：$(38430.00 - 4848.77) = 33581.23$ 元

（3）业主可批准甲施工单位的顺延工期：事件1 为 3 d，事件3、事件4 为 3 d，合计为 6 d。

（4）业主可批准乙施工单位的顺延工期：2 d。

【解析】

本案例是网络计划与工程索赔结合在一起考查的综合型案例，难点在于工期索赔、费用索赔的责任判定。通过事件来判断承包商是否可以得到费用、工期的索赔，这是每年必考的内容，这类题型一般是先让考生判断是否可以得到索赔，接着说明原因，最好计算可索赔费用的金额和工期的天数。

☞ 考点2 工程索赔费用的组成、费用及工期索赔的计算方法 ★ ★ ★

【考情分析】

本考点几乎是每年工程造价案例分析考试中的必考点，经常与工程索赔的原因、承包人的索赔事件及索赔的处理程序结合来进行命题，其考核形式为先判断事件的索赔是否成立，进而计算索赔工期及费用。预计该考点在以后的考试还会有所涉及，考生应加强对此部分知识点的学习、掌握。

一、工程索赔费用的组成部分

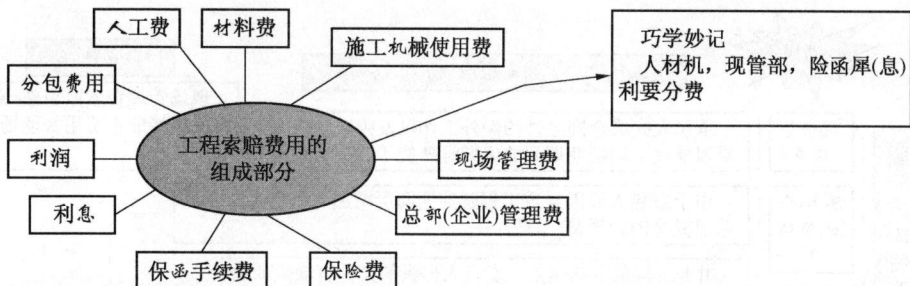

人工费　材料费　施工机械使用费

分包费用

利润

利息

保函手续费　保险费

工程索赔费用的组成部分

现场管理费

总部(企业)管理费

巧学妙记
人材机，现管部，险函屋(息)利要分费

专家说
对于工程索赔费用的组成部分，考生应注意掌握，知道哪些费用应计入索赔费用。在计算时，列明项、找出隐藏的费用、计取税费

二、人工费、材料费、施工机械使用费的索赔内容

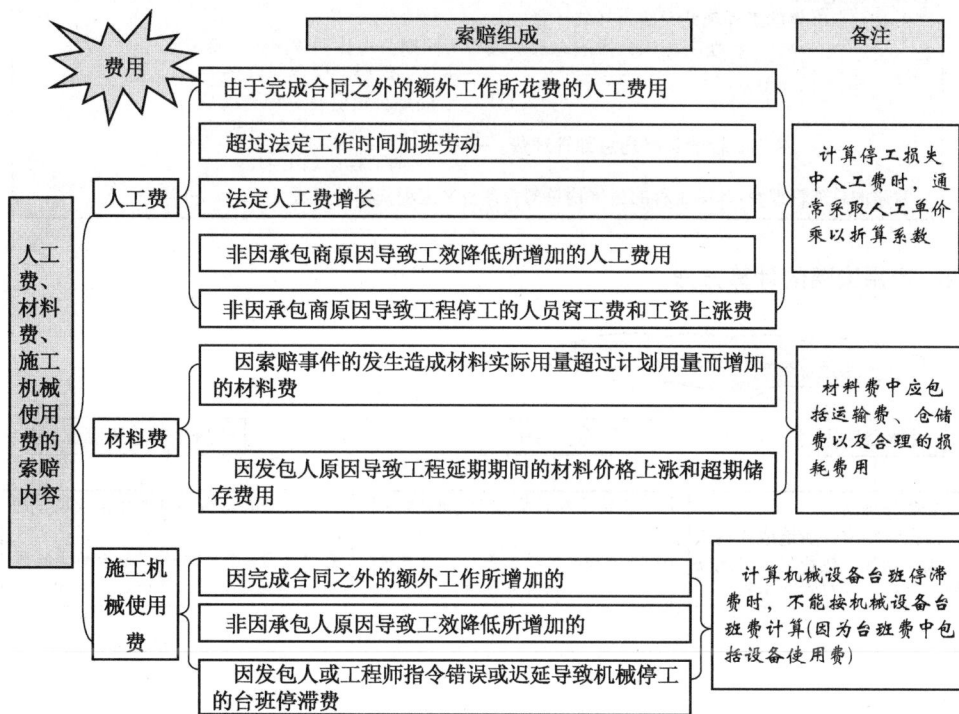

费用	索赔组成	备注
人工费	由于完成合同之外的额外工作所花费的人工费用	计算停工损失中人工费时，通常采取人工单价乘以折算系数
	超过法定工作时间加班劳动	
	法定人工费增长	
	非因承包商原因导致工效降低所增加的人工费用	
	非因承包商原因导致工程停工的人员窝工费和工资上涨费	
材料费	因索赔事件的发生造成材料实际用量超过计划用量而增加的材料费	材料费中应包括运输费、仓储费以及合理的损耗费用
	因发包人原因导致工程延期期间的材料价格上涨和超期储存费用	
施工机械使用费	因完成合同之外的额外工作所增加的	计算机械设备台班停滞费时，不能按机械设备台班费计算(因为台班费中包括设备使用费)
	非因承包人原因导致工效降低所增加的	
	因发包人或工程师指令错误或迟延导致机械停工的台班停滞费	

人工费、材料费、施工机械使用费的索赔内容

专家说
考试中有时会出现根据背景资料中的双代号网络进度计划，来判定索赔时间是否合理，分析多项工作共用同一台施工机械时在场闲置时间的计算、增加新工作和停工待图情况下的索赔处理、工期和费用补偿的计算等，考生对这类型的题目也应做到熟练解答

三、现场管理费、总部（企业）管理费、利润、分包费用

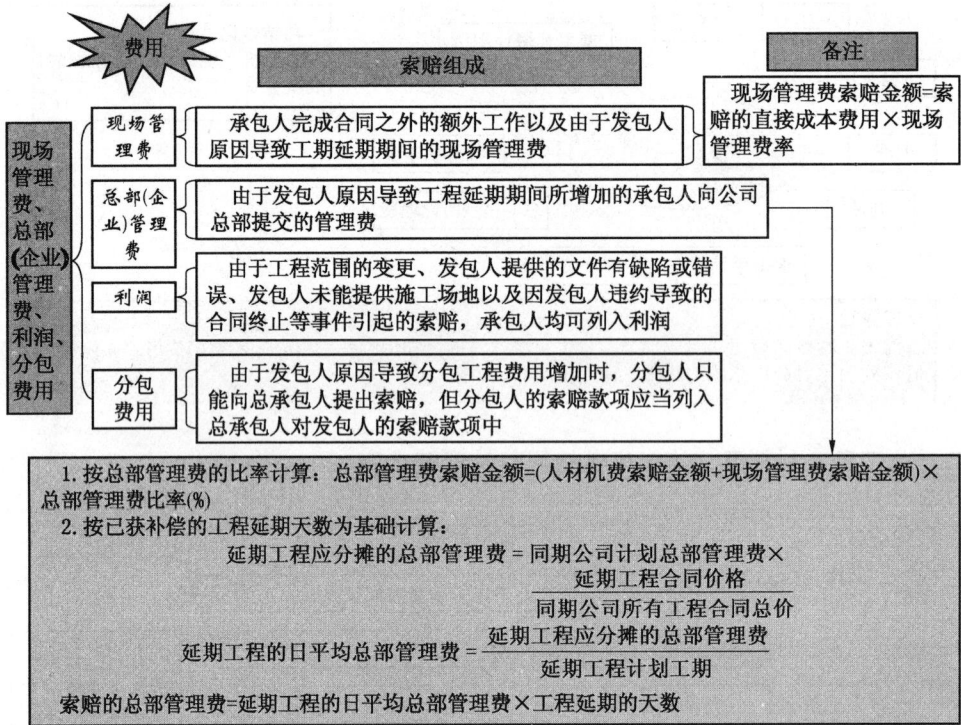

费用		索赔组成	备注

现场管理费、总部(企业)管理费、利润、分包费用

现场管理费	承包人完成合同之外的额外工作以及由于发包人原因导致工期延期期间的现场管理费	现场管理费索赔金额=索赔的直接成本费用×现场管理费率
总部(企业)管理费	由于发包人原因导致工程延期期间所增加的承包人向公司总部提交的管理费	
利润	由于工程范围的变更、发包人提供的文件有缺陷或错误、发包人未能提供施工场地以及因发包人违约导致的合同终止等事件引起的索赔，承包人均可列入利润	
分包费用	由于发包人原因导致分包工程费用增加时，分包人只能向总承包人提出索赔，但分包人的索赔款项应当列入总承包人对发包人的索赔款项中	

1. 按总部管理费的比率计算：总部管理费索赔金额=(人材机费索赔金额+现场管理费索赔金额)×总部管理费比率(%)

2. 按已获补偿的工程延期天数为基础计算：

$$延期工程应分摊的总部管理费 = 同期公司计划总部管理费 × \frac{延期工程合同价格}{同期公司所有工程合同总价}$$

$$延期工程的日平均总部管理费 = \frac{延期工程应分摊的总部管理费}{延期工程计划工期}$$

索赔的总部管理费=延期工程的日平均总部管理费×工程延期的天数

四、费用索赔的计算方法

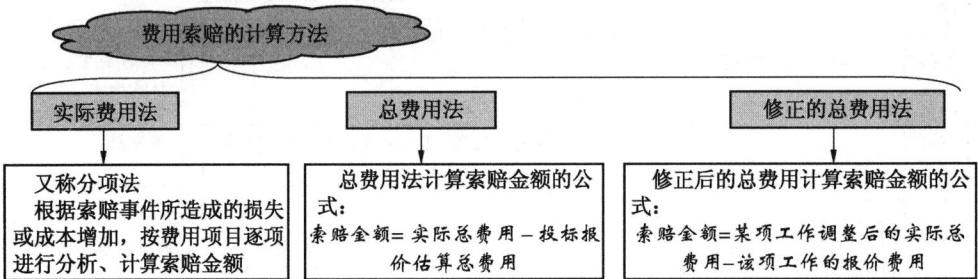

费用索赔的计算方法

实际费用法

又称分项法

根据索赔事件所造成的损失或成本增加，按费用项目逐项进行分析、计算索赔金额

总费用法

总费用法计算索赔金额的公式：

索赔金额＝实际总费用－投标报价估算总费用

修正的总费用法

修正后的总费用计算索赔金额的公式：

索赔金额＝某项工作调整后的实际总费用－该项工作的报价费用

五、工期索赔的计算方法

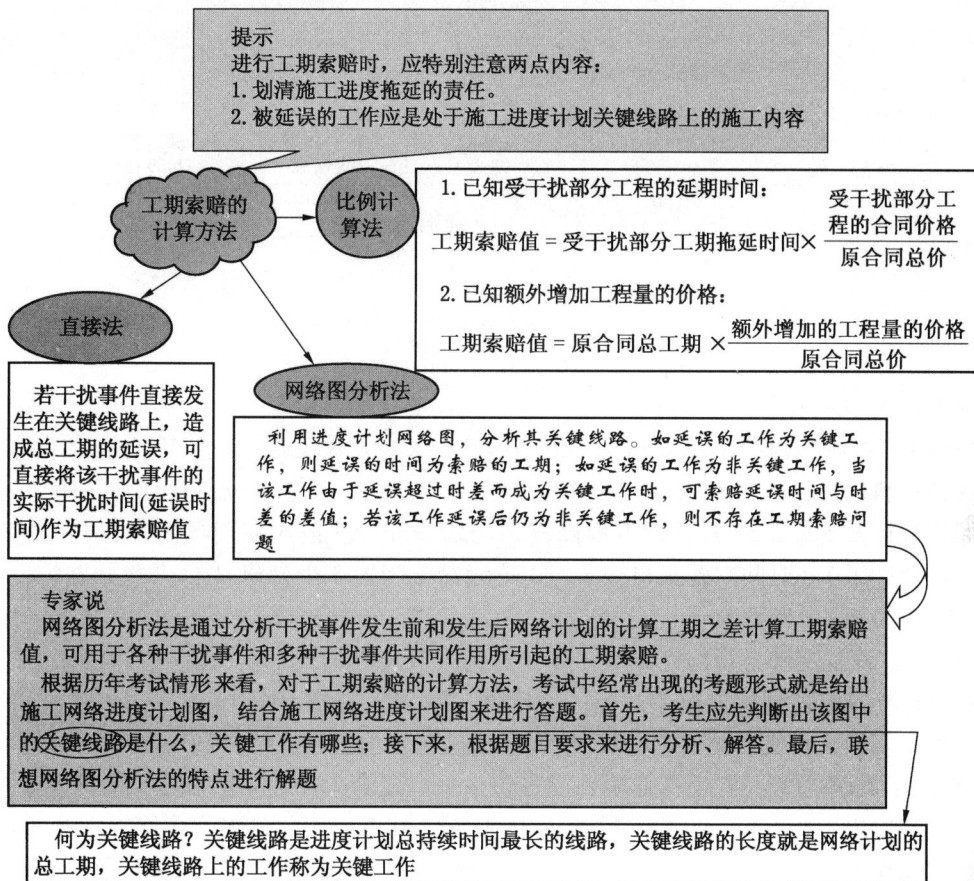

提示
进行工期索赔时，应特别注意两点内容：
1. 划清施工进度拖延的责任。
2. 被延误的工作应是处于施工进度计划关键线路上的施工内容

工期索赔的计算方法 —— 比例计算法

1. 已知受干扰部分工程的延期时间：

$$工期索赔值 = 受干扰部分工期拖延时间 \times \frac{受干扰部分工程的合同价格}{原合同总价}$$

2. 已知额外增加工程量的价格：

$$工期索赔值 = 原合同总工期 \times \frac{额外增加的工程量的价格}{原合同总价}$$

直接法

若干扰事件直接发生在关键线路上，造成总工期的延误，可直接将该干扰事件的实际干扰时间（延误时间）作为工期索赔值

网络图分析法

利用进度计划网络图，分析其关键线路。如延误的工作为关键工作，则延误的时间为索赔的工期；如延误的工作为非关键工作，当该工作由于延误超过时差而成为关键工作时，可索赔延误时间与时差的差值；若该工作延误后仍为非关键工作，则不存在工期索赔问题

专家说
网络图分析法是通过分析干扰事件发生前和发生后网络计划的计算工期之差计算工期索赔值，可用于各种干扰事件和多种干扰事件共同作用所引起的工期索赔。
根据历年考试情形来看，对于工期索赔的计算方法，考试中经常出现的考题形式就是给出施工网络进度计划图，结合施工网络进度计划图来进行答题。首先，考生应先判断出该图中的关键线路是什么，关键工作有哪些；接下来，根据题目要求来进行分析、解答。最后，联想网络图分析法的特点进行解题

何为关键线路？关键线路是进度计划总持续时间最长的线路，关键线路的长度就是网络计划的总工期，关键线路上的工作称为关键工作

【真题回顾】

（2015 年真题）背景资料：

某工业项目发包人采用工程量清单计价方式，与承包人按照《建设工程施工合同（示范文本）》签订了工程施工合同。合同约定：项目的成套生产设备由发包人采购；管理费和利润为人材机费用之和的 18%，规费和税金为人材机费用与管理费和利润之和的 10%；人工工资标准为 80 元/工日。窝工补偿标准为 50 元/工日，施工机械窝工闲置台班补偿标准为正常台班费的 60%，人工窝工和机械窝工闲置不计取管理费和利润；工期 270 d，每提前（或拖后）1 d 奖励（或罚款）5000 元（含税费）。

承包人经发包人同意将设备与管线安装作业分包给某专业分包人，分包合同约定，分包工程进度必须服从总包施工进度计划的安排，各项费用、费率标准约定与总承包施工合同相同。开工前，承包人编制并得到监理工程师批准的施工网络进度计划如下图所示，图中箭线下方括号外数字为工作持续时间（单位：d），括号内数字为每天作业班组工人数，所有工作均按最早可能时间安排作业。

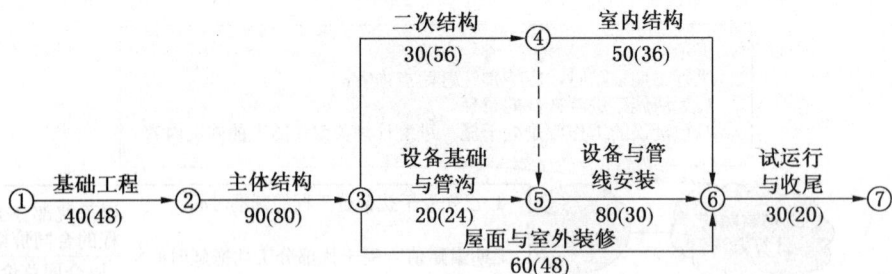

施工网络进度计划

施工过程中发生了如下事件：

事件1：主体结构作业20 d后，遇到持续2 d的特大暴风雨，造成工地堆放的承包人部分周转材料损失，费用为2000元；特大暴风雨结束后，承包人安排该作业队中20人修复倒塌的模板及支撑，30人进行工程修复和场地清理，其他人在现场停工待命，修复和清理工作持续了1 d时间。施工机械A、B持续窝工闲置3个台班（台班费分别为：1200元/台班、900元/台班）。

事件2：设备基础与管沟完成后，专业分包人对其进行技术复核，发现有部分基础尺寸和地脚螺栓预留孔洞位置偏差过大。经沟通，承包人安排10名工人用了6 d时间进行返工处理，发生人材机费用1260元，使设备基础与管沟工作持续时间增加6 d。

事件3：设备与管线安装作业中，因发包人采购成套生产设备的配套附件不全，专业分包人自行决定采购补全，发生采购费用3500元，并造成作业班组整体停工3 d，因受干扰降效增加作业用工60个工日，施工机械C闲置3个台班（台班费：1600元/台班），设备与管线安装工作持续时间增加3 d。

事件4：为抢工期，经监理工程师同意，承包人将试运行部分工作提前安排，和设备与管线安装搭接作业5 d，因搭接作业相互干扰降效使费用增加10000元。

其余各项工作的持续时间和费用没有发生变化。

上述事件后，承包人均在合同规定的时间内向发包人提出索赔，并提交了相关索赔资料。

问题：

1. 分别说明各事件工期，费用索赔能否成立？简述其理由。

2. 各事件工期索赔分别为多少天？总工期索赔为多少天？实际工期为多少天？

3. 专业分包人可以得到的费用索赔为多少元？专业分包人应该向谁提出索赔？

4. 承包人可以得到的各事件费用索赔为多少元？总费用索赔额为多少元？工期奖励（或惩罚）为多少元？

【答案】

问题1：

分别说明各事件工期、费用索赔能否成立：

1. 事件 1

（1）工期索赔成立。

理由：主体结构作业是关键工作，并且是不可抗力造成的延误和清理修复花费的时间，所以可以工期索赔。

（2）部分周转材料损失费用，修复倒塌的模板及支撑，清理现场时的窝工及机械闲置费用索赔不成立。

理由：不可抗力期间工地堆放的承包人部分周转材料损失及窝工闲置费用应当由承包人承担。

（3）修理和清理工作发生的费用索赔成立。

理由：因为修理和清理工作发生的费用应由业主承担。

2. 事件 2

（1）承包人向发包人提出的工期和费用索赔均不成立。

理由：预留孔洞位置偏差过大是承包人应承担的责任事件，由此增加的费用和延误的工期均由承包人承担。

（2）分包人向承包人提出的工期索赔和费用索赔均不成立。

理由：预留孔洞位置偏差过大是承包人应承担责任事件，但设备基础与管沟施工工作持续时间增加 4 d 未超出其自由时差，对设备与管线安装的开工时间没有影响。

3. 事件 3

（1）分包人向发包人提出的工期索赔和费用索赔均不成立。

理由：分包人与发包人没有合同关系，索赔是基于合同关系的补偿。

（2）分包人向承包人提出的工期索赔成立，增加作业费用、人员窝工、机械闲置费用均成立，但是分包人自行决定采购发生的采购费用索赔不成立。

理由：对于分包人，发包人处采购设备的配套附件不应全视为承包人应承担的责任，且设备安装延长 3 d 将会导致分包工程工期延长 3 d，但是分包人自行决定采购补齐而发生的费用由分包人承担。

（3）承包人向发包人提出的工期索赔成立，增加作业费用、人员窝工、机械闲置费用索赔均成立，但是分包人自行决定采购发生的费用索赔不成立。

理由：发包人采购设备的配套附件不全是发包人应承担的责任，而且设备安装时关键工作；分包人自行决定采购补全而发生的费用，由分包人承担。

4. 事件 4

工期和费用索赔均不能成立。

理由：施工方自身原因决定增加投入加快进度，相应工期不会增加，费用增加应由施工方承担。施工单位自行赶工，工期提前，最终可以获得工期奖励。

问题 2：

各事件工期索赔：

（1）事件 1 索赔 3 d。

（2）事件 2 索赔 0 d。

（3）事件 3 承包人向发包人工期索赔 3 d；分包人向承包人工期索赔 3 d。

（4）事件4索赔0 d。

（5）总工期索赔：承包人向发包人索赔总工期：$(3+3)d=6$ d；分包人向承包人工期索赔3 d。

（6）实际工期 $=40+(90+3)+30+(80+3)+(30-5)d=271$ d。

问题3：

事件3索赔费用 $=(30×3×50+3×1600×60\%)$元$×(1+10\%)+(60×80)×1.18×(1+10\%)$元$=14348.4$ 元

专业分包人可以得到的费用索赔为14348.4元，专业分包人应该向承包人提出索赔。

问题4：

（1）各事件费用索赔：

事件1：$30×1×80×(1+18\%)×(1+10\%)$元$=3115.2$ 元

事件2：0

事件3：14348.4 元

事件4：0

（2）总计费用索赔：$(3115.2+14348.4)$元$=17463.60$ 元

（3）奖罚依据：原合同工期为270 d；新合同工期为$(270+6)d=276$ d；实际工期为271 d，小于新合同工期，因此应当得到工期奖励。

工期奖励 $=(270+6-271)×5000$ 元$=25000$ 元

【解析】

（1）在工程造价案例分析考试中，索赔工期计算使用的是网络计划进行计算。是否可以得到工期索赔的判定：

① 划清施工进度拖延的责任。属于发包人应承担风险责任事件的影响，如异常恶劣的气候条件影响的停工等，才可以提出工期索赔。

② 被延误的工作应是处于施工进度计划关键线路上的施工内容。应充分考虑该工作的自由时间，给予相应的工期顺延，并要求承包人修改施工进度计划。

（2）工期奖励（罚款）金额的基数就是实际工期与工期的差额，差额小于0，是工期奖励；差额大于0，为工期罚款。工期奖励金额 ＝（工期－实际工期）×单位时间奖罚金额；工期罚款金额 ＝（实际工期－工期）×单位时间奖罚金额。

冲刺训练

试题一背景资料：

某工程项目，业主通过招标与甲建筑公司签订了土建工程施工合同，包括 A、B、C、D、E、F、G、H 八项工作，合同工期360 d。业主与乙安装公司签订了设备安装施工合同，包括设备安装与调试工作，合同工期180 d。通过相互的协调，编制了如下图所示的网络进度计划。

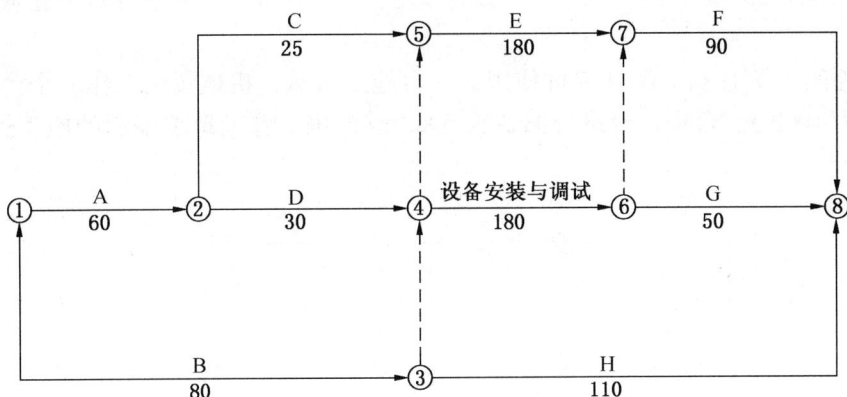

网络进度计划（单位：d）

该工程施工过程中发生了以下事件：

（1）基础工程施工时，业主负责供应的钢筋混凝土预制桩供应不及时，使 A 工作延误 7 d。

（2）B 工作施工后进行检查验收时，发现一预埋件埋置位置有误，经核查，是由于设计图纸中预埋件位置标注错误所致。甲建筑公司进行了返工处理，损失 5 万元，且使 B 工作延误 15 d。

（3）甲建筑公司因人员与机械调配问题造成 C 工作增加工作时间 5 d，窝工损失 2 万元。

（4）乙安装公司设备安装时，因接线错误造成设备损坏，使乙安装公司安装调试工作延误 5 d，损失 12 万元。

发生以上事件后，施工单位均及时向业主提出了索赔要求。

问题：

1. 施工单位对以上各事件提出索赔要求，分析业主是否应给予甲建筑公司和乙安装公司工期和费用补偿。

2. 如果合同中约定，由于业主原因造成延期开工或工期延期，每延期一天补偿施工单位 6000 元，由于施工单位原因造成延期开工或工期延误，每延误一天罚款 6000 元。计算施工单位应得的工期与费用补偿各是多少？

3. 该项目采用预制钢筋混凝土桩基础，共有 800 根桩，桩长 9 m。合同规定：桩基分项工程的综合单价为 180 元/m；预制桩由业主购买供应，每根桩按 950 元计。计算甲建筑公司桩基础施工应得的工程款是多少？

（注：计算结果保留一位小数）

试题二背景资料：

某安装工程施工合同中约定：合同工期为 30 周，合同价为 827.28 万元（含规费 38 万元），其中，管理费为直接费（分部分项工程和措施项目的人工费、材料费、机械费之和）的 18%，利润率为直接费、管理费之和的 5%，增值税销项税率为 9%；因通货膨胀导致价格上涨时，业主只对人工费、主要材料费和机械费（三项费用占合同价的比例分别为22%、40%和9%）进行调整；因设计变更产生的新增工程，业主既补偿成本又补偿利润。

该工程的工作D和工作H安排使用同一台施工机械，机械每天工作一个台班，机械台班单价为1000元/台班，台班折旧费为600元/台班。施工单位编制的施工进度计划，如下图所示。

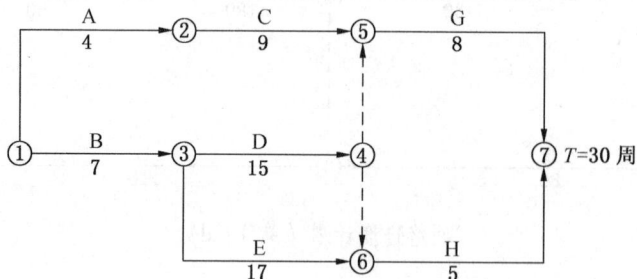

施工进度计划（时间单位：周）

施工过程中发生如下事件：

事件1：考虑物价上涨因素，业主与施工单位协议对人工费、主要材料费和机械费分别上调5%、6%和3%。

事件2：因业主设计变更新增工作F，工作F为工作D的紧后工作，为工作H的紧前工作，持续时间为6周。经双方确认，工作F的直接费（分部分项工程和措施项目的人工费、材料费、机械费之和）为126万元，规费为8万元。

事件3：工作G开始前，业主对工作G的部分施工图纸进行修改，由于未能及时提供给施工单位，致使工作G延误6周。经双方协商，对仅因业主延迟提供图纸而造成的工期延误，业主按原合同工期和价格确定分摊的每周管理费标准补偿施工单位管理费。

上述事件发生后，施工单位在合同规定的时间内向业主提出索赔并提供了相关资料。

问题：

1. 事件1中，调整后的合同价款为多少万元？

2. 事件2中，工作F的工程价款为多少万元？

3. 事件2发生后，以工作表示的关键线路是哪一条？列式计算应批准延长的工期和可索赔的费用（不含工作F工程价款）。

4. 按合同工期分摊的每周管理费应为多少万元？发生事件2和事件3后，项目最终的工期是多少周？业主应批准补偿的管理费为多少万元？

（列出具体的计算过程，计算结果保留两位小数）

【答案】

试题一

1. 对索赔要求的判定

（1）业主钢筋混凝土预制桩供应不及时，造成A工作延误，因A工作是关键工作，业主应给甲公司补偿工期和相应费用。

业主应顺延乙公司的开工时间和补偿相关费用。

（2）因设计图纸错误导致甲公司返工处理，由于 B 工作是非关键工作，因为已经对 A 工作补偿工期，B 工作延误的 15 d 在其总时差范围以内，故不给予甲公司工期补偿，但应给甲公司补偿相应的费用。

因对乙公司不造成影响，故不应给乙公司工期和费用补偿。

（3）由于甲公司原因使 C 工作延长，不给予甲公司工期时间和费用补偿。

因未对乙公司造成影响，业主不对乙公司补偿。

（4）由于乙公司的错误造成总工期延期与费用损失，业主不给予工期和费用补偿。

由此引起的对甲公司的工期延误和费用损失，业主应给予补偿。

2. 工期和费用补偿的计算

（1）甲公司应得到工期补偿为：

事件 1：业主预制桩供应不及时补偿工期 7 d；

事件 4：因安装公司原因给甲公司造成工期延误，应补偿 5 d。

工期补偿合计 12 d。

（2）甲公司应得到费用补偿为：

事件 1：7 d×6000 元/d = 4.2 万元

事件 2：5.0 万元

事件 4：5 d×6000 元/d = 3.0 万元

费用补偿合计：（4.2 + 5.0 + 3.0）万元 = 12.2 万元

（3）因业主预制桩供应不及时，乙公司应得到工期补偿 7 d。

乙公司应得到费用补偿为：

事件 1 补偿：7 d×6000 元/d = 4.2 万元

事件 4 罚款：5 d×6000 元/d = 3.0 万元

费用补偿合计：（4.2 − 3.0）万元 = 1.2 万元

3. 工程价款的计算

桩购置费为：800 根×950 元/根 = 76 万元

桩基础工程合同价款：800 根×9 m/根×180 元/m = 129.6 万元

甲公司桩基础施工应得工程价款为：（129.6 − 76）万元 = 53.6 万元

试题二

1. 事件 1 中：

不调整部分占合同价的比例 = 1 −（22% + 40% + 9%）= 29%

调整后的合同价款 = 827.28 万元×[29% +（1 + 5%）×22% +（1 + 6%）×40% +（1 + 3%）×9%] = 858.47 万元

2. 事件 2 中：

工作 F 的工程价款 = [126×（1 + 18%）×（1 + 5%）+ 8]万元×（1 + 9%）= 178.88 万元

3. 问题 3 涉及的计算：

（1）事件 2 发生后，以工作表示的关键线路是：B→D→F→H。

（2）应批准延长的工期 =（7 + 15 + 6 + 5 − 30）周 = 3 周

（3）应批准可索赔的费用：

规费费率：$\dfrac{38}{\dfrac{827.28}{1+9\%}-38}=5.27\%$

D 与 H 使用的机械原计划限制 2 周，新闲置 6 周，增加闲置 4 周。

应批准可索赔的费用 $=600\times(4\times7)\times(1+5.27\%)\times(1+9\%)$ 元 $=19277.04$ 元 $=1.93$ 万元

4. 问题 4 涉及的计算：

（1）按合同工期分摊的每周管理费 $=\dfrac{\dfrac{\dfrac{827.28}{1+9\%}-38}{(1+5\%)\times(1+18\%)}}{30}\times18\%$ 万元/周 $=3.49$ 万元/周

（2）发生事件 2 和事件 3 后，项目最终的工期 $=[7+15+(8+6)]$ 周 $=36$ 周

（3）发生事件 2 和事件 3 后，业主应批准补偿的管理费的周数 $=(36-33)$ 周 $=3$ 周

（4）发生事件 2 和事件 3 后，业主应批准补偿的管理费 $=3.49$ 万元/周 $\times3$ 周 $=10.47$ 万元

第六章　工程结算与决算

知识架构与考频研究

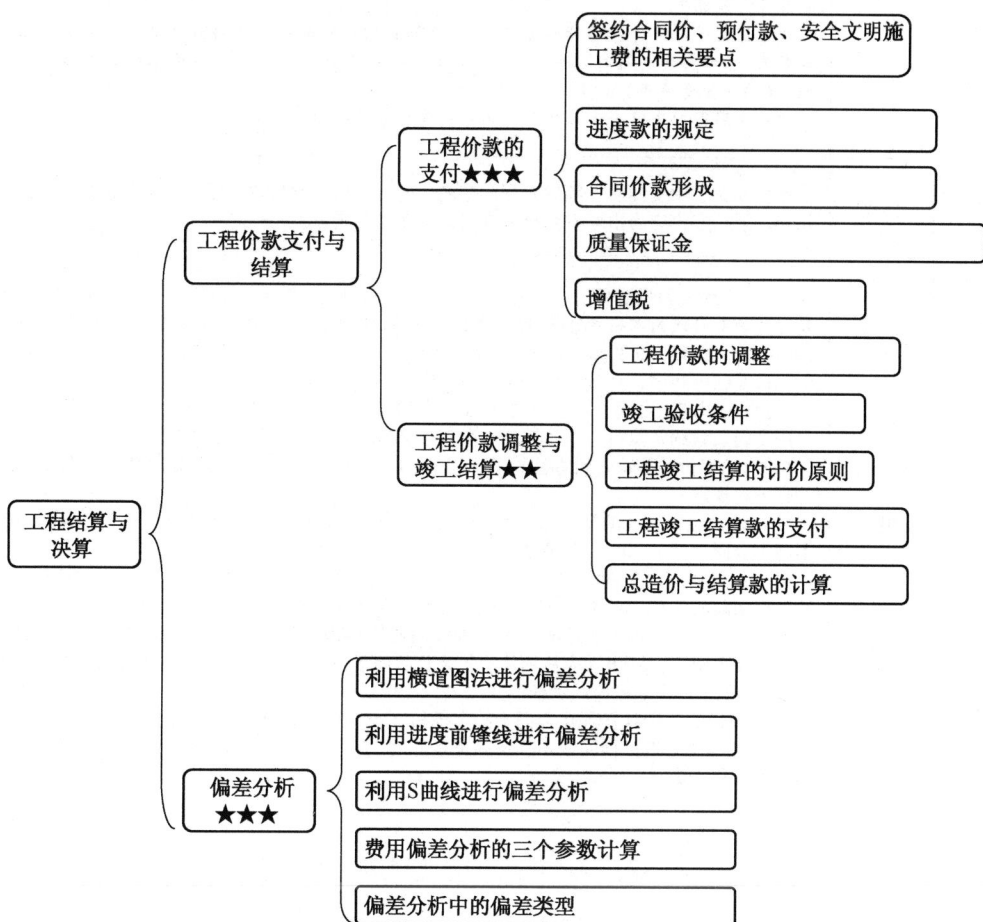

```
                                    ┌─────────────────────┐
                                    │ 签约合同价、预付款、安全文明施 │
                                    │ 工费的相关要点        │
                                    └─────────────────────┘
                                    ┌─────────────────────┐
                         ┌────────┐ │ 进度款的规定          │
                         │工程价款的│ └─────────────────────┘
                         │支付★★★│ ┌─────────────────────┐
                         └────────┘ │ 合同价款形成          │
              ┌────────────┐         └─────────────────────┘
              │工程价款支付与│         ┌─────────────────────┐
              │结算        │         │ 质量保证金            │
              └────────────┘         └─────────────────────┘
                                    ┌─────────────────────┐
                                    │ 增值税                │
                                    └─────────────────────┘
                                    ┌─────────────────────┐
                                    │ 工程价款的调整        │
                                    └─────────────────────┘
                                    ┌─────────────────────┐
                         ┌────────┐ │ 竣工验收条件          │
                         │工程价款调整与│ └─────────────────────┘
                         │竣工结算★★│ ┌─────────────────────┐
┌──────────┐             └────────┘ │ 工程竣工结算的计价原则  │
│工程结算与  │                        └─────────────────────┘
│决算      │                        ┌─────────────────────┐
└──────────┘                        │ 工程竣工结算款的支付   │
                                    └─────────────────────┘
                                    ┌─────────────────────┐
                                    │ 总造价与结算款的计算   │
                                    └─────────────────────┘
                         ┌─────────────────────┐
                         │ 利用横道图法进行偏差分析 │
                         └─────────────────────┘
                         ┌─────────────────────┐
                         │ 利用进度前锋线进行偏差分析│
              ┌────────┐ └─────────────────────┘
              │偏差分析  │ ┌─────────────────────┐
              │★★★   │ │ 利用S曲线进行偏差分析   │
              └────────┘ └─────────────────────┘
                         ┌─────────────────────┐
                         │ 费用偏差分析的三个参数计算│
                         └─────────────────────┘
                         ┌─────────────────────┐
                         │ 偏差分析中的偏差类型    │
                         └─────────────────────┘
```

第一节　工程价款支付与结算

☞ 考点1　工程价款的支付★★★

【考情分析】

关于工程价款的支付，是工程造价案例分析考试中的重中之重，是每年考试必考的内容，也是考试的难点所在。考生应重点掌握签约合同价、预付款、安全文明施工费的相关要点、进度款的规定、实际进度与计划进度的比较方法、增值税，做到熟练运用、计算准确。工程造价案例分析考试中，遇到此类问题一定要谨慎，看清题中给出的数额，避免因带入数值的错误，导致失分。对于质量保证金，也是需要考生记忆的内容。

一、签约合同价、预付款、安全文明施工费的相关要点（必考点）

签约合同价		《建设工程工程量清单计价规范》（GB 50500—2013）第 2.0.47 条规定，签约合同价（合同价款）是指发承包双方在工程合同中约定的工程造价，即包括了分部分项工程费、措施项目费、其他项目费、规费和税金的合同总金额。因此工程量清单计价中计算的签约合同价的计算公式如下： **工程量清单计价中计算的签约合同价 =〔分部分项工程费 + 单价措施项目费用 + 总价措施项目费用（包括安全文明施工费）+ 计日工（计划）+ 专业分包暂估价 + 总承包服务费 + 暂列金额〕×（1 + 规费费率）×（1 + 税率）** **注意：这里签约合同价中的各项费用均是签订合同时的计划费用**
预付款	概述	预付款属于预支性质，随着工程的实施，原已支付的预付款应以充抵工程价款的方式陆续扣回，抵扣方式应当由双方当事人在合同中明确约定
	相关规定	《建设工程工程量清单计价规范》（GB 50500—2013）第 10.1.2 条规定，**包工包料工程的预付款的支付比例不得低于签约合同价（扣除暂列金额）的 10%，不宜高于签约合同价（扣除暂列金额）的 30%**。第 10.1.6 条规定，预付款应从每一个支付期应支付给承包人的工程进度款中扣回，直到扣回的金额达到合同约定的预付金额为止。 《建设工程施工合同（示范文本）》（GF—2017—0201）第 12.2.1 条，预付款的支付按照专用合同条款约定执行，但至迟应在开工通知载明的开工日期 7 d 前支付。 《建设工程价款结算暂行办法》（财建〔2004〕369 号）第十二条规定，工程预付款结算应符合下列规定： （1）包工包料工程的预付款按合同约定拨付，原则上预付比例不低于合同金额的 10%，不高于合同金额的 30%，对重大工程项目，按年度工程计划逐年预付。 （2）在具备施工条件的前提下，发包人应在双方签订合同后的一个月内或不迟于约定的开工日期前的 7 d 内预付工程款，发包人不按约定预付，承包人应在预付时间到期后 10 d 内向发包人发出要求预付的通知，发包人收到通知后仍不按要求预付，承包人可在发出通知 14 d 后停止施工，发包人应从约定应付之日起向承包人支付应付款的利息（利率按同期银行贷款利率计），并承担违约责任。 （3）预付的工程款必须在合同中约定抵扣方式，并在工程进度款中进行抵扣。 （4）凡是没有签订合同或不具备施工条件的工程，发包人不得预付工程款，不得以预付款为名转移资金
	支付扣还计算	$$工程预付款数额 = \frac{年度工程总价 \times 材料比例（\%）}{年度施工天数} \times 材料储备定额天数$$ $$预付款数额 =（合同价款扣除暂列项数额）计算基数 \times （1 + 规费费率）\times（1 + 税率）\times 预付款比例$$ **注意：这里的相关价款基数、预付款比例及扣回方式在工程造价案例分析考试中，题目背景资料中给出相关数据信息，考生要仔细审题，包括哪些费用一定要明确。** 预付款扣还分为按合同约定扣款方式和起扣点计算方式，若合同约定：预付款从未施工工程尚需的主要材料及构件的价值相当于工程预付款数额时起扣，则起扣点（即工程预付款开始扣回时）的累计完成工程金额 = 承包工程合同总额 - 工程预付款总额 ÷ 主要材料及构件所占比重；首次扣还数额 =（累计工程款 - 起扣点数额）× 主要材料及构件所占比重；再次扣还数额 = 当月工程款 × 主要材料及构件所占比重。 除专用合同条款另有约定外，在颁发工程接收前，提前解除合同的，尚未扣完的预付款一并与合同价款一起结算

安全文明施工费	《建设工程工程量清单计价规范》(GB 50500—2013) 第10.2.2条规定,发包人应在工程开工后的28 d内预付不低于当年施工进度计划的安全文明施工费总额的60%,其余部分应按照提前安排的原则进行分解,并应与进度款同期支付。第10.2.3条规定,发包人没有按时支付安全文明施工费的,承包人可催告发包人支付;发包人在付款期满后的7 d内仍未支付的,若发生安全事故,发包人应承担相应责任。 《建设工程施工合同(示范文本)》(GF—2017—0201)第6.1.6条规定,安全文明施工费由发包人承担,发包人不得以任何形式扣减该部分费用。因基准日期后合同所适用的法律或政府有关规定发生变化,增加的安全文明施工费由发包人承担。承包人经发包人同意采取合同约定以外的安全措施所产生的费用,由发包人承担。未经发包人同意的,如果该措施避免了发包人的损失,则发包人在避免损失的额度内承担该措施费。如果该措施避免了承包人的损失,由承包人承担该措施费。除专用合同条款另有约定外,发包人应在开工后28 d内预付安全文明施工费总额的50%,其余部分与进度款同期支付

二、进度款的规定

《建设工程工程量清单计价规范》(GB 50500—2013)中的规定	(1)发承包双方应按照合同约定的时间、程序和方法,根据工程计量结果,办理期中价款结算,支付进度款。 (2)已标价工程量清单中的单价项目,承包人应按工程计量确认的工程量与综合单价计算;综合单价发生调整的,以发承包双方确认调整的综合单价计算进度款。 (3)发包人提供的甲供材料金额,应按照发包人签约提供的单价和数量从进度款支付中扣除,列入本周期应扣减的金额中。 (4)承包人现场签证和得到发包人确认的索赔金额应列入本周期应增加的金额中。 (5)进度款的支付比例按照合同约定,按期中结算价款总额计,**不低于60%,不高于90%**。 (6)承包人应在每个计量周期到期后的7 d内向发包人提交已完工程进度款支付申请一式四份,详细说明此周期认为有权得到的款额,包括分包人已完工程的价款。支付申请应包括下列内容: ① 累计已完成的合同价款; ② 累计已实际支付的合同价款; ③ 本周期合计完成的合同价款:本周期已完成单价项目的金额、本周期应支付的总价项目的金额、本周期已完成的计日工价款、本周期应支付的安全文明施工费、本周期应增加的金额; ④ 本周期合计应扣减的金额:本周期应扣回的预付款、本周期应扣减的金额; ⑤ 本周期实际应支付的合同价款
《建设工程施工合同(示范文本)》(GF—2017—0201)中的规定	除专用合同条款另有约定外,进度付款申请应包括下列内容: (1)截至本次付款周期已完成工作对应的金额。 (2)根据变更应增加和扣减的变更金额。 (3)根据预付款约定应支付的预付款和扣减的返还预付款。 (4)根据质量保证金约定应扣减的质量保证金。 (5)根据索赔应增加和扣减的索赔金额。 (6)对已签发的进度款支付证书中出现错误的修正,应在本次进度付款中支付或扣除的金额。 (7)根据合同约定应增加和扣减的其他金额
支付时间与要求	根据《建设工程工程量清单计价规范》(GB 50500—2013)规定: (1)发包人应在收到承包人进度款支付申请后的14 d内,根据计量结果和合同约定对申请内容予以核实,确认后向承包人出具进度款支付证书。若发承包双方对部分清单项目的计量结果出现争议,发包人应对无争议部分的工程计量结果向承包人出具进度款支付证书。 (2)发包人应在签发进度款支付证书后的14 d内,按照支付证书列明的金额向承包人支付进度款。 (3)若发包人逾期未签发进度款支付证书,则视为承包人提交的进度款支付申请已被发包人认可,承包人可向发包人发出催告付款的通知。发包人应在收到通知后的14 d内,按照承包人支付申请的金额向承包人支付进度款
	进度款的支付比例按照相关规定要求为60%~90%,具体取值在考试中会给出数据

支付方式	根据双方合同约定，支付方式有按月结算、分段结算、一次性结算。在造价案例分析题中，具体在支付过程中采用何种方法（月中支付、凭证限制与再支付比例限制等）方法，试题背景资料中会给出相关信息。值得注意的是，施工过程非承包方原因造成的费用索赔，在认定月与当月结算的工程价款同期支付
注意事项	截至 n 月末累计已完成工程价款＝1～n 月完成的分项工程价款和措施项目价款 截至 n 月末累计已实际支付工程价款＝1～n 月实际支付工程价款＋实际支付措施费＋预付款 业主应支付工程款＝承包人已完成工程款×进度款支付比例－应扣回的预付款

三、合同价款形成

清单计价规范规定	分部分项工程费	分部分项工程费＝工程合同量×分部分项工程综合单价（包括人才机费、管理费和利润） 　　该费用的计算在工程造价案例分析考试中属于难点内容，考生在计算时要具备清晰的解题思路
	措施项目费	分为随工程量变化而进行调整的部分，按项计算部分（安全文明施工费为不可竞争性费用）
	其他项目费	分为暂列项、暂估价、计日工、总承包服务费
	规费	计算基础一般是定额人工费或者分部分项工程费＋措施项目费＋其他项目费之和
	税金	税金＝(分部分项工程费＋措施项目费＋其他项目费＋规费)×税率(不可竞争费用)
	注意：不含税合同价 $= \sum$ 计价项目费 ×(1＋规费费率)；含税合同价 $=$ 不含税合同价 ×(1＋规费费率)	
《建筑安装工程费用项目组成》(建标〔2013〕44号)	按照费用构成要素划分，建筑安装工程费包括：人工费、材料费（包含工程设备）、施工机具使用费、企业管理费、利润、规费和税金。按照工程造价形成，由分部分项工程费、措施项目费、其他项目费、规费和税金组成	

四、质量保证金

保证金的扣留	《建设工程质量保证金管理办法》第七条规定，发包人应按照合同约定方式预留保证金，保证金总预留比例不得高于工程价款结算总额的3%。合同约定由承包人以银行保函替代预留保证金的，保函金额不得高于工程价款结算总额的3%。 根据《标准施工招标文件》中的通用合同条件，项目监理机构应从第一个付款周期开始，在工程进度付款中，按工程承包合同约定扣留工程质量保证金，直至扣留的工程质量保证金总额达到工程承包合同约定的金额或比例为止。工程质量保证金的计算额度不包括预付款的支付、扣回及价格调整的金额。 《建设工程施工合同（示范文本）》(GF—2017—0201) 第15.3.2 条规定，质量保证金的扣留有以下三种方式： (1) 在支付工程进度款时逐次扣留，在此情形下，质量保证金的计算基数不包括预付款的支付、扣回以及价格调整的金额。 (2) 工程竣工结算时一次性扣留质量保证金。 (3) 双方约定的其他扣留方式。 　　除专用合同条款另有约定外，质量保证金的扣留原则上采用上述第（1）种方式。发包人累计扣留的质量保证金不得超过工程价款结算总额的3%。如承包人在发包人签发竣工付款证书后28d内提交质量保证金保函，发包人应同时退还扣留的作为质量保证金的工程价款；保函金额不得超过工程价款结算总额的3%。发包人在退还质量保证金的同时按照中国人民银行发布的同期同类贷款基准利率支付利息

质量保证金的退还	《建设工程施工合同（示范文本）》规定，缺陷责任期内，承包人认真履行合同约定的责任，到期后，承包人可向发包人申请返还保证金。 　发包人在接到承包人返还保证金申请后，应于 14 d 内会同承包人按照合同约定的内容进行核实。如无异议，发包人应当按照约定将保证金返还给承包人。对返还期限没有约定或者约定不明确的，发包人应当在核实后 14 d 内将保证金返还承包人，逾期未返还的，依法承担违约责任。发包人在接到承包人返还保证金申请后 14 d 内不予答复，经催告后 14 d 内仍不予答复，视同认可承包人的返还保证金申请。 　发包人和承包人对保证金预留、返还以及工程维修质量、费用有争议的，按本合同第 20 条约定的争议和纠纷解决程序处理。 　《建设工程工程量清单计价规范》(GB 50500—2013) 规定，发包人应在签发最终结清支付证书后的 14 d 内，按照最终结清支付证书列明的金额向承包人支付最终结清款。发包人未按期最终结清支付的，承包人可催告发包人支付，并有权获得延迟支付的利息。最终结清时，承包人被预留的质量保证金不足以抵减发包人工程缺陷修复费用的，承包人应承担不足部分的补偿责任

五、增值税

概念	是以商品（含应税劳务）在流转过程中产生的增值额作为计税依据而征收的一种流转税，实行价外税
计算	增值税应纳税额 = 当期销项税额 – 当期进项税额。 　其中，销项税额 = 销售额 × 税率，销售额 = 含税销售额 ÷ (1 + 税率)。销项税额是指纳税人提供应税服务按照销售额和增值税税率计算的增值税额。进项税额是指纳税人购进货物或者接受加工修理修配劳务和应税服务，支付或者负担的增值税税额

【真题回顾】

（2018 年真题）背景资料：

某工程项目发承包双方签订了工程施工合同，工期 5 个月，合同约定的工程内容及其价款包括：分部分项工程项目（含单价措施项目）、总价措施项目（含安全文明施工）、暂列金额、税费 4 项。分部分项工程项目费用数据与施工进度计划见下表。总价措施项目费用 10 万元（其中含安全文明施工费为 6 万元）；暂列金额费用 5 万元；管理费和利润为不含税人材机费用之和的 12%；规费为不含税人材机费用与管理费、利润之和的 6%；增值税税率为 10%。

分部分项工程项目费用数据与施工进度计划表

分部分项工程项目（含单价措施项目）				施工进度计划（单位：月）				
名称	工程量	综合单价	费用（万元）	1	2	3	4	5
A	800m³	360 元 /m³	28.8					
B	900m³	420 元 /m³	37.8					
C	1200m³	280 元 /m³	33.6					
D	1000m³	200 元 /m³	20.0					
合计			120.2	注：计划和实际施工进度均为匀速进度				

有关工程价款支付条款如下：

1. 开工前，发包人按签约含税合同价（扣除安全文明施工费和暂列金额）的 20% 作为预付款支付承包人，预付款在施工期间的第 2~5 个月平均扣回，同时将安全文明施工费的 70% 作为提前支付的工程款。

2. 分部分项工程项目工程款在施工期间逐月结算支付。

3. 分部分项工程 C 所需的工程材料 C1 用量 1250 m^2，承包人的投标报价为 60 元/m^2（不含税）。当工程材料 C1 的实际采购价格在投标报价的 ±5% 以内时，分部分项工程 C 的综合单价不予调整；当变动幅度超过该范围时，按超过的部分调整分部分项工程 C 的综合单价。

4. 除开工前提前支付的安全文明施工费工程款之外的总价措施项目工程款，在施工期间的第 1~4 个月平均支付。

5. 发包人按每次承包人应得工程款的 90% 支付。

6. 竣工验收通过后 45 d 内办理竣工结算，扣除实际工程含税总价款的 3% 作为工程质量保证金，其余工程款发承包双方一次性结清。

该工程如期开工，施工中发生了经发承包双方确认的下列事项：

1. 分部分项工程 B 的实际施工时间为第 2~4 月。

2. 分部分项工程 C 所需的工程材料 C1 实际采购价格为 70 元/m^2（含可抵扣进项税，税率为 3%）。

3. 承包人索赔的含税工程量为 4 万元。

其余工程内容的施工时间和价款均与签约合同相符。

问题：

1. 该工程签约合同价（含税）为多少万元？开工前发包人应支付给承包人的预付款和安全文明施工费工程款分别为多少万元？

2. 第 2 个月，发包人应支付给承包人的工程款为多少万元？截止到第 2 个月末，分部分项工程的拟完成工程计划投资、已完工程计划投资分别为多少万元？工程进度偏差为多少万元？并根据计算结果说明进度快慢情况。

3. 分部分项工程 C 的综合单价应调整为多少元/m^2？如果除工程材料 C1 外的其他进项税额为 2.8 万元（其中，可抵扣进项税额为 2.1 万元），则分部分项工程 C 的销项税额、可抵扣进税额和应缴纳增值税额分别为多少万元？

4. 该工程实际总造价（含税）比签约合同价（含税）增加（或减少）多少万元？假定在办理竣工结算前发包人已支付给承包人的工程款（不含预付款）累计为 110 万元，则竣工结算时，发包人应支付给承包人的结算尾款为多少万元？

（注：计算结果以元为单位的保留两位小数，以万元为单位的保留三位小数）

【答案】

问题1：

（1）该工程签约合同价（含税）=（120.2 + 10 + 5）万元 ×（1 + 6%）×（1 + 10%）= 157.643 万元

（2）开工前发包人应支付给承包人的预付款 = [157.643 −（6 + 5）×（1 + 6%）×（1 +

10%）]万元×20% = 28.963 万元

（3）开工前发包人应支付给承包人的安全文明施工措施费工程款 = 6 万元×70% × （1 +6%）×（1 +10%）×90% = 4.407 万元

问题 2：

（1）第 2 个月发包人应支付给承包人的工程款 = {[（28.8/2）+（37.8/3）]×（1 + 6%）×（1 +10%）+[10×（1 +6%）×（1 +10%）-6×70% ×（1 +6%）×（1 +10%）]/4} 万元×90% -28.963 万元/4 = 22.615 万元

【或:第 2 个月，发包人应支付给承包人分部分项工程费用 = （28.8/2 +37.8/3）万元 = 27 万元

措施费 = （10 -6×70%）万元/4 = 1.45 万元

第 2 个月发包人应支付给承包人的工程款 = （27 +1.45）万元×（1 +6%）×（1 +10%）× 90% -28.963 万元/4 = 22.615 万元】

（2）截止到第 2 个月末，分部分项工程中相关计算：

① 拟完成工程计划投资 = （28.8 +37.8/2）万元×（1 +6%）×（1 +10%）= 55.618 万元

② 已完工程计划投资 = （28.8 +37.8/3）万元×（1 +6%）×（1 +10%）= 48.272 万元

③ 进度偏差 = 已完工程计划投资 - 拟完成工程计划投资 = （48.272 -55.618）万元 = -7.346 万元

④ 因 B 工作原计划 2~3 月完成，实际 2~4 月完成，导致施工进度滞后 7.346 万元。

问题 3：

（1）分部分项工程 C 的综合单价的计算：

① 材料 C1 实际采购价（不含税）= 70/（1 +3%）= 67.96 元/m², （67.96 - 60）/60 = 13.27% >5% ,因此调整材料 C1 综合单价。

② 材料 C1 的单价可调整额 = [67.96 -60×（1 +5%）]元/m²×（1 +12%）= 5.56 元/m²

③ 调整的材料 C1 的综合单价 = （280 +5.56×1250/1200）元/m² = 285.79 元/m²

（2）分部分项工程 C 的销项税额、可抵扣进税额和应缴纳增值税额的计算：

① 分部分项工程 C 的销项税额 = 285.79 元/m²×1200 m²/10000 元×（1 +6%）×10% = 3.635 万元

② 分部分项工程 C 的可抵扣的进项税 = （2.1 +67.96×3% ×1250/10000）万元 = 2.355 万元

【或：分部分项工程 C 的可抵扣的进项税额 = 2.1 万元 +（70 -67.96）×1250/10000 万元 = 2.355 万元

分部分项工程 C 的可抵扣的进项税额 = 2.1 万元 +70/（1 +3%）×3% ×1250/10000 万元 = 2.355 万元】

③ 分部分项工程 C 的应纳增值税额 = （3.635 -2.355）万元 = 1.280 万元

问题 4：

（1）该工程实际总造价（含税）比签约合同价（含税）增加（或减少）的计算：

① 该工程实际总造价 = （28.8 +37.8 +1200×285.79/10000 +20 +10）万元×（1 +

6%）×（1＋10%）＋4 万元 = 156.623 万元

② 该工程签约合同价 = 157.643 万元

③ 该工程实际总造价 - 该工程签约合同价 =（156.623 - 157.643）万元 = - 1.020 万元，因此，实际总造价（含税）比签约合同价（含税）减少了 1.020 万元

（2）发包人应支付给承包人的结算尾款 = 156.623 万元 ×（1 - 3%）- 110 万元 - 28.963 万元 = 12.961 万元

【解析】

1. 本案例是以清单计价形式计算合同价款的题目，涉及签约合同价（含税）、工程预付款、安全文明施工费、工程进度款、偏差分析、综合单价、销项税额、可抵扣进税额、应缴纳增值税额、实际总造价（含税）、结算尾款的计算。

2. 对清单计价形式下合同价款的计算中涉及的计算项目作以下小结：

含税合同价款		为人工费＋材料费＋施工机具使用费＋管理费＋利润＋规费＋税金
预付款		为人工费＋材料费＋施工机具使用费＋管理费＋利润＋规费＋税金
质量保证金		为人工费＋材料费＋施工机具使用费＋管理费＋利润＋规费＋税金
计价项目费	分部分项工程费	为人工费＋材料费＋施工机具使用费＋管理费＋利润
	措施项目费	为人工费＋材料费＋施工机具使用费＋管理费＋利润
	其他项目费	为人工费＋材料费＋施工机具使用费＋管理费＋利润
工程项目索赔	增量	为人工费＋材料费＋施工机具使用费＋管理费＋利润＋规费＋税金
	窝工	为人工费＋材料费＋施工机具使用费＋规费＋税金
分部分项工料机费		为人工费＋材料费＋施工机具使用费
措施直接费		为人工费＋材料费＋施工机具使用费
综合单价		为人工费＋材料费＋施工机具使用费＋管理费＋利润
全费用综合单价		为人工费＋材料费＋施工机具使用费＋管理费＋利润＋规费＋税金

注意：不含税合同价 = $\sum$ 计价项目费 ×（1 ＋ 规费费率）；含税合同价 = 不含税合同价 ×（1 ＋ 规费费率）

☞ 考点 2　工程价款调整与竣工结算★★

【考情分析】

本考点中，工程价款的调整、工程竣工结算的计价原则、总造价与结算款的计算是考生需要重点掌握的内容，尤其是其中涉及的公式，考生要重点记忆。

一、工程价款的调整

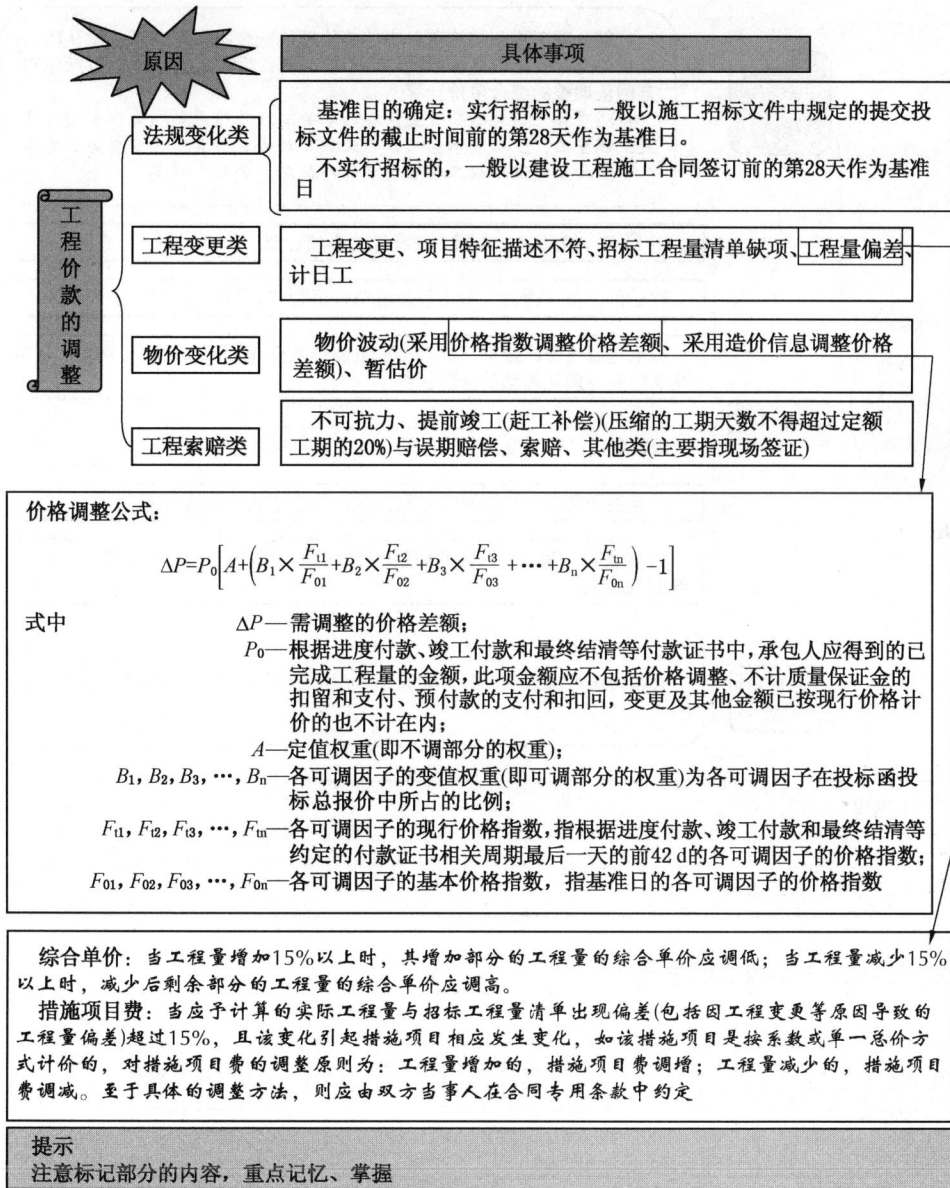

原因	具体事项

工程价款的调整

法规变化类
基准日的确定：实行招标的，一般以施工招标文件中规定的提交投标文件的截止时间前的第28天作为基准日。
不实行招标的，一般以建设工程施工合同签订前的第28天作为基准日

工程变更类
工程变更、项目特征描述不符、招标工程量清单缺项、工程量偏差、计日工

物价变化类
物价波动(采用价格指数调整价格差额、采用造价信息调整价格差额)、暂估价

工程索赔类
不可抗力、提前竣工(赶工补偿)(压缩的工期天数不得超过定额工期的20%)与误期赔偿、索赔、其他类(主要指现场签证)

价格调整公式：

$$\Delta P=P_0\left[A+\left(B_1\times\frac{F_{t1}}{F_{01}}+B_2\times\frac{F_{t2}}{F_{02}}+B_3\times\frac{F_{t3}}{F_{03}}+\cdots+B_n\times\frac{F_{tn}}{F_{0n}}\right)-1\right]$$

式中
ΔP——需调整的价格差额；
P_0——根据进度付款、竣工付款和最终结清等付款证书中，承包人应得到的已完成工程量的金额，此项金额应不包括价格调整、不计质量保证金的扣留和支付、预付款的支付和扣回，变更及其他金额已按现行价格计价的也不计在内；
A——定值权重(即不调部分的权重)；
$B_1,B_2,B_3,\cdots,B_n$——各可调因子的变值权重(即可调部分的权重)为各可调因子在投标函投标总报价中所占的比例；
$F_{t1},F_{t2},F_{t3},\cdots,F_{tn}$——各可调因子的现行价格指数，指根据进度付款、竣工付款和最终结清等约定的付款证书相关周期最后一天的前42 d的各可调因子的价格指数；
$F_{01},F_{02},F_{03},\cdots,F_{0n}$——各可调因子的基本价格指数，指基准日的各可调因子的价格指数

综合单价： 当工程量增加15%以上时，其增加部分的工程量的综合单价应调低；当工程量减少15%以上时，减少后剩余部分的工程量的综合单价应调高。
措施项目费： 当应予计算的实际工程量与招标工程量清单出现偏差(包括因工程变更等原因导致的工程量偏差)超过15%，且该变化引起措施项目相应发生变化，如该措施项目是按系数或单一总价方式计价的，对措施项目费的调整原则为：工程量增加的，措施项目费调增；工程量减少的，措施项目费调减。至于具体的调整方法，则应由双方当事人在合同专用条款中约定

提示
注意标记部分的内容，重点记忆、掌握

二、竣工验收条件

《建设工程施工合同（示范文本）》（GF—2017—0201）规定，工程具备以下条件的，承包人可以申请竣工验收：
（1）除发包人同意的甩项工作和缺陷修补工作外，合同范围内的全部工程以及有关工作，包括合同要求的试验、试运行以及检验均已完成，并符合合同要求。
（2）已按合同约定编制了甩项工作和缺陷修补工作清单以及相应的施工计划；
（3）已按合同约定的内容和份数备齐竣工资料。

三、工程竣工结算的计价原则

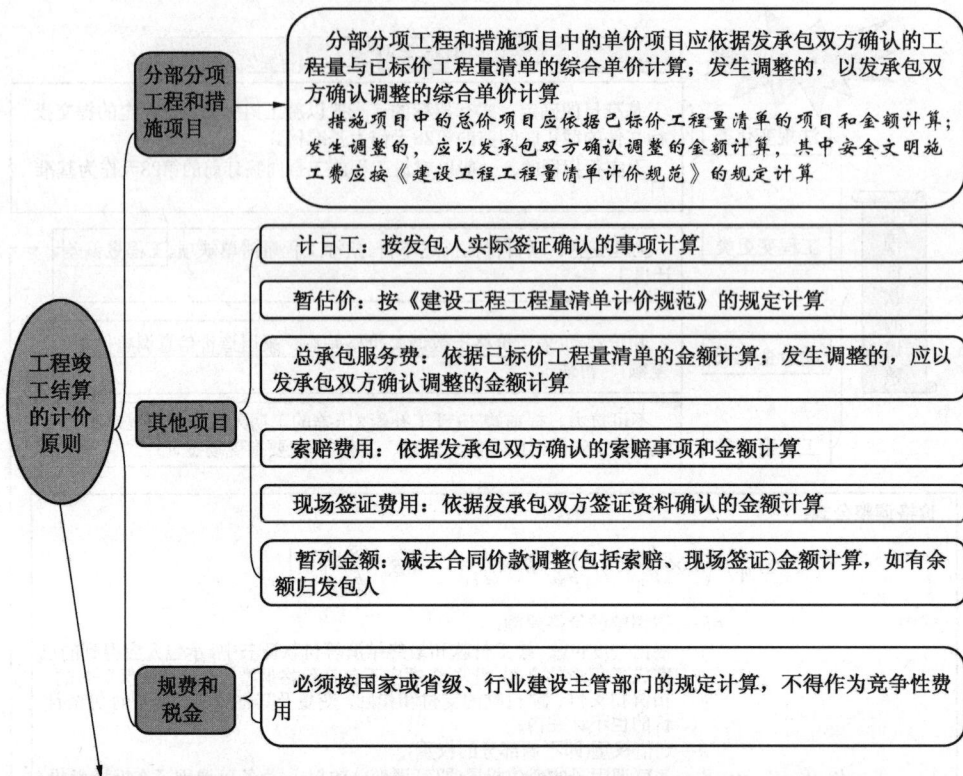

分部分项工程和措施项目

分部分项工程和措施项目中的单价项目应依据发承包双方确认的工程量与已标价工程量清单的综合单价计算；发生调整的，以发承包双方确认调整的综合单价计算

措施项目中的总价项目应依据已标价工程量清单的项目和金额计算；发生调整的，应以发承包双方确认调整的金额计算，其中安全文明施工费应按《建设工程工程量清单计价规范》的规定计算

工程竣工结算的计价原则

其他项目

计日工：按发包人实际签证确认的事项计算

暂估价：按《建设工程工程量清单计价规范》的规定计算

总承包服务费：依据已标价工程量清单的金额计算；发生调整的，应以发承包双方确认调整的金额计算

索赔费用：依据发承包双方确认的索赔事项和金额计算

现场签证费用：依据发承包双方签证资料确认的金额计算

暂列金额：减去合同价款调整(包括索赔、现场签证)金额计算，如有余额归发包人

规费和税金

必须按国家或省级、行业建设主管部门的规定计算，不得作为竞争性费用

专家说

对于工程竣工结算的计价原则，考生应多加注意，分清各项目的计价原则，避免计算错误。遇到此类考题形式，要注意需计入结算的费用有哪些，包括其计价的方法是什么。预计在以后的考试中，还会加大考试所占比重

四、工程竣工结算款的支付

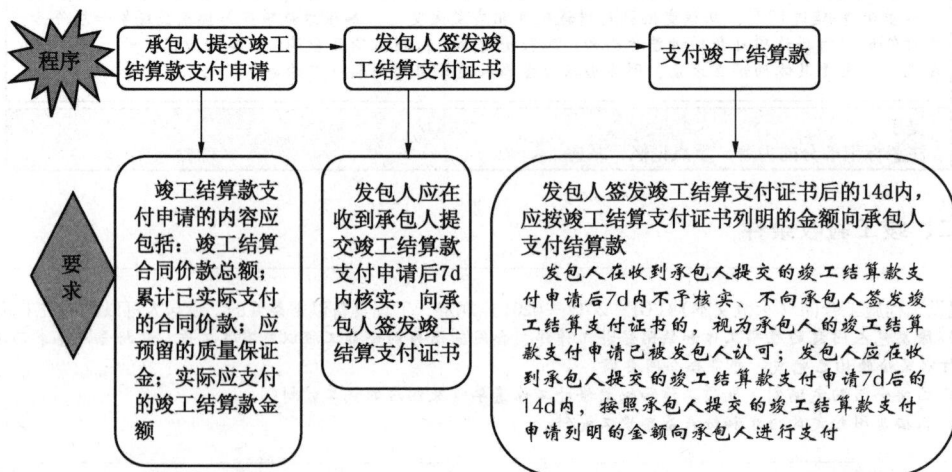

程序

承包人提交竣工结算款支付申请 → 发包人签发竣工结算支付证书 → 支付竣工结算款

要求

竣工结算款支付申请的内容应包括：竣工结算合同价款总额；累计已实际支付的合同价款；应预留的质量保证金；实际应支付的竣工结算款金额

发包人应在收到承包人提交竣工结算款支付申请后7d内核实，向承包人签发竣工结算支付证书

发包人签发竣工结算支付证书后的14d内，应按竣工结算支付证书列明的金额向承包人支付结算款

发包人在收到承包人提交的竣工结算款支付申请后7d内不予核实、不向承包人签发竣工结算款支付证书的，视为承包人的竣工结算款支付申请已被发包人认可；发包人应在收到承包人提交的竣工结算款支付申请7d后的14d内，按照承包人提交的竣工结算款支付申请列明的金额向承包人进行支付

五、总造价与结算款的计算

> 实际总造价＝签约合同价＋合同价调整额
> 工程款总额＝实际总造价×(1－质保金比例)
> 竣工结算款＝实际总造价×(1－质保金比例)－(实际总造价－结算时支付款项)×进度款制度比例＝实际总造价×(1－质保金比例)－(已支付工程款＋已支付工程预付款)

【真题回顾】

(2017年真题) 背景资料:

某工程项目发承包双方签订了施工合同, 工期为4个月。有关工程价款及其支付条款约定如下:

1. 工程价款

(1) 分项工程项目费用合计59.2万元, 包括分项工程A、B、C三项, 清单工程量分别为600 m³、800 m³、900 m², 综合单价分别为300元/m³、380元/m³、120元/m²。

(2) 单价措施项目费用6万元, 不予调整。

(3) 总价措施项目费用8万元, 其中, 安全文明施工费按分项工程和单价措施项目费用之和的5%计取(随取基数的变化在第4个月调整), 除安全文明施工费之外的其他总价措施项目费用不予调整。

(4) 暂列金额5万元。

(5) 管理费和利润按人材机费用之和的18%计取, 规费按人材机费和管理费、利润之和的5%计取, 增值税率为11%。

(6) 上述费用均不包含增值税可抵扣进项税额。

2. 工程款支付

(1) 开工前, 发包人分项工程和单价措施项目工程款的20%支付给承包人作为预付款(在第2~4个月的工程款中平均扣回), 同时将安全文明施工费工程款全额支付给承包人。

(2) 分项工程价款按完成工程价款的85%逐月支付。

(3) 单价措施项目和除安全文明施工费之外的总价措施项目工程款在工期第1~4个月均衡考虑, 按85%比例逐月支付。

(4) 其他项目工程款的85%在发生当月支付。

(5) 第4个月调整安全文明施工费工程款, 增(减)额当月全额支付(扣除)。

(6) 竣工验收通过后30 d内进行工程结算, 扣留工程总造价的3%作为质量保证金, 其余工程款作为竣工结算最终付款一次性结清。

施工期间分项工程计划和实际进度见下表。

分项工程计划和实际进度

分项工程及其工程量		第1月	第2月	第3月	第4月	合计
A	计划工程量/m³	300	300			600
	实际工程量/m³	200	200	200		600

分项工程及其工程量		第1月	第2月	第3月	第4月	合计
B	计划工程量/m³	200	300	300		800
	实际工程量/m³		300	300	300	900
C	计划工程量/m²		300	300	300	900
	实际工程量/m²		200	400	300	900

在施工期间第 3 个月，发生一项新增分项工程 D。经发承包双方核实确认，其工程量为 300 m²，每平方米所需不含税人工和机械费用为 110 元，每平方米机械费可抵扣进项税额为 10 元；每平方米所需甲、乙、丙三种材料不含税费用分别为 80 元、50 元、30 元，可抵扣进项税率分别为 3%、11%、17%。

问题：

1. 该工程签约合同价为多少万元？开工前发包人应支付给承包人的预付款和安全文明施工费工程款分别为多少万元？

2. 第 2 个月，承包人完成合同价款为多少万元？发包人应支付合同价款为多少万元？截止到第 2 个月末，分项工程 B 的进度偏差为多少万元？

3. 新增分项工程 D 的综合单价为多少元/m²？该分项工程费为多少万元？销项税额、可抵扣进项税额、应缴纳增值税额分别为多少万元？

4. 该工程竣工结算合同价增减额为多少万元？如果发包人在施工期间均已按合同约定支付给承包商各项工程款，假定累计已支付合同价款 87.099 万元，则竣工结算最终付款为多少万元？

（计算过程和结果保留三位小数）

【答案】

问题 1：

该工程签约合同价 = (59.2 + 6 + 8 + 5)万元 × (1 + 5%) × (1 + 11%) = 91.142 万元

开工前发包人应支付给承包人的预付款 = (59.2 + 6)万元 × (1 + 5%) × (1 + 11%) × 20% = 15.198 万元

开工前发包人应支付给承包人的安全文明施工费工程款 = (59.2 + 6)万元 × 5% × (1 + 5%) × (1 + 11%) = 3.800 万元

问题 2：

（1）第 2 个月：

承包人完成合同价款 = {(200 × 300 + 300 × 380 + 200 × 120)/10000 + [6 + 8 - (59.2 + 6) × 5%)]/4} × (1 + 5%) × (1 + 11%)万元 = 26.206 万元

（2）发包人应支付合同价款 = 26.206 万元 × 85% - 15.198 万元/3 = 17.209 万元

（3）截止到第 2 个月末：

分项工程 B 已完工程计划投资 = 300 × 380 × (1 + 5%) × (1 + 11%)/10000 万元 = 13.287 万元

分项工程 B 拟完工程计划投资 = (200 + 300) × 380 × (1 + 5%) × (1 + 11%)/10000 万

元 =22.145 万元

分项工程 B 进度偏差 = 分项工程 B 已完工程计划投资 – 分项工程 B 拟完工程计划投资 =(13.287 – 22.145)万元 = – 8.858 万元

即分项工程 B 的进度拖后 8.858 万元。

问题 3:

新增分项工程 D 的综合单价 =(110 + 80 + 50 + 30)元/m² ×(1 + 18%)= 318.6 元/m²

D 分项工程费 = 300 × 318.6/10000 万元 = 9.558 万元

销项税额 = 9.558 万元 ×(1 + 5%)× 11% = 1.104 万元

可抵扣进项税额 = 300 ×(10 + 80 × 3% + 50 × 11% + 30 × 17%)/10000 万元 = 0.69 万元

应缴纳增值税额 =(1.104 – 0.69)万元 = 0.414 万元

问题 4:

(1)该工程竣工结算合同价增减额计算如下:

① 增加分项工程费 =[(900 – 800)× 380/10000 + 9.558]万元 = 13.358 万元

② 增加安全文明施工费 = 13.358 万元 × 5% = 0.668 万元

③ 合同价增减额 =[13.358 ×(1 + 5%)– 5]万元 ×(1 + 5%)×(1 + 11%)= 10.520 万元

(2)竣工结算最终付款 =[(91.142 + 10.520)×(1 – 3%)– 87.099]万元 = 11.513 万元

【解析】

1. 问题 1 涉及的计算公式:

工程量清单计价中计算的签约合同价 =[分部分项工程费 + 单价措施项目费用 + 总价措施项目费用(包括安全文明施工费)+ 计日工(计划)+ 专业分包暂估价 + 总承包服务费 + 暂列金额]×(1 + 规费费率)×(1 + 税率)

预付款数额 =(合同价款扣除暂列项数额)计算基数 ×(1 + 规费费率)×(1 + 税率)× 预付款比例

2. 问题 2 要求计算进度偏差,用已完工程计划投资减去拟完工程计划投资就是进度偏差。

3. 问题 3 考查应缴纳增值税额,就是当期销项税额与当期进项税额的差额。

4. 问题 4 考查竣工结算款,计算公式为:

竣工结算款 = 实际总造价 ×(1 – 质保金比例)–(实际总造价 – 结算时支付款项)× 进度款制度比例 = 实际总造价 ×(1 – 质保金比例)–(已支付工程款 + 已支付工程预付款)

冲刺训练

试题一背景资料:

某工业工程建设项目采用工程量清单招标方式确定了中标人,业主和中标人签订了单价合同。合同内容包括六项分项工程,其分项工程工程量、费用和计划作业时间,见下表。该工程安全文明施工等总价措施项目费用 6 万元,其他总价措施项目费用 10 万元;

暂列金额 8 万元；管理费以分项工程中人工费、材料费、机械费之和为计算基数，费率为 10%；利润与风险费以分项工程中人工费、材料费、机械费与管理费之和为计算基数，费率为 7%；规费以分项工程、总价措施项目和其他项目之和为计算基数，费率为 6%；增值税销项税率为 9%；合同工期为 8 个月。

分项工程工程量、费用和计划作业时间明细表

分 项 工 程	A	B	C	D	E	F	合计
清单工程量/m²	200	380	400	420	360	360	2060
综合单价/(元·m⁻²)	180	200	220	240	230	160	—
分项工程费用/万元	3.60	7.60	8.80	10.08	8.28	4.80	43.16
计划作业时间(起止月)	1~3	1~2	3~5	3~6	4~6	7~8	—

有关工程价款支付条件如下：

1. 开工前业主向承包商支付分项工程费用（含相应的规费和税金）的 25% 作为材料预付款，在开工后的第 4~6 月分三次平均扣回。

2. 安全文明施工等总价措施项目费用分别于开工前和开工后的第 1 个月分两次平均支付，其他总价措施项目费用在第 1~5 个月分五次平均支付。

3. 业主按当月承包商已完工程款的 90% 支付（包括安全文明施工等总价措施项目和其他总价措施项目费）。

4. 暂列金额计入合同价，按实际发生额与工程进度款同期支付。

5. 工程质量保证金为工程款的 3%，竣工结算月一次扣留。

工程施工期间，经监理人核实的有关事项如下。

1. 第 3 个月发生现场签证计日工费用 3.0 万元。

2. 因劳务作业队伍调整，分项工程 C 的开始作业时间推迟 1 个月，且作业时间延长 1 个月。

3. 因业主提供的现场作业条件不充分，分项工程 D 增加的人工费、材料费、机械费之和为 6.2 万元，作业时间不变。

4. 因设计变更，分项工程 E 增加工程量 120 m²（其价格执行原综合单价），作业时间延长 1 个月。

5. 其余作业内容及时间没有变化，每个分项工程在施工期间各月匀速施工。

问题：

1. 该工程合同价为多少万元？业主在开工前应支付给承包商的材料预付款、安全文明施工等总价措施项目费分别为多少万元？

2. 第 3、4 个月承包商已完工程款、业主应支付承包商的工程进度款分别为多少万元？

3. 该工程合同价调整额为多少万元？扣除质量保证金后，业主总计应支付给承包商的工程款为多少万元？

（列出具体的计算过程，计算结果保留三位小数）

试题二背景资料：

某机电设备安装工程项目采用工程量清单招标，确定某承包人中标。甲乙双方签订的承包合同包括的分部分项工程清单工程量和投标综合单价见下表。

分部分项工程计价数据

分项工程	A	B	C	D	E	F	G
清单工程量/m^2	15000	36000	22500	30000	18000	20000	18000
综合单价/(元·m^{-2})	180	200	150	160	140	220	150

工程合同工期为12个月，措施费为84万元，其他项目费为100万元，规费费率为3.35%（以分部分项工程费、措施费、其他项目费之和为基数），增值税销项税率为9%。人材机费用和管理费均不含可抵扣的进项税，分部分项工程费、措施项目费、其他费用均未含规费和销项税。有关工程付款的条款如下：

1. 工程预付款为合同价的20%，在合同签订后15日内一次支付，措施费在前6个月的工程进度款中均匀支付。

2. 工程进度款每三个月结算一次。

3. 在各次工程款中按3%的比例扣留工程质量保修金。

施工期间，第4~6月分项工程结算价格综合调整系数为1.1。

经监理工程师批准的进度计划如下图所示（各分项工程各月计划进度和实际进度均为匀速进展）。

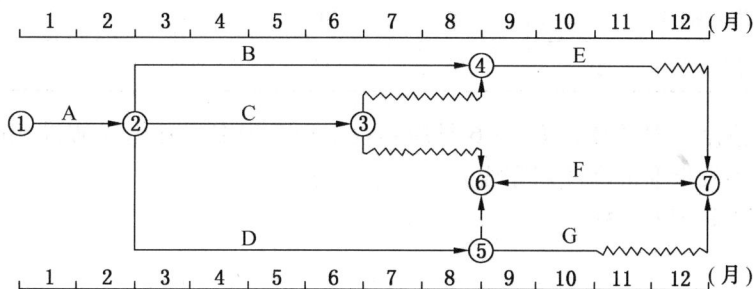

施工进度计划

第6个月末检查工程进度时，工作B完成计划进度的1/2，工作C刚好完成，工作D完成计划进度的1/3。

问题：

1. 计算各分项工程的分部分项工程费、每月完成的分部分项工程费，把计算结果填入分部分项工程费表中，并列式计算工程预付款。

分部分项工程费表

分部分项工程	分部分项工程费	每月完成的分部分项工程费											
		1	2	3	4	5	6	7	8	9	10	11	12
A													
B													
C													
D													
E													
F													
G													
小计													

2. 根据第 6 个月末检查结果绘制前锋线图，并分析第 6 个月末 B、C、D 三项工作的进度偏差。如果后 6 个月按原计划进行，分析说明工作 B、D 对工期的影响。

3. 若承包方决定在第 6 个月后调整进度计划以确保实现合同工期，应如何调整？说明理由。（有关分项工程可压缩的工期和相应增加的费用见下表）

分项工程可压缩的工期和相应增加的费用

分 项 工 程	B	D	E	F	G
可压缩工期/月	1	1	1	2	—
压缩 1 个月增加的费用/万元	8	12	6.5	5	—

4. 按实际进度情况结算，第 4～6 月应签发工程款为多少万元（假设期间无其他项目费发生，工作 A 按批准进度计划完成）？

（计算结果均保留两位小数）

【答案】

试题一

1. 工程合同价 = (43.16 + 6 + 10 + 8) 万元 × (1 + 6%) × (1 + 9%) = 77.597 万元

业主在开工前应支付给承包商的材料预付款 = 43.16 万元 × (1 + 6%) × (1 + 9%) × 25% = 12.467 万元

业主在开工前应支付给承包商的安全文明施工等总价措施项目费 = 6 万元 × (1 + 6%) × (1 + 9%) × 50% × 90% = 3.120 万元

2. 第 3、4 个月承包商已完工程款、业主应支付承包商的工程进度款计算：

（1）第 3 个月：

① 已完工程款 = {3.60 × (1/3) + [10.08 + 6.2 × (1 + 10%) × (1 + 7%)] × (1/4) + 10/5 + 3} 万元 × (1 + 6%) × (1 + 9%) = 12.183 万元

② 应支付的工程进度款 = 12.183 万元 × 90% = 10.965 万元

（2）第 4 个月：

① 已完工程款 = {8.8 × (1/4) + [10.08 + 6.2 × (1 + 10%) × (1 + 7%)] × (1/4) + (8.28 + 120 × 230/10000) × (1/4) + 10/5} × (1 + 6%) × (1 + 9%) = 13.061 万元

② 应支付工程进度款 = 13.061 万元 × 90% − 12.467 万元 × (1/3) = 7.600 万元

3. 合同价调整额及应支付工程款的计算：

（1）合同价调整额：

方法一：

该工程合同价调整额 = [3 + 6.2 × (1 + 10%) × (1 + 7%) + (120 × 230/10000) − 8] 万元 × (1 + 6%) × (1 + 9%) = 5.843 万元

方法二：

① 实际造价：

{43.16 + (6 + 10) + [3 + 6.2 × (1 + 10%) × (1 + 7%)] + (120 × 230/10000)} 万元 × (1 + 6%) × (1 + 9%) = 83.440 万元

② (83.440 − 77.597) 万元 = 5.843 万元

（2）应支付给承包商工程款：

扣除质量保证金后, 业主总计应支付给承包商工程款 = 83.440 万元 × (1 − 3%) = 80.937 万元

试题二

1. 填写分部分项工程费和每月完成的分部分项工程费, 见下表。

分部分项工程费和每月完成的分部分项工程费　　　　单位：万元

分部分项工程	分部分项工程费	每月完成的分部分项工程费											
		1	2	3	4	5	6	7	8	9	10	11	12
A	270	135	135										
B	720			120	120	120	120	120	120				
C	337.5			84.38	84.38	84.38	84.38						
D	480			80	80	80	80	80	80				
E	252									84	84	84	
F	440									110	110	110	110
G	270									135	135		
小计	2769.5	135	135	284.38	284.38	284.38	284.38	200	200	329	329	194	110

工程合同价 = (2769.5 + 84 + 100) 万元 × (1 + 3.35%) × (1 + 9%) = 3327.16 万元

工程预付款 = 3327.16 万元 × 20% = 665.43 万元

2. 绘制前锋线如下图所示。

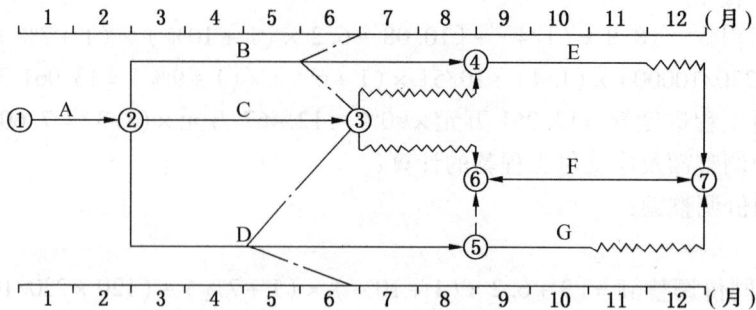

施工进度计划及前锋线

第6个月末，工作B的进度拖后1个月，工作C的进度正常，工作D的进度拖后2个月。

如果后6个月按原计划进行，工作B对工期没有影响，因为工作B的总时差为1个月。因为工作D是关键工作，总时差为0，所以工作D对工期的影响是拖后2个月，使总工期拖后2个月。

3. 为确保实现合同工期，应压缩工作F 2个月。

理由：施工进度计划的关键线路为A→D→F，只有压缩关键工作A、D、F，才可以起到压缩工期的效果。在第6个月后，只有工作D和F可以压缩，按照网络优化选择赶工费最低的关键工作进行压缩赶工原则，工作F的每月赶工费最低，可压缩工作F 2个月，工期能够缩短2个月，增加费用最少 5×2 万元 = 10 万元。

4. 按实际进度情况结算，第4~6月应签发工程款计算：

（1）分部分项工程费：

工作B：$720/2 \times 3/4$ 万元 = 270 万元

工作C：$337.5 \times 3/4$ 万元 = 253.13 万元

工作D：$480/3 \times 3/4$ 万元 = 120 万元

合计：$(270 + 253.13 + 120)$ 万元 = 643.13 万元

（2）措施项目费：

$84/6 \times 3$ 万元 = 42 万元

（3）应签发工程款：

$(643.13 \times 1.1 + 42)$ 万元 $\times (1 + 3.35\%) \times (1 + 9\%) \times (1 - 3\%)$ = 818.93 万元

【或：第4~6月应签发工程款 = $[3/4 \times (720 \times 1/2 + 337.5 + 480 \times 1/3) \times 1.1 + 84/6 \times 3]$ 万元 $\times (1 + 3.35\%) \times (1 + 9\%) \times (1 - 3\%)$ = 818.93 万元】

第二节 偏 差 分 析

☞ **考点 偏差分析★★★**

【考情分析】

　　偏差分析的相关内容在工程造价案例分析考试中属于高频考点，是需要考生重点掌握的内容。下面小结相关要点内容在历年工程造价案例分析考试中的考查年份，好帮助考生了解哪些重点内容，需要重点记忆。

利用横道图法进行偏差分析（重点掌握）	2012 年、2016 年、2018 年
利用进度前锋线进行偏差分析	2010 年
费用偏差(CV)	2016 年
进度偏差(SV)（重点掌握）	2010 年、2011 年、2012 年、2015 年、2016 年、2017 年、2018 年

一、利用横道图法进行偏差分析

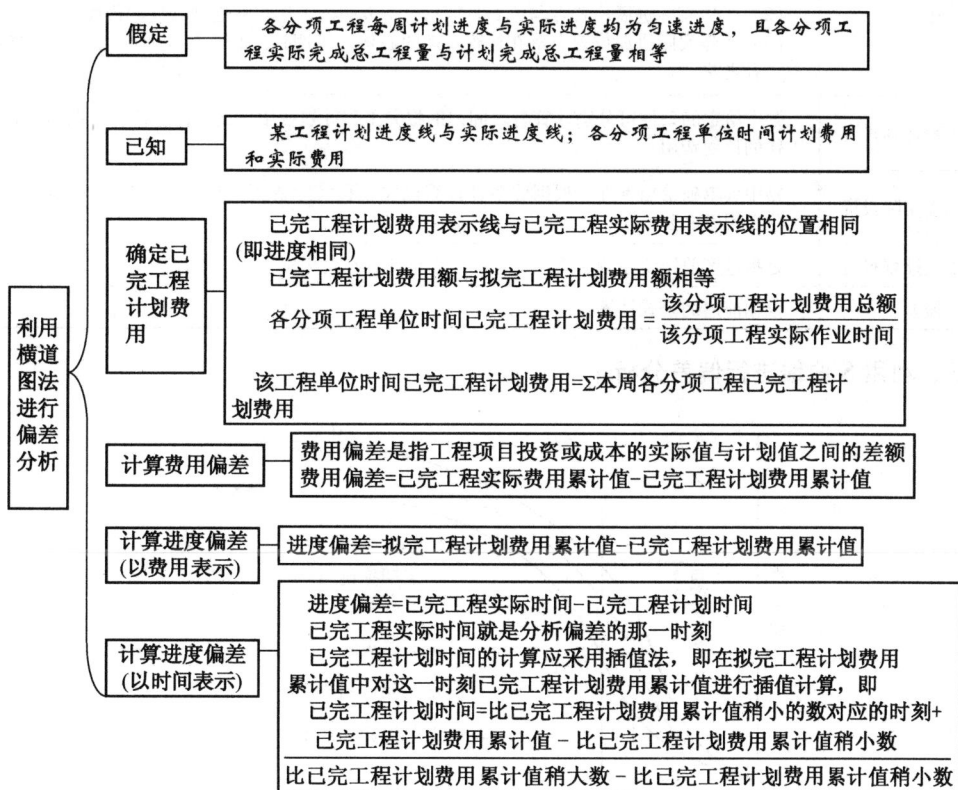

```
              ┌─假定──── 各分项工程每周计划进度与实际进度均为匀速进度，且各分项工
              │          程实际完成总工程量与计划完成总工程量相等
              │
              ├─已知──── 某工程计划进度线与实际进度线；各分项工程单位时间计划费用
              │          和实际费用
              │
              │          已完工程计划费用表示线与已完工程实际费用表示线的位置相同
              │          （即进度相同）
              │确定已     已完工程计划费用额与拟完工程计划费用额相等
利用          │完工程                                       该分项工程计划费用总额
横道  ───────┤计划费   各分项工程单位时间已完工程计划费用 = ──────────────────
图法          │用                                          该分项工程实际作业时间
进行          │          该工程单位时间已完工程计划费用=Σ本周各分项工程已完工程计
偏差          │          划费用
分析          │
              │计算费用偏差─── 费用偏差是指工程项目投资或成本的实际值与计划值之间的差额
              │                费用偏差=已完工程实际费用累计值-已完工程计划费用累计值
              │
              │计算进度偏差
              │（以费用表示）── 进度偏差=拟完工程计划费用累计值-已完工程计划费用累计值
              │
              │               进度偏差=已完工程实际时间-已完工程计划时间
              │               已完工程实际时间就是分析偏差的那一时刻
              │计算进度偏差    已完工程计划时间的计算应采用插值法，即在拟完工程计划费用
              └（以时间表示）  累计值中对这一时刻已完工程计划费用累计值进行插值计算，即
                              已完工程计划时间=比已完工程计划费用累计值稍小的数对应的时刻+
                                已完工程计划费用累计值 - 比已完工程计划费用累计值稍小数
                              ──────────────────────────────────────────────────
                              比已完工程计划费用累计值稍大数 - 比已完工程计划费用累计值稍小数
```

二、利用进度前锋线进行偏差分析

项 目	内 容
图例	
概念	所谓前锋线，是指在原时标网络计划上，从检查时刻的时标点出发，用点划线依此将各项工作实际进展位置点连接而成的折线
前锋线比较法	前锋线比较法就是通过实际进度前锋线与原进度计划中各工作箭线交点的位置来判断工作实际进度与计划进度的偏差，进而判定该偏差对后续工作及总工期影响程度的一种方法
比较	（1）工作实际进展位置点落在检查日期的左侧，表明该工作实际进度拖后，拖后的时间为二者之差。 （2）工作实际进展位置点与检查日期重合，表明该工作实际进度与计划进度一致。 （3）工作实际进展位置点落在检查日期的右侧，表明该工作实际进度超前，超前的时间为二者之差
拟完工程计划投资	题中给定的条件可分别计算各时间内的拟完工程计划费用，据此确定检查日期的所有拟完工作的计划费用
已完工程实际投资	题中会单独给出条件，根据此条件计算已完工程实际费用（即进度前锋线左侧各工作的实际费用额之和）
已完工程计划投资	是指进度前锋线左侧所有已完成的工作量的计划费用额
偏差	根据前述的公式计算

三、利用 S 曲线进行偏差分析

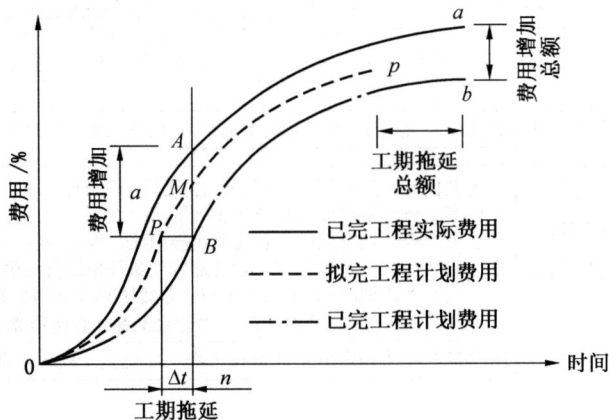

S 曲线偏差分析

四、费用偏差分析的三个参数计算

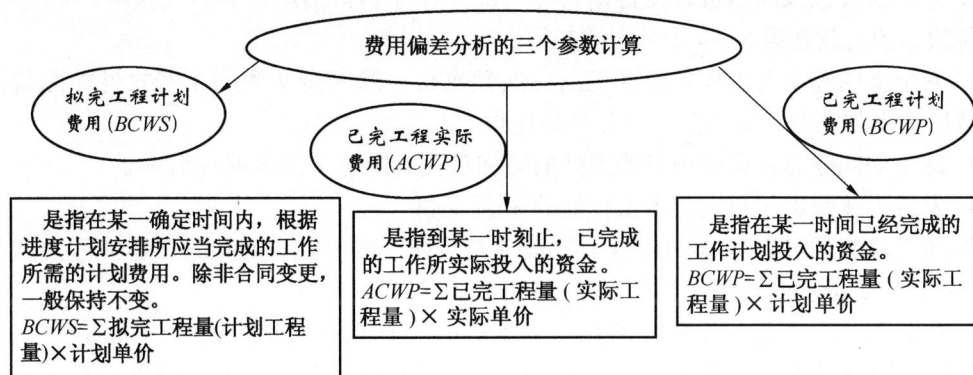

五、偏差分析中的偏差类型

费用偏差（CV）	$CV = BCWP - ACWP$ $CV > 0$ 表示费用节约，$CV = 0$ 表示费用正好，$CV < 0$ 表示费用超支
进度偏差（SV）	$SV = BCWP - BCWS$ $SV > 0$ 表示工期提前，$SV = 0$ 表示进度正常，$SV < 0$ 表示工期拖延
绝对偏差	实际值与计划值的差额
相对偏差	绝对偏差/费用计划值

提示
注意分清两种费用偏差及其表示方法的计算公式，分清其所代表的含义，避免混淆、公式运用错误

【真题回顾】

（2016 年真题）背景资料：

某工程项目发包人与承包人签订了施工合同，工期 5 个月。分项工程和单价措施项目的造价数据与经批准的施工进度计划如下表所示；总价措施项目费用 9 万元（其中含安全文明施工费 3 万元）；暂列金额 12 万元。管理费和利润为人材机费用之和的 15%。规费和税金为人材机费用与管理费、利润之和的 10%。

分项工程和单价措施项目造价数据与施工进度计划表

分项工程和单价措施项目				施工进度计划（单位：月）				
名称	工程量	综合单价	合价/万元	1	2	3	4	5
A	600 m³	180 元/m³	10.8					
B	900 m³	360 元/³	32.4					
C	1000 m²	280 元/m²	28.0					
D	600 m²	90 元/m²	5.4					
合计			76.6	计划与实际施工均为匀速进度				

有关工程价款结算与支付的合同约定如下：

1. 开工前发包人向承包人支付签约合同价（扣除总价措施费和暂列金额）的20%作为预付款，预付款在第3、4个月平均扣回。

2. 安全文明施工费工程款于开工前一次性支付；除安全文明施工费之外的总价措施项目费用工程款在开工后的前3个月平均支付。

3. 施工期间除总价措施项目费用外的工程款按实际施工进度逐月结算。

4. 发包人按每次承包人应得工程款的85%支付。

5. 竣工验收通过后60 d内进行工程款竣工结算，竣工结算时扣除工程实际总造价的3%作为工程质量保证金，剩余工程款一次性支付。

6. C分项工程所需的甲种材料用量为500 m^2，在招标时确定的暂估价为80元/m^2；乙种材料用量为400 m^2，投标报价为40元/m^2。工程款逐月结算时，甲种材料按实际购买价格调整，乙种材料当购买价在投标报价的±5%以内变动时，C分项工程综合单价不予调整，变动超过±5%以上时，超过部分的价格调整至C分项工程综合单价中。

该工程如期开工，施工中发生了经发承包双方确认的以下事项：

（1）B分项工程的实际施工时间为2~4月。

（2）C分项工程的甲种材料实际购买价为85元/m^2，乙种材料的实际购买价为50元/m^2。

（3）第4个月发生现场签证零星工作费用2.4万元。

问题：

1. 该工程签约合同价为多少万元？开工前发包人应支付给承包人的预付款和安全文明施工费工程款分别为多少万元？

2. C分项工程结算时应采用的综合单价为多少（元/m^2）？第3个月承包人完成的分项工程和单价措施项目费用为多少万元？发包人应支付给承包人的工程价款为多少万元？

3. 第3个月末分项工程和单价措施项目的拟完工程计划投资、已完工程实际投资、已完工程计划投资及投资偏差、进度偏差分别为多少万元？根据计算结果说明投资增减和进度快慢情况。

4. 如果除现场签证零星工作费用外的其他应从暂列金额中支付的工程费用为8.7万元，则该工程实际总造价为多少万元？发包人实际应支付的竣工结算款为多少万元？

（计算结果保留三位小数）

【答案】

问题1：

（1）该工程签约合同价 = (76.6 + 9 + 12)万元 × (1 + 10%) = 107.360万元

（2）开工前发包人应支付给承包人的预付款 = 76.6万元 × (1 + 10%) × 20% = 16.852万元

（3）开工前发包人应支付给承包人的安全文明施工费工程款 = 3万元 × (1 + 10%) × 85% = 2.805万元

问题2：

（1）甲种材料价格为85元/m^2，甲增加材料款 = 500 m^2 × (85 - 80)元/m^2 × (1 + 15%) = 2875元

乙增加材料款 $= 400 \text{ m}^2 \times 40 \text{ 元/m}^2 \times 20\% \times (1 + 15\%) = 3680$ 元

C 分项工程结算时应采用的综合单价 $= 280 \text{ 元/m}^2 + (2875 + 3680) \text{元}/1000 \text{ m}^2 = 286.555 \text{ 元/m}^2$

（2）第 3 个月承包人完成的分项工程和单价措施项目费用 $= [32.4 \text{ 万元}/3 + 1000 \text{ m}^2/3 \times 286.555 \text{ 元/m}^2/10000] \times (1 + 10\%) = 22.387$ 万元

（3）发包人应支付给承包人的工程价款 $= [22.387 \text{ 万元} + (9 - 3) \text{ 万元}/3 \times (1 + 10\%)] \times 85\% - 16.852 \text{ 万元}/2 = 12.473$ 万元

问题 3：

第 3 个月末分项工程和单价措施项目的拟完工程计划投资 $= (10.8 + 32.4 + 28.0 \times 2/3) \times (1 + 10\%)$ 万元 $= 68.053$ 万元

第 3 个月末分项工程和单价措施项目的已完工程计划投资 $= (10.8 + 32.4 \times 2/3 + 28 \times 2/3) \times (1 + 10\%)$ 万元 $= 56.173$ 万元

第 3 个月末分项工程和单价措施项目的已完工程实际投资 $= (10.8 + 32.4 \times 2/3 + 1000 \times 2/3 \times 286.555/10000) \times (1 + 10\%)$ 万元 $= 56.654$ 万元

进度偏差 = 已完工程计划投资 - 拟完工程计划投资 $= (56.173 - 68.053)$ 万元 $= -11.880$ 万元，进度拖延

投资偏差 = 已完工程计划投资 - 已完工程实际投资 $= (56.173 - 56.654)$ 万元 $= -0.481$ 万元，投资增加

问题 4：

该工程实际总造价 $= (76.6 + 9 + 2.4 + 8.7)$ 万元 $\times (1 + 10\%) = 106.370$ 万元

发包人实际应支付的竣工结算款 $= 106.370 \text{ 万元} \times (1 - 3\% - 85\%) = 12.764$ 万元

【解析】

1. 本案例问题 1 中的签约合同价、预付款及安全文明施工费，考生要根据背景资料中提供的数据进行计算，并且要注意计算数值的准确性。

2. 本案例问题 2 的重点在于综合单价的计算，然后根据相关公式、带入相关数据进行计算。

3. 进度偏差 = 已完工程计划投资 - 拟完工程计划投资，投资偏差 = 已完工程计划投资 - 已完工程实际投资。

4. 本案例问题 4 中的实际总造价 = 签约合同价 + 合同价调整额。

冲刺训练

背景资料：

某工程按最早开始时间安排的横道图计划如下表中虚线所示，虚线上方数字为该工作每月的计划投资额（单位：万元）。该工程施工合同规定工程于 1 月 1 日开工，按季度综合调价系数调价。在施工过程中，各工作的实际工程量和持续时间均与计划相同。

最早开始时间安排的横道图计划

时间/月 工作	1	2	3	4	5	6	7	8	9	10	11	12	13
A	180												
B		200	200	200									
C		300	300	300	300								
D					160	160	160	160	160	160			
E						140	140	140					
F											120	120	

问题：

1. 在施工过程中，工作 A、C、E 按计划实施（如最早开始时间安排的横道图计划表中的实线横道所示）。工作 B 推迟 1 个月开始，导致工作 D、F 的开始时间相应推迟 1 个月。根据最早开始时间安排的横道图计划表完成 B、D、F 工作的实际进度的横道图。

2. 若前三个季度的综合调价系数分别为 1.00、1.05 和 1.10，计算第 2~7 个月的已完工程实际投资、已完工程计划投资，并将结果填入投资数据表。

3. 列式计算第 7 个月末的投资偏差和以投资额、时间分别表示的进度偏差（计算结果保留两位小数）。

投 资 数 据　　　　　　　单位：万元

时间/月 投资	1	2	3	4	5	6	7
每月拟完工程计划投资	180	500	500	500	460	300	300
累计拟完工程计划投资	180	680	1180	1680	2140	2440	2740
每月已完工程实际投资	180						
累计已完工程实际投资	180						
每月已完工程计划投资	80						
累计已完工程计划投资	180						

【答案】

1. 由于工作 B、D、F 的开始时间均推迟 1 个月，而持续时间不变，故实际进度 B 工作在 3~5 月、D 工作在 6~11 月、F 工作在第 12~13 个月，用实线横道标在下表中。

B、D、F 工作的实际进度的横道图

时间/月 工作	1	2	3	4	5	6	7	8	9	10	11	12	13
A	180												
B		200	200	200									
C		300	300	300	300								
D					160	160	160	160	160	160			
E						140	140	140					
F											120	120	

2. 第 1 季度的实际投资与计划投资相同，将第 2 季度各月的计划投资乘以 1.05，将 7 月份的计划投资乘以 1.10，得到 2~7 月各月的实际投资（可标在 B、D、F 工作的实际进度的横道图中的实线横道上方），然后逐月累计，将计算结果填入投资数据表中。

将各月已完工程实际投资改为计划投资（即不乘以调价系数），然后逐月累计，将计算结果填入下表中。

投 资 数 据 表

时间/月 投资	1	2	3	4	5	6	7
每月拟完工程计划投资	180	500	500	500	460	300	300
累计拟完工程计划投资	180	680	1180	1680	2140	2440	2740
每月已完工程实际投资	180	300	500	525	525	315	330
累计已完工程实际投资	180	480	980	1505	2030	2345	2675
每月已完工程计划投资	180	300	500	500	500	300	300
累计已完工程计划投资	180	480	980	1480	1980	2280	2580

3. 投资偏差与进度偏差的计算：

（1）投资偏差 = 已完工程实际投资 - 已完工程计划投资

$$= (2675 - 2580) 万元$$

$$= 95 万元$$

即投资增加 95 万元。

【或投资偏差 = (2580 - 2675) 万元 = -95 万元，即投资增加 95 万元】

（2）进度偏差：

① 以投资额表示：

进度偏差 = 拟完工程计划投资 - 已完工程计划投资

$$= (2740 - 2580) 万元$$

=160 万元

即进度拖后 160 万元。

【或进度偏差 = (2580 − 2740) 万元 = − 160 万元,即进度拖后 160 万元】

② 以时间表示:

进度偏差 = 已完工程实际时间 − 已完工程计划时间

$$= \left[7 - \left(6 + \frac{2580 - 2440}{2740 - 2440} \right) \right] 月$$

$$= (7 - 6.47) 月$$

$$= 0.53 \ 月$$

即进度拖后 0.53 月。

【或 $\frac{2740 - 2580}{300}$ 月 = 0.53 月, $\frac{160}{300}$ 月 = 0.53 月, $\frac{160}{160 + 140}$ 月 = 0.53 月, 即进度拖后 0.53 月】